T0259819

Mathematik à la Carte – Babylonische Algebra

Franz Lemmermeyer

Mathematatik à la Carte – Babylonische Algebra

Franz Lemmermeyer
Jagstzell, Deutschland

ISBN 978-3-662-66286-1 ISBN 978-3-662-66287-8 (eBook)
https://doi.org/10.1007/978-3-662-66287-8

Die Deutsche Nationalbibliothek verzeichnet diese Publikation in der Deutschen Nationalbibliografie; detaillierte bibliografische Daten sind im Internet über http://dnb.d-nb.de abrufbar.

Planung/Lektorat: Andreas Rüdinger
Springer Spektrum ist ein Imprint der eingetragenen Gesellschaft Springer-Verlag GmbH, DE und ist ein Teil von Springer Nature.
Die Anschrift der Gesellschaft ist: Heidelberger Platz 3, 14197 Berlin, Germany

Vorwort

Dieses Buch ist nach der Übersetzung von Jens Høyrups *Algebra in Cuneiform* (siehe [Høyrup 2021]) ins Deutsche entstanden, die ich im Schuljahr 2019/20 zusammen mit zehn meiner Schülerinnen am Gymnasium St. Gertrudis in Ellwangen unternommen habe. Mir ist erst während der Arbeit an diesem Buch klar geworden, wie groß die Lücke zwischen dem ist, was die Schulmathematik heute bereitstellt, und dem, was man zum verständnisvollen Lesen eines solchen Buchs benötigt. Diese Lücke soll der vorliegende Band schließen: hier wird erklärt, wie das babylonische Zahlensystem aufgebaut ist, wie man die Grundrechenarten ausführt, und es werden die Techniken des falschen Ansatzes und der quadratischen Ergänzung ausführlich besprochen.

Ähnliche Methoden wurden auch in anderen antiken Kulturen benutzt; wir werden daher „en passant“ auch Aufgaben z.B. aus den *Neun Büchern arithmetischer Technik* (Jiu Zhang Suanshu) vorstellen, einer chinesischen Aufgabensammlung, die vermutlich im ersten Jahrhundert n.Chr. ihre endgültige Form erhielt.

Im ersten Kapitel habe ich ein wenig aus der Geschichte von Rom, Ägypten und Mesopotamien erzählt. Dabei habe ich mich auf diejenigen Namen beschränkt, die Schüler ohnehin kennen (sollten). Wer mehr über die Geschichte und Geschichten Mesopotamiens erfahren möchte, dem seien die Vorträge von Irving Finkel auf youtube ebenso ans Herz gelegt wie dessen Bücher; eine sehr gute Informationsquelle über Mesopotamien ist das Buch [Sternitzke et al. 2008].

Nach etwas Geometrie (Flächen von Vielecken, Satz des Pythagoras, Strahlensatz) und Algebra (binomische Formeln, Bruchrechnung, Quadratwurzeln, lineare Gleichungssysteme und quadratische Ergänzung) widmen wir uns der Aufgabensammlung BM 13901. Auf dieser geht es um quadratische Probleme; diese lösen wir zuerst mit den Mitteln der heutigen Schulmathematik und arbeiten uns dann schrittweise in Richtung einer angemessenen Interpretation der altbabylonischen Texte vor. Am Ende sollte die Lektüre von Høyrups Buch problemlos möglich sein.

Durch das ganze Buch zieht sich die Erkenntnis, dass die Algebra vor Vieta – mit Ausnahme von Diophant – im wesentlichen geometrisch war. Diese Verzahnung von Geometrie und Algebra habe ich, wo immer es geht, betont: bei Rechentricks, den binomischen Formeln, dem Strahlensatz, der Berechnung von Näherungswerten oder dem Beweis der Irrationalität von $\sqrt{2}$, und natürlich beim eigentlichen Thema des Buches: der Lösung quadratischer Gleichungssysteme.

Wer sich intensiver mit der babylonischen Mathematik auseinandersetzen möchte, kann außer den beiden Klassikern [Neugebauer 1935] und dem nicht ganz leicht zu findenden [Thureau-Dangin 1938] die Bücher [Friberg 2005, Friberg 2007a, Friberg 2007b] und [Høyrup 2002] zu Rate ziehen, sowie das für Schüler zugängliche Buch [Hermann 2019], das nicht ganz fehlerfrei ist und in [Imhausen 2021] wegen seines verderblichen Einflusses auf die studentische Jugend auf den Index gesetzt wurde. Auch ein Heft [van der Roest & Kindt 2005] der niederländischen Zebra-Reihe für Schüler befasst sich mit babylonischer Mathematik, und in Frankreich sind die lesenswerten Veröffentlichungen des IREM Grenoble [IREM 2014, IREM 2016] erschienen, in denen die babylonische Mathematik für Schüler (und Lehrer) aufbereitet wird. Leider besitzt weder die Geschichte der Mathematik noch die Fachdidaktik in Deutschland einen vergleichbaren Stellenwert.

Zu Dank verpflichtet bin ich Heino Hellwig für seinen Hinweis auf `tikZ`; damit habe ich alle Figuren erstellt und auch die babylonischen Sexagesimalzahlen gesetzt. Prof. Johannes Hackl von der Universität Jena und Agnete Lassen vom Yale Peabody Museum danke ich für die Erlaubnis, Bilder von Keilschrifttafeln aus der Hilprecht-Sammlung bzw. der Keilschrifttafel YBC 7289 in dieses Buch übernehmen zu können. Ein weiteres großes Dankeschön geht wie immer an Andreas Rüdinger für Hinweise auf allerlei Ungereimtheiten.

Franz Lemmermeyer Jagstzell, Sommer 2022

Inhaltsverzeichnis

1. Zahlen in der Antike

Alle antiken Kulturen haben Methoden entwickelt, um Zahlen zu schreiben. Wir beginnen unseren Spaziergang durch die babylonische Algebra damit, verschiedene solcher Methoden vorzustellen, und wir wollen das Allernotwendigste zur Geschichte der sumerischen und babylonischen Kultur sagen. Während der Geschichte Ägyptens, Griechenlands und Roms im Unterricht vergleichsweise viel Platz eingeräumt wird, weiß ein durchschnittlicher Abiturient über Sumer und Babylon in der Regel gar nichts.

Wir bemerken gleich zu Beginn, dass negative Zahlen in der Antike unbekannt waren. Zwar gab es schon im antiken China (in den Neun Büchern, auf die wir noch zu sprechen kommen werden) verschiedene Farben, um Mangel und Überfluss zu markieren, aber erst der indische Mathematiker Brahmagupta führte im 7. Jahrhundert negative Zahlen und die 0 ein und erklärte, wie man mit solchen Größen rechnet. Bei der Darstellung von Zahlen in diesem Kapitel geht es also – ebenso wie bei Lösungen von Gleichungen mit geometrischen Mitteln in den antiken Kulturen – ausschließlich um natürliche Zahlen und positive Brüche.

1.1 Rom

Die Ziffern 0, 1, 2, ..., 9, die heute weltweit verwendet werden, nennt man oft arabische Ziffern, weil die Europäer sie ab dem 13. Jahrhundert von den Arabern übernommen haben. Diese wiederum hatten das Dezimalsystem von den Indern gelernt, welche dieses ab dem 5. Jahrhundert entwickelt hatten. Vor der Einführung des Dezimalsystems wurden Zahlen in Europa mit römischen Buchstaben geschrieben.

In dieser Schreibweise werden die Zahlen additiv aus I, V, X, L, C, D, M zusammengesetzt, wobei die Werte dieser Symbole durch folgende Tabelle gegeben sind:

I	V	X	L	C	D	M
1	5	10	50	100	500	1000

Hier ist ein V die obere Hälfte eines X, L die untere Hälfte eines C und D die rechte Hälfte eines M. Weiter steht C für centum (100) und M für mille (1000).

F. Lemmermeyer, *Mathematik à la Carte – Babylonische Algebra*,
https://doi.org/10.1007/978-3-662-66287-8_1

Außerdem hat man, um etwa bei Inschriften oder später auf Ziffernblättern von Uhren Platz zu sparen, die folgende Regel eingeführt: Steht

- ein I vor V oder X,
- ein X vor L oder C, oder
- ein C vor D oder M,

dann wird die entsprechende Zahl vom Wert der hinteren Ziffer subtrahiert: Insbesondere steht IV für 4, XC für 90 und CM für 900. Die Zahl 99 wird also üblicherweise nicht IC geschrieben, sondern als $90 + 9$, nämlich XC IX.

Eine der bekanntesten Personen der römischen Geschichte ist Gaius Iulius Caesar; dieser fügte dem römischen Imperium Gallien (heute Frankreich) hinzu und kam mit seiner Armee bis zum Rhein. Der Monat Juli ist nach ihm benannt, der August nach seinem Nachfolger Augustus. Der Name Caesar stammt von caesus ab (lat. geschnitten), weil er bei der Geburt aus dem Mutterleib geschnitten wurde, also durch einen Kaiserschnitt zur Welt kam.

Die Römer übernahmen ihre Schrift (ebenso wie ihre Art, Zahlen zu schreiben) von den Etruskern, die in der Gegend der heutigen Toskana (die nach ihnen benannt ist) lebten. Die Etrusker, die von rechts nach links geschrieben haben, übernahmen ihre Schrift wiederum von den Griechen.

Wissenschaften (wir reden hier nicht von Rhetorik oder Rechtsprechung) spielten bei den Römern, ganz anders als bei den Griechen, eine untergeordnete Rolle. Bedeutung hatte Wissenschaft für sie nur, wenn sie anwendbar schien; die Römer waren großartige Ingenieure: Wasserstraßen (Aquädukte) versorgten die großen Städte mit fließendem Wasser, und von vielen Bauwerken sind heute noch Teile erhalten. Geometrie war für die Römer nur für Feldmessung und Architektur wichtig.

1.2 Ägypten

Die weltberühmten Pyramiden von Gizeh stehen heute etwa 15 km vom Zentrum der ägyptischen Hauptstadt Kairo entfernt. Sie wurden zwischen 2620 und 2500 v.Chr. erbaut; die größte der drei Pyramiden ist die Cheops-Pyramide. Die Pyramiden von Gizeh sind das einzige der sieben antiken Weltwundern, das heute noch erhalten ist.

Die bekannteste Figur aus dem antiken Ägypten dürfte Nofretete sein, die Hauptfrau des Pharaos Echnaton, der Ägypten im 14. Jahrhundert v.Chr. regiert hat. Im Ägyptischen Museum in Berlin steht die bekannte Büste von Nofretete. Nach dem Tod Alexanders des Großen wurde dessen Reich unter seinen Generälen aufgeteilt; die Ptolemäer erhielten Ägypten. In Alexandria, einer Stadt im Nildelta, wurde die größte Bibliothek der Antike aufgebaut. Das ptolemäische Reich wurde unter der Herrschaft der letzten Pharaonin Cleopatra von Caesar dem römischen Reich einverleibt.

Das Schreiben mit Hieroglyphen[1] kam in Ägypten etwa um 3000 v. Chr. auf. Die dabei benutzten Zahlzeichen sind die folgenden:

Zahl	1	10	100	1000	10 000	100 000	1 000 000
Hieroglyphe	𓏺	𓎆	𓍢	𓆼	𓂭	𓆐	𓁨

Die Zahl 𓍢𓍢𓍢𓎆𓎆 𓏺𓏺𓏺𓏺 bedeutet also 324. Genausogut könnte man diese Zahl aber auch in der Form 𓏺𓏺𓏺𓏺 𓎆𓎆𓍢𓍢𓍢 schreiben: Der Wert von 𓏺 ist immer 1, egal an welcher Stelle es steht.

Die Ägypter kannten drei verschiedene Schriftsysteme: die Hieroglyphen, die etwa auf Inschriften benutzt wurde, die hieratische Schrift (eine Art Schreibschrift für Hieroglyphen, wenn man auf Papyrus schrieb) und ab 650 v. Chr. die demotische Schrift (die Volksschrift). Die Hieroglyphen wurden zu Beginn des 19. Jahrhunderts von Jean-Fançois Champollion entziffert; Heinrich Brugsch gelang ein halbes Jahrhundert später die Entzifferung der demotischen Schrift.

Mathematische Zeugnisse aus dem alten Ägypten sind nur sehr wenige erhalten. Das bekannteste Relikt ist der Papyrus Rhind. Dieser wurde im 16. Jahrhundert vor Christus von einem Schreiber namens Ahmes oder Ahmose in hieratischer Schrift kopiert. Die beiden etwas 3 bzw. 2 Meter langen Fragmente mit einer Breite von etwa 32 cm liegen heute im Britischen Museum; einige kleinere Fragmente besitzt das Brooklyn Museum in New York. Wir werden hin und wieder einige Aufgaben[2] aus diesem Papyrus vorstellen.

1.3 Sumer

Die Geschichte Babylons beginnt mit den Sumerern, einem Volk, das den Raum um die beiden Flüsse Euphrat und Tigris im heutigen Irak besiedelte; die Griechen nannten diese Gegend Mesopotamien, was übersetzt „zwischen den Flüssen“ bedeutet. Die Sumerer entwickelten eine Schrift; diese Keilschrift, die um 2700 v.Chr. voll entwickelt war, wurde mit einem Stift aus Schilfrohr in weichen Ton gepresst und die Tafeln in der Sonne getrocknet; wichtige Dokumente wurden auch im Ofen gebrannt, um sie länger haltbar zu machen.

Weil sich diese Keilschrifttafeln viel besser erhalten haben als andere Schreibmaterialien wie Pergament (Tierhäute) oder Papyrus, wissen wir über keine antike Kultur, die älter als 3000 Jahre ist, so viel wie über die mesopotamische.

Zu den am längsten bekannten Keilschrifttafeln mit mathematischem Inhalt gehören die Quadrattafeln von Senkereh BM 92680, die im Britischen Museum liegen.

---

[1] Das Erlernen von Lesen und Schreiben der Hieroglyphen ist etwas mühsam, wird aber in [Zauzich 1980] und [Wenzel 2001] sehr gut erklärt.

[2] An dieser Stelle sei auf die Bücher von Johannes Lehmann (1922–1995; Lehrer am Gymnasium Ibbenbüren) hingewiesen, insbesondere auf [Lehmann 1992].

François Lenormant hat diese Tafel kopiert (die Abbildungen auf S. 192–195 sind seiner Dissertation [Lenormant 1868] entnommen) und untersucht. Tafel 1.1 enthält einen kleinen Auszug der wesentlichen Spalten.

𒁹	𒁹	𒈫 𒁹	𒌋𒁹
𒐉	𒈫	𒈫 𒎙𒐉	𒌋𒈫
𒐎	𒐈	𒈫 𒐏𒐎	𒌋𒐈
𒌋𒐋	𒐉	𒐈 𒌋𒐋	𒌋𒐉
𒎙𒐊	𒐊	𒐈 𒐏𒐊	𒌋𒐊
𒌍𒐋	𒐋	𒐉 𒌋𒐋	𒌋𒐋
𒐏𒐎	𒐌	𒐉 𒐏𒐎	𒌋𒐌
𒁹 𒐉	𒐍	𒐊 𒎙𒐉	𒌋𒐍
𒁹 𒎙𒁹	𒐎	𒐋 𒁹	𒌋𒐎
𒁹 𒐏	𒌋	𒐋 𒐏	𒎙

Tafel 1.1. Auszug aus den Quadrattafeln von Senkereh BM 92680.

Offenbar stehen in der zweiten Spalte rechts die Zahlen 1, 2, 3 usw., von denen die ersten neun in der Form 𒁹, 𒈫, 𒐈, ..., 𒐎 geschrieben werden. Die Zahl 10 wird als 𒌋 dargestellt, danach werden die Zahlen additiv zusammengesetzt.

In der ersten Spalte stehen die Quadrate der Zahlen in Spalte zwei, also 1, 4, 9, 16, ...; das Quadrat der Zahl 8 wird als 𒁹 𒐉 geschrieben und steht offenbar für 64; also muss 𒁹, wenn sie nicht an der „Einerstelle“ steht, den Wert 60 haben. Entsprechend bedeutet 𒁹 𒎙𒁹 die Zahl $60 + 21 = 81$.

Damit ist das Sexagesimalsystem der Babylonier das älteste Stellenwertsystem, also ein System zum Schreiben von Zahlen, in welchem der Wert einer Ziffer wie die 𒁹 davon abhängt, an welcher Stelle sie steht. Nur in Stellenwertsystemen kann man problemlos beliebig große Zahlen schreiben.

Es sei ausdrücklich bemerkt, dass die Babylonier in der altbabylonischen Zeit keine Notation für fehlende Ziffern hatten (also kein Zeichen für die 0). Insbesondere kann 𒁹 sowohl für unsere 1, als auch für die 60 oder für $60^2 = 3600$ stehen. Wir werden noch sehen, dass dies selten ein Nachteil und für das Rechnen im Sexagesimalsystem oft sogar von Vorteil war.

Verwandeln einer Sexagesimalzahl in eine Dezimalzahl

Das Umrechnen von Zahlen aus dem Sexagesimalsystem ins Dezimalsystem und umgekehrt ist, wenn man den Inhalt mathematischer Keilschrifttafeln verstehen will, natürlich unverzichtbar. Allerdings sei gleich zu Beginn bemerkt, dass es wenig sinnvoll ist, eine Summe oder ein Produkt zweier Sexagesimalzahlen zu berechnen, indem man sie ins Dezimalsystem umwandelt, die Grundrechenarten im vertrauten System ausführt und das Ergebnis dann zurückverwandelt. Tatsächlich ist es mit ein klein wenig Übung kein Problem, alle notwendigen Rechnungen direkt im Sexagesimalsystem auszuführen.

Die Verwandlung einer Sexagesimalzahl in eine Dezimalzahl ist, wenn man von der „Kommasetzung“ absieht, eine einfache Rechnung: Die Zahl 𒁹 𒎙𒐘 steht, wie wir gesehen haben, für $1 \cdot 60 + 24 = 84$. Entsprechend ist 𒌋𒐖 𒐝 dezimal gleich $12 \cdot 60 + 9 = 729$.

Verwandeln einer Dezimalzahl in eine Sexagesimalzahl

Das Umwandeln der Zahl 44800 ins Sexagesimalsystem kostet etwas mehr Aufwand. Wir dividieren wiederholt durch 60 mit Rest:

$$\begin{aligned} 44800 &= 746 \cdot 60 + 40, \\ 746 &= 12 \cdot 60 + 26, \\ 12 &= 0 \cdot 60 + 12. \end{aligned}$$

Daraus lesen wir ab, dass

$$44800 = 40 + 60 \cdot 746 = 40 + 60(12 \cdot 60 + 26) = 12 \cdot 60^2 + 26 \cdot 60 + 40$$

ist, sexagesimal also 𒌋𒐖 𒎙𒐚 𒐏 geschrieben wird; die Sexagesimalziffern stehen also einfach in der rechten Spalte, wenn man die Dezimalzahl wiederholt mit Rest durch 60 teilt.

Ohne näher darauf eingehen zu wollen bemerken wir nebenbei, dass man ganz analog Dezimalzahlen ins Binärsystem übertragen kann, indem man wiederholt durch 2 dividiert.

1.4 Die Geschichte der Babylonier

Ab 3000 v. Chr. wanderten Akkader nach Mesopotamien ein; etwa um 2300 v. Chr. errichtet Sargon von Akkad das erste Großreich in Mesopotamien. Die Akkader übernahmen die Keilschrift der Sumerer, um ihre eigene Sprache zu schreiben. Das Sumerische wurde aber, ähnlich wie Latein im Mittelalter, als „tote Sprache“ erhalten und wurde jahrhundertelang weiter unterrichtet.

Bereits im alten Mesopotamien gab es Einrichtungen, in denen das Schreiben gelehrt wurde. Diese wurden edubba genannt, also *Haus der Tafeln*. Der *Vater des Tafelhauses* war der Direktor, der *Sohn des Tafelhauses* war der Schüler. Neben den Lehrern (Meister) gab es noch Aufseher, die *Peitschenträger* genannt wurden. Das Wort edubba taucht erstmals in der Hymne des Königs Šulgi von Ur aus der Zeit von 2050 v.Chr.; allerdings beweisen Tafeln, die offenbar dem Unterricht dienten, dass es solche Einrichtungen bereits seit mindestens 3000 v.Chr. gegeben haben muss.

Hammurabi

Hammurabi ist der bekannteste Herrscher des altbabylonischen Reichs, in dem viele Stadtstaaten unter der Hauptstadt Babylon zusammengefasst waren. Hammurabi regierte ab etwa 1792 v. Chr. das Reich und gab den Babyloniern Gesetze, die auf Tafeln und auf Stelen gemeißelt in das ganze Reich transportiert wurden. Dieser Codex Hammurabi besteht aus 282 Paragraphen.

Die Gesetze beruhten auf dem Grundsatz „Auge um Auge, Zahn um Zahn“, den später auch das Alte Testment übernahm. Auch Moses erhielt seine Gesetze, die 10 Gebote, auf Tafeln überreicht.

Nach Hammurabi zerfiel das babylonische Reich, als Hethiter, Kassiten und später Assyrer sich breit machten. Das neuassyrische Reich erstreckte sich im 7. Jahrhundert v. Chr. bis nach Ägypten.

Nebukadnezar

Es gibt sehr viele Motive in den babylonischen Mythen, die auch in den Geschichten des Alten Testaments auftauchen. Der Hauptgrund für die vielen Parallelen zwischen der babylonischen und der jüdisch-christlichen Mythologie liegt im „babylonischen Exil“: Der babylonische König Nebukadnezar II eroberte 597 v.Chr. Jerusalem und siedelte einen Teil der adligen Oberschicht in Babylonien an – und zwar nicht, wie die Bibel lehrt, als Kriegsgefangene und Sklaven, sondern als relativ freie Bürger, denen Handel, Landwirtschaft und selbst Sklavenhaltung erlaubt war, nicht jedoch die Ausreise. Als der Perserkönig Kyros II. 539 v.Chr. Babylon eroberte, erlaubte dieser den Juden die Rückkehr. Nicht wenige Juden blieben in Babylon, viele gingen zurück nach Jerusalem, und andere zogen weiter bis nach Usbekistan.

Die Akkader waren wohl das einzige Volk der Antike, die neben der Umgangssprache (dem Akkadischen) auch noch eine tote Sprache (nämlich das Sumerische) als Wissenschaftssprache pflegten. Dieses Nebeneinander zweier Sprachen[3] innerhalb einer Kultur konnten sich die Juden, die von König Nebukadnezar 586 v.Chr. nach Babylon entführt worden waren, nur als eine göttliche Strafe vorstellen, und sie brachten daher diese „Sprachverwirrung“ in einen Zusammenhang mit dem Bau des Turms zu Babylon. Da Mesopotamien nicht über die riesigen Steinblöcke Ägyptens oder Wälder verfügte, bauten sie mit Ziegeln, die sie in der Sonne trockneten. Unter dem Einfluss von Sonne und Regen verfielen diese relativ schnell, sodass Bauwerke ständig ausgebessert werden mussten. Blieb diese Instandsetzung aus, brachen die Bauwerke innerhalb weniger Jahrzehnte zusammen – so wird es auch dem Turm von Babel, den Stadtmauern von Babylon oder den hängenden Gärten der Semiramis, einem der antiken sieben Weltwunder, gegangen sein.

1.5 Der Babel-Bibel-Streit

Die Keilschrifttafeln der Babylonier erzählen uns eine ganze Menge über die alten Kulturen Mesopotamiens; die bekannteste Geschichte ist wohl diejenige von Gilgamesch, eine epische Erzählung, die sich mit Fragen von Leben, Tod, Unsterblichkeit und dem Verhältnis zwischen Menschen und Göttern auseinandersetzt.

[3] Ziemlich sicher dürften auch Griechisch und Ägyptisch in Babylon nicht unbekannt gewesen sein, und die Juden brachten noch Hebräisch mit.

Die Geschichte einer Flut, in welcher fast die gesamte Menschheit umgekommen ist, findet sich in Kulturen auf jedem Kontinent. Etwa 20 000 v.Chr. endete die letzte Eiszeit – damals war wegen der riesigen Eismassen auf dem Land der Meeresspiegel mehr als 60 m unterhalb des heutigen, und man hätte England von Europa aus zu Fuß erreichen können. Der Anstieg des Meeresspiegels mit dem Schmelzen des Eismantels muss an manchen Orten zu Katastrophen geführt haben, wenn plötzlich während einer Springflut eine ganze Tiefebene geflutet wurde.

Wie alle großen Mythen der alten Kulturen geht auch die Geschichte der großen Flut auf eine Zeit zurück, in der es noch keine Schrift gab und diese Erzählung mündlich weitergegeben wurde; auch die Ilias und die Odyssee, also die Geschichte vom Trojanischen Krieg, wurden mündlich tradiert, bevor Homer sie niederschrieb. Als die Babylonier daran gingen, ihre Geschichte der Flut niederzuschreiben, gab es bereits drei solcher Mythen mit verschiedenen "Helden", nämlich Atrahasis und Utnapishti.

Die sumerische Geschichte der Flut erzählt davon, dass die Götter der Menschen überdrüssig werden und sie diese, trotz Protesten der Schöpferin Nintur, vernichten wollen. König Ziusudra baut daraufhin ein Boot und erhält die Unsterblichkeit: In der Tat bedeutet sein Name "der mit dem langen Leben" (im babylonischen Gilgamesch-Epos heißt der Erbauer der Arche Utnapishti, was "Ich fand das Leben" bedeutet). Diese Geschichte wurde vor 200 v.Chr. von Berossos ins Griechische übertragen; davon sind nur noch Fragmente erhalten, die erzählen, dass Xisuthros im Traum vor einer Flut gewarnt wurde; er solle den Anfang, die Mitte und das Ende aller Erzählungen in Sippar begraben und ein Boot bauen. Er befolgte den Befehl und nahm seine Familie und seine Freunde ebenso mit wie Tiere, und ließ nach einer Weile Vögel frei, die aber wieder zurückkamen. Das zweite Mal hatten die Vögel Schlamm an ihren Füßen, und beim dritten Mal kamen sie nicht mehr zurück. Die Arche war in Armenien gelandet; Xisuthros und seine Familie durften bei den Göttern wohnen, die anderen wurden beauftragt, nach Babylonien zurückzugehen, die Schriften auszugraben, und sie unter den Menschen zu verbreiten.

Der Atrahasis-Epos beginnt damit, dass die jüngeren Götter, die für die älteren arbeiten müssen, rebellieren. Daraufhin beschließen die älteren Götter, den Menschen zu erschaffen, damit dieser für sie arbeiten kann. Sie opfern einen Gott und erschaffen aus ihm die Menschen; da diese unsterblich sind und sich schnell vermehren, machen sie einen solchen Lärm, dass sie den Göttern den Schlaf rauben. Sie schicken zuerst eine Epidemie und dann Trockenheit, um die Menschheit zu vernichten, aber der Gott Ea (sumerisch Enki), der für die Erschaffung des Menschen verantwortlich war, vereitelt diese Pläne. Der dritte Versuch besteht in der Flut ("am Tage des Neumonds": An diesem Tag stehen Mond und Sonne in einer Richtung, was auch heute noch für "Springfluten" sorgt), und dieses Mal warnt Ea Atrahasis und befiehlt ihm, eine Arche zu bauen, um sich und die Tiere der Erde zu retten.

Letztendlich sind die andern Götter dankbar, dass einige Menschen die Katastrophe überlebt haben, müssten sie sich doch sonst selbst wieder um ihren Lebensunterhalt kümmern. Allerdings "erfinden" sie jetzt den Tod, Kindersterblichkeit und zölibatäre Priesterinnen, um der menschlichen Überbevölkerung Einhalt zu gebieten. Bereits damals gab es Probleme mit der Einhaltung des Zölibats, wie die autobiographische Skizze des ersten akkadischen Herrschers Sargon I beweist: Dieser hat etwa um 2200 v.Chr. regiert und erzählte von sich, dass sein Vater unbekannt sei und seine Mutter, eine Priesterin, ihn heimlich zur Welt gebracht habe. Die Geschichte, wonach sie ihn auf einem kleinen Schiffchen auf dem Euphrat ausgesetzt hat, wo ihn jemand herausgefischt und aufgezogen hat, wurde im Alten Testament für den Lebenslauf von Moses verwendet.

Im Zusammenhang mit der Entdeckung einer Keilschrifttafel, welche einen Bauplan der babylonischen Arche enthielt, hat Irving Finkel, Kurator des Britischen Museums, ein Buch [Finkel 2014] über diese Entdeckung geschrieben. Die Vorträge von Irving Finkel auf `youtube` zu diesem Thema sind absolut empfehlenswert.

Der Urvater der Israeliten Abraham stammt der Bibel nach aus der babylonischen Stadt Ur. Die Geschichte der Flut ist bei weitem nicht die einzige Geschichte, die es ins Alte Testament geschafft hat; über die Parallelen zu babylonischen Mythen im Talmud und dem Alten Testament sind ganze Bücher geschrieben worden. Hier sei nur daran erinnert, dass der jüdische Gott den Menschen aus Lehm erschaffen hat, also dem Material, auf dem die ganze babylonische Kultur aufgebaut war.

Auf zwei Dinge sei kurz noch eingegangen: Die Erschaffung Evas aus der Rippe Adams und die Rolle der Schlange im Garten Eden. Kramer [Kramer 1959, S. 112] erklärt die Erschaffung Evas aus der Rippe Adams so: Der hebräische Name Eva bedeutet die Belebte. Das sumerische Wort „ti“ bedeutet sowohl Leben schaffen, als auch Rippe. Enki, der Gott, der die Menschen erschaffen hat, wird von seiner Frau Ninhursanga mit acht Pflanzen vergiftet, weil er mit ihrer Tochter und deren Tochter geschlafen hat. Letztendlich erbarmt sie sich und heilt ihn, will aber die Kontrolle über ihn behalten. Deshalb erschafft sie acht kleine Göttinen, die den Zustand von Enkis acht erkrankten Organen überwachen sollen. Die Göttin, die für Enkis Rippe zuständig ist, ist Ninti, die Frau der Rippe und gleichzeitig Geburtsgöttin, die Frau die Leben spendet. Die Geschichte hinter diesem sumerischen Wortspiel wurde als Motiv für die Rolle der Rippe in der biblischen Schöpfungsgeschichte verwendet.

Die Schlange im Garten Eden taucht im Gilgamesch-Epos auf. Gilgamesch sucht und findet das Kraut der Unsterblichkeit in den Tiefen eines Meeres; er will sie in seine Heimat zurückbringen, aber während er schläft, wird das Kraut von einer Schlange gefressen, die sich danach häutet (also wieder jung wird). In der mesopotamischen Geschichte hat die sich häutende Schlange den Menschen die Unsterblichkeit geraubt; eine ähnliche Rolle spielt die Schlange im Paradies.

Auch der Streit zwischen Kain und Abel ist nicht nur eine Erzählung über den Streit zweier Brüder; vielmehr spiegelt sich darin der Kampf zwischen Ackerbau und Viehzucht wider, der auch im mesopotamischen Mythos der Göttin Inanna auftaucht. Inanna heiratet nach dem Ratschlag ihres Bruders nicht den Ackerbauer Enkimdu, sondern den Hirten Dumuzi. Die beiden streiten sich, versöhnen sich aber wieder, und Dumuzi lädt seinen vormaligen Konkurrenten zu seiner Hochzeit ein. Obwohl Dumuzi durch die Heirat einer Göttin unsterblich wird, wird er in die Unterwelt versetzt. Im Alten Testament erschlägt der Ackerbauer Kain seinen Bruder, den Hirten Abel.

Dies sind nur einige von sehr vielen Parallelen zwischen den sumerischen Mythen und dem Alten Testament[4] haben am Anfang des 20. Jahrhunderts zu einem Streit geführt: Wie kann das Alte Testament göttlich inspiriert sein, wenn die Motive aus den babylonischen Erzählungen stammen?

Aufgaben

1.1 Schreibe die folgenden Zahlen in der römischen Zahlschrift.

a) 59 b) 98 c) 277

d) 1290 e) 1988 f) 2021

1.2 Schreibe die folgenden Jahreszahlen dezimal.

a) MCCXIX b) MDCLVI c) MCMLXXXIV

d) MCMLIV e) MDCCLXXII f) MCDLXXIX

1.3 In der ersten und dem rechten Teil der zweiten Spalte der Tafel BM 92680 stehen Zahlen. Entschlüssele mit deren Hilfe das Zahlensystem der Babylonier und vervollständige die Tabelle in Tafel 1.2.

1.4 Schreibe die folgenden Zahlen im Dezimalsystem.

a) 𒁹 𒌋𒈫 b) 𒐉 𒑲 𒐊 c) 𒁹 𒌋 𒑲

d) 𒌋𒁹 𒑲 e) 𒌋 𒌋𒈫 f) 𒎙𒐊 𒌍𒐋

1.5 Schreibe die folgenden Zahlen im Dezimalsystem.

a) 𒎙𒐉 b) 𒌍𒐎 c) 𒁹 𒑲 𒐊

d) 𒎙𒐈 𒎙𒐉 e) 𒐈 𒑲 𒐎 𒌍𒐉 f) 𒁹 𒁹 𒁹 𒁹

1.6 Schreibe die folgenden Zahlen im Sexagesimalsystem.

a) 125 b) 3144 c) 100

d) 1000 e) 10000 f) 1 000 000

1.7 In der Informatik wird das Binärsystem benutzt; dort werden Zahlen nur mit den Ziffern 0 und 1 geschrieben. Dabei bedeutet $(1011)_2$ dezimal $1 \cdot 2^3 + 0 \cdot 2^2 + 1 \cdot 2^1 + 1 \cdot 2^0 = 8 + 2 + 1 = 11$.

Verwandle die folgenden Binärzahlen ins Dezimalsystem:

a) $(101)_2$ b) $(11010)_2$ c) $(101101)_2$

d) $(111000)_2$ e) $(100011)_2$ f) $(11001100)_2$

[4] Auch im Neuen Testament gibt es babylonische Motive, etwa beim Einzug Jesu nach Jerusalem, der an die Prozessionen am babylonischen Neujahrsfest erinnert. Sehr viele babylonische Motive tauchen auch in den griechischen Mythen auf.

1	𒐕	2	𒐖	3		4	𒐘	5	𒐙
6		7	𒐛	8		9		10	𒌋
11	𒌋𒐕	12		13		14		15	
16		17		18		19		20	𒎙
21	𒎙𒐕	22		23		24		25	
26		27	𒎙𒐛	28		29		30	
31		32		33	𒌍𒐗	34		35	
41		42		43		44	𒐏𒐘	45	
46		47		48		49		50	
51		52		53		54		55	
56	𒐐𒐚	57		58		59		60	𒐕
70		80	𒐕𒎙	90		100		125	𒐖𒐙

Tafel 1.2. Zahlen im Sexagesimalsystem

1.8 Verwandle die folgenden Zahlen ins Binärsystem;

a) 11 b) 17 c) 47

d) 68 e) 100 f) 1000

2. Grundrechenarten

In diesem Kapitel werden wir zeigen, wie man Sexagesimalzahlen addiert, subtrahiert und multipliziert. Die Division werden wir im nächsten Kapitel nachholen; einen Algorithmus wie unsere schriftliche Division haben die Babylonier allerdings nicht besessen.

2.1 Addition

Die Addition zweier Sexagesimalzahlen wird, ebenso wie in unserem Dezimalsystem, von rechts nach links ausgeführt. So rechnet man, wenn 12,26,40 und 1,36,40 zu addieren sind (hier bezeichnet 12,26,40 die Zahl $12 \cdot 60^2 + 26 \cdot 60 + 40$ usw.), wie folgt:

1. Die Summe von 40 und 40 ist 80; das ergibt 20 und einen Übertrag 1, d.h. es ist $40 + 40 = 1{,}20$.

2. Die Summe von 26 und 36 plus dem Übertrag 1 ist $63 = 60 + 3$, also ist $26 + 36 + 1 = 1{,}3$.

3. Die Summe von 12 und 1 plus dem Übertrag 1 ist 14.

Also ist die Summe von 12,26,40 und 1,36,40 gleich 14,3,20.

Mit ein wenig Übung ist es kein Problem, diese Rechnungen direkt im Sexagesimalsystem auszuführen. Die Babylonier haben zur Addition zweier Zahlen die Summanden nicht untereinander geschrieben; sie hatten auch keine Symbole wie +, − oder · für die Grundrechenarten. Um das Addieren zu üben, schreiben wir die Aufgaben dennoch so hin, wie wir das gewohnt sind:

F. Lemmermeyer, *Mathematik à la Carte – Babylonische Algebra*,
https://doi.org/10.1007/978-3-662-66287-8_2

Die Summe von 𒐏 und 𒐏 ist 80 = 60 + 20, also 𒁹𒎙; wir schreiben daher 𒎙 und übertragen die 60 als 𒁹 nach links. Dort addieren wir 𒎙𒐋 und 𒌍𒐋 plus den Übertrag 𒁹 und erhalten 63; wir schreiben also 𒐈 und übertragen die 60 als 𒁹 nach links. Addieren wir den Übertrag zur Summe 𒌋𒐈 von 𒌋𒈫 und 𒁹, so erhalten wir 𒌋𒐉:

𒌋𒈫 𒎙𒐋 𒐏

𒁹 𒌍𒐋 𒐏

𒌋𒐉 𒐈 𒎙

Wir bemerken an dieser Stelle, dass die Addition der Sexagesimalzahlen 12,26,40 und 1,36,40 genau der Addition der Zeiten 12 h 26 min 40 s und 1 h 36 min 40 s entspricht.

Ohne Angabe der Größenordnung ist die Summe zweier sexagesimal notierter Zahlen unbestimmt: So kann man 𒁹 und 𒁹 nicht addieren, wenn nicht bekannt ist, ob 𒁹 für 1 oder für 60 steht, denn 1 + 1 = 2 (𒈫), aber 1 + 60 = 61 (𒁹 𒁹). Auf den Tafeln wird aber fast immer mit Ergebnissen gerechnet, die man zuvor erhalten hat, und bei denen die Größenordnung aus dem Zusammenhang bekannt ist; dennoch finden sich auch auf Keilschrifttafeln Fehler selbst bei der Addition von Sexagesimalzahlen.

Einer dieser Fehler passiert in Aufgabe # 24 auf BM 13901: dort wird die Summe von 𒎙𒐉 und 𒎙𒐉 fehlerhaft zu 𒎙𒐉 𒎙𒐉 anstatt 𒐏𒐍 bestimmt.

Subtraktion

Das folgende Beispiel einer Subtraktion taucht bei der Berechnung einer Rampe auf der Tafel MS 2792#1 auf. Dort muss man 𒁹 𒐐𒁹 𒐋 𒐏 von 𒐉 𒌍𒐋 𒐋 𒐏 abziehen. Die Einerziffern der beiden Zahlen sind gleich, sie heben sich also weg. Um die Subtraktion 36 − 51 in der zweiten Stelle bewerkstelligen zu können, borgt man sich von den 5 links eine 1 aus und rechnet dann 60 + 36 − 51 = 45; das Endergebnis ist damit 𒐈 𒐏𒐊.

𒐉 𒌍𒐋 𒐋 𒐏

𒁹 𒐐𒁹 𒐋 𒐏

𒐈 𒐏𒐊

Von dieser Zahl werden dann noch einmal 𒁹 𒎙𒐍 𒐐 𒐈 𒎙 subtrahiert, und hier muss man sich daran erinnern, dass am Ende von 𒐈 𒐏𒐊 zwei „Nullen“ stehen:

$$
\begin{array}{rrrr}
𒐈 & 𒐏𒐉 & & \\
𒁹 & 𒎙𒐍 & 𒐐𒐈 & 𒎙 \\
\hline
\end{array}
$$

Wir beginnen wieder rechts: um 𒎙 von oben subtrahieren zu können, borgen wir uns 𒁹 von links und erhalten 𒐏. Dann müssen wir 𒐐𒐈 von 𒐐𒐎 subtrahieren und erhalten 𒐋. Die Differenz von 𒐏𒐉 und 𒎙𒐍 ist 𒌋𒐊, und schließlich ist 𒐈 minus 𒁹 gleich 𒈫:

$$
\begin{array}{rrrr}
𒐈 & 𒐏𒐉 & & \\
𒁹 & 𒎙𒐍 & 𒐐𒐈 & 𒎙 \\
\hline
𒈫 & 𒌋𒐊 & 𒐋 & 𒐏
\end{array}
$$

2.2 Multiplikation

Die einfachste Multiplikation im Dezimalsystem (nach der trivialen Multiplikation mit 1 oder mit Zehnerpotenzen) ist die Verdopplung. Diese kann man sehr gut üben: Hat eine Dezimalzahl nur Ziffern zwischen 0 und 4, so braucht man nur die Ziffern zu verdoppeln: $2314 \cdot 2 = 4628$. Liegt die Ziffer zwischen 5 und 9, braucht man einen Übertrag von 1.

Im Sexagesimalsystem ist dies genauso leicht zu bewerkstelligen; um 𒐌 𒎙𒐋 𒌍𒐊 zu verdoppeln, rechnen wir $35 \cdot 2 = 70 = 60 + 10$; also schreiben wir 𒌋 und machen einen Übertrag von 𒁹. Jetzt ist $36 \cdot 2 = 52$; zusammen mit dem Übertrag schreiben wir 𒐐𒐈. Verdoppeln von 𒐌 liefert 𒌋𒐋, und damit sind wir fertig: Das Doppelte von 𒐌 𒎙𒐋 𒌍𒐊 ist 𒌋𒐋 𒐐𒐈 𒌋.

Zum Üben kann man sich eine Zahl vorgeben und diese 10- oder 20-mal verdoppeln; aus der Seleukidenzeit sind viele Tafeln erhalten, in welchen derartige Spielereien bis hin zu astronomisch großen Zahlen getrieben wurden. Zur Kontrolle ist es ratsam, das Ergebnis dann so lange zu halbieren, bis die Ausgangszahl wieder herauskommt.

Multiplikation mit 5

Im Dezimalsystem berechnet man Produkte von 5 mit einer geraden Zahl so: Für das Produkt $5 \cdot 68$ wird 68 halbiert und 5 verdoppelt: es ist dann

$$5 \cdot 68 = 10 \cdot 34 = 340.$$

Geometrisch kann man Produkte zweier Zahlen als Flächeninhalt eines Rechtecks deuten; davon werden wir in diesem Buch ausgiebig Gebrauch machen. Hauptzweck der geometrischen Einkleidungen in diesem Kapitel ist es, sich an diese Art der Begründung zu gewöhnen.

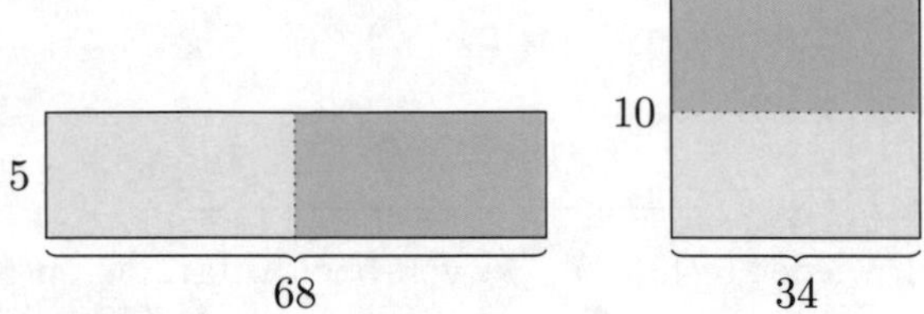

Mit etwas mehr Übung gelingt die schnelle Berechnung auch dann, wenn der zweite Faktor ungerade ist; bei $5 \cdot 37$ rechnet man

$$5 \cdot 37 = 5 \cdot 36 + 5 = 10 \cdot 18 + 5 = 185;$$

wahlweise kann man auch $5 \cdot 37 = 10 \cdot 18{,}5 = 185$ rechnen.

Multiplikationstafeln

Es gibt unzählige Keilschrifttafeln, die wohl dem Erlernen des kleinen Einmaleins gedient haben. Eine Standardtafel mit der *Kopfzahl* 2 enthält beispielsweise die Produkte $2 \cdot 1$, $2 \cdot 2$, …, $2 \cdot 19$, $2 \cdot 20$, $2 \cdot 30$, $2 \cdot 40$ und $2 \cdot 50$. Es gibt auch viele Tafeln mit ungewöhnlichen Kopfzahlen wie etwa 𒁹𒌍 (also $1\frac{1}{2}$) 𒐋𒐏 (also dezimal 400 oder $\frac{2}{3}$).

Die Bilder auf den beiden folgenden Seiten zeigen Vorder- und Rückseite der Tafel HS 222a der Hilprecht-Sammlung aus Jena. Man beachte, dass hier (wie auch auf manchen andern Tafeln) die Zahl 19 subtraktiv als 20 minus 1 geschrieben ist: statt 𒌋𒐝 steht dort also 𒎙 𒇲𒁹. Gelegentlich findet man eine entsprechende subtraktive Schreibweise auch für die Zahlen 17, 18, 27 etc.; in diesem Fall stehen 𒐖 oder 𒐗 unter dem „Γ“.

Wie die babylonischen Schreiber Produkte berechnet haben, wissen wir nicht genau; wir stellen aber Methoden vor, die auch in Mesopotamien hätten gebraucht werden können.

Ägyptische Multiplikation

Bereits die Ägypter haben erkannt, dass sich Multiplikationen auf einfaches Verdoppeln zurückführen lassen. In Aufgabe 32 des Papyrus Rhind wird das Produkt $12 \cdot 12$ berechnet, und zwar so:

	1	12
	2	24
\	4	48
\	8	96

Um das Produkt $a \cdot b$ auszurechnen, schreibt man 1 und b in eine Zeile und verdoppelt beide Zahlen so lange, bis links eine Zahl erscheint, deren Doppeltes größer als a wäre. Dann schreibt man a als Summe der Zahlen in der linken Spalte und kennzeichnet diese mit einem \. Schließlich werden die entsprechenden Zahlen in der rechten Spalte addiert. Wegen $a = 12$ werden 4 und 8 gekennzeichnet, und $12 \cdot 12 = 48 + 96 = 144$.

Tafel 2.1. Vorderseite der Tafel HS 222a

Tafel 2.2. Vorderseite der Tafel HS 222a

Russische Bauernmultiplikation

Das etwas mühsame Zusammenstückeln eines Faktors als Summe einer Zweierpotenz lässt sich durch eine kleine Modifikation der ägyptischen Methode vermeiden. Um $31 \cdot 11$ zu berechnen, verdoppeln wir den linken Faktor und halbieren den rechten, lassen aber beim Halbieren auftretende Halbe weg:

$$\begin{array}{rcr} 31 & \cdot & 11 \\ 62 & \cdot & 5 \\ 124 & \cdot & 2 \\ 248 & \cdot & 1 \end{array}$$

Nun ist

$$31 \cdot 11 = 31 \cdot (2 \cdot 5 + 1) = 62 \cdot 5 + 31,$$

als müssen wir die 31 zum Produkt von $62 \cdot 5$ addieren. Im nächsten Schritt ist

$$62 \cdot 5 = 62 \cdot (2 \cdot 2 + 1) = 124 \cdot 2 + 62;$$

also müssen wir die 62 zum Produkt von $124 \cdot 2$ addieren. Endlich ist $124 \cdot 2 = 248 \cdot 1$. Zusammenfassend ist also

$$31 \cdot 11 = 31 + 62 + 248,$$

wobei wir die Faktoren in der linken Spalte zu addieren haben, in welchen in der rechten Spalte eine ungerade Zahl steht.

Was dabei passiert, lässt sich so aufschreiben:

$$\begin{array}{rcccl} 31 \cdot 11 & = & 31 \cdot 10 & + & 31 \\ & = & 62 \cdot 5 & + & 31 \\ & = & 124 \cdot 2 & + & 62 + 31 \\ & = & 248 & + & 62 + 31. \end{array}$$

Wir wollen diese Technik an einem zweiten Beispiel nachvollziehen, nämlich beim Produkt $34 \cdot 13$:

$$\begin{array}{rcr} 34 & \cdot & 13 \\ 68 & \cdot & 6 \\ 136 & \cdot & 3 \\ 272 & \cdot & 1 \end{array}$$

Es ist also $34 \cdot 13 = 34 + 136 + 272 = 442$. Auch hier ist

$$34 \cdot 13 = 68 \cdot 6 + 34 = 136 \cdot 3 + 34 = 272 \cdot 1 + 136 + 34.$$

Distributivität

Die wichtigste Regel bei der Anwendung der Multiplikation ist die Distributivität. Algebraisch ausgedrückt geht es dabei um

$$a(b + c) = ab + ac.$$

Diese darf man nicht mit der Assoziativität verwechseln, wonach

$$a \cdot (b \cdot c) = (a \cdot b) \cdot c = a \cdot b \cdot c$$

gilt, während $2(ab) \neq 2a \cdot 2b$ ist (außer für $ab = 0$). Man kann dies auch so einsehen: $2 \cdot (ab) = ab + ab = 2ab$.

Geometrisch ist das ganz klar: das Doppelte der Fläche ab eines Rechtecks ist gleich der Fläche eines Rechtecks mit den Seiten $2a$ und b bzw. mit den Seiten a und $2b$; in Formeln:

$$2 \cdot (ab) = 2a \cdot b = a \cdot 2b,$$

während $2a \cdot 2b$ gleich dem Vierfachen von ab ist.

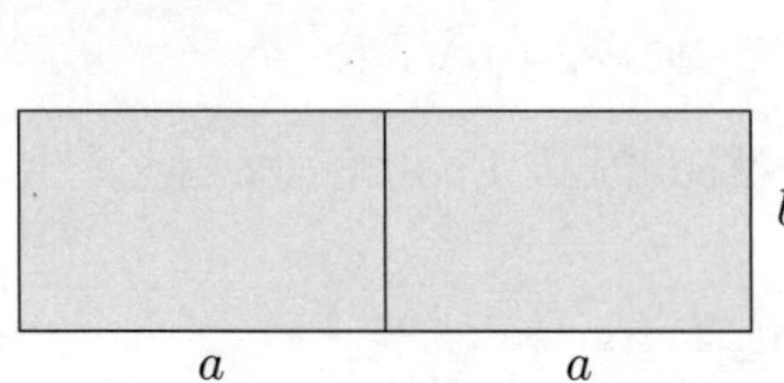

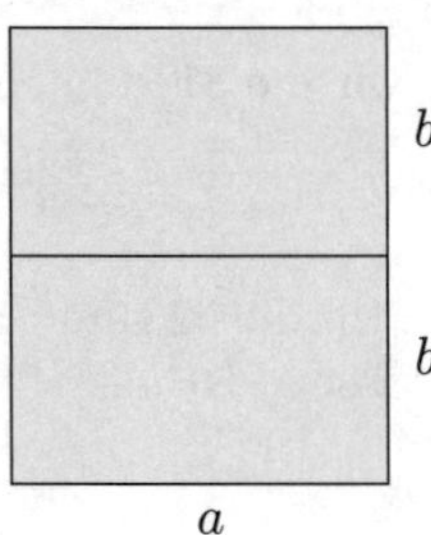

Auch die sogenannte „Minusklammerregel" $a - (b - c) = a + b - c$ kann man mit Strecken leicht veranschaulichen; noch klarer wird es allerdings, wenn man $a > b > c$ als Flächen von Quadraten interpretiert:

Hier hat das rote Gnomon Fläche $a - b$, das grüne $b - c$. Damit ist $a - (b - c)$ die Summe der roten und gelben Fläche, und diese ist offenbar gleich $a - b + c$.

Schriftliche Multiplikation

Es hat viele Jahrhunderte gedauert, bis sich der auch heute an manchen Schulen noch unterrichtete Algorithmus zur schriftlichen Multiplikation herausgebildet hat.

Um das Produkt $17 \cdot 24$ zu berechnen, zerlegen wir das Produkt in vier Teilprodukte:

$$17 \cdot 24 = (10 + 7) \cdot (20 + 4) = 10 \cdot 20 + 10 \cdot 4 + 7 \cdot 20 + 7 \cdot 4.$$

Schematisch lassen sich die Rechnungen so zusammenfassen:

200	140	20
40	28	4
10	7	

Damit wird

$$17 \cdot 24 = 200 + 40 + 140 + 28 = 408.$$

Etwas kürzer wird es, wenn man die Nullen nicht beachtet:

2	14	2
4	28	4
1	7	

Jetzt schreibt man 8, nimmt die 2 als Übertrag, rechnet $2 + 4 + 14 = 20$, schreibt links von der 8 die 0, und links davon die Summe aus 2 und dem Übertrag 2; damit erhält man wie oben $17 \cdot 24 = 408$.

Geometrisch ist die Sache ganz einfach: Dass

$$(a + b)(c + d) = ac + ad + bc + bd$$

gilt, liegt an der natürlichen Zerlegung des Rechtecks mit den Seiten $a + b$ und $c + d$ in vier Teile:

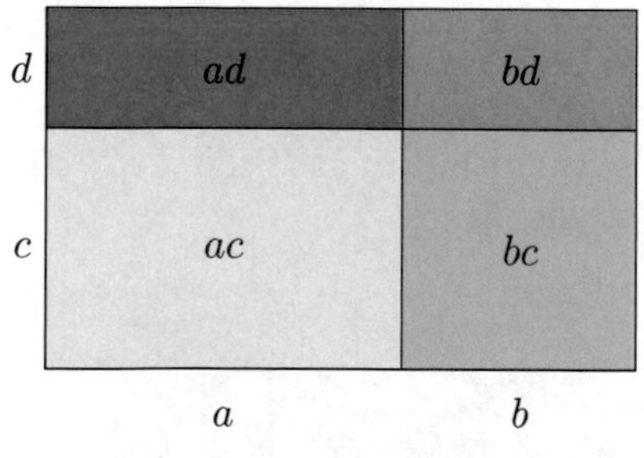
d
ad
bd
c
ac
bc
a
b

Im Prinzip auf die gleiche Art könnte man im Sexagesimalsystem rechnen:

𒐈 𒎙	𒐖 𒎙	𒎙
𒐏	𒎙𒐜	𒐉
𒌋	𒐛	

Addieren von 𒐈 𒎙, 𒐖 𒎙, 𒐏 und 𒎙𒐜 liefert dann das Produkt 𒐋 𒐏 𒐜.

Rechentricks

Damit Rechnen Spaß macht, muss man sich ein paar Tricks beibringen. Dazu gehören Spezialfälle der binomischen Formeln, die wir jetzt vorstellen und geometrisch begründen werden.

Das Quadrat einer Zahl, die nahe bei einem Vielfachen von 10 liegt, kann man im Kopf recht einfach bestimmen. Um etwa 31^2 zu berechnen, stellen wir uns diese Zahl als die Fläche eines Quadrats mit Seitenlänge 31 vor. Dieses Quadrat besteht aus dem Quadrat mit Seitenlänge 30, zwei Rechtecken mit den Seiten 30 und 1, und einem Quadrat mit Seitenlänge 1. Also ist

$$31^2 = 30^2 + 2 \cdot 30 \cdot 1 + 1^2.$$

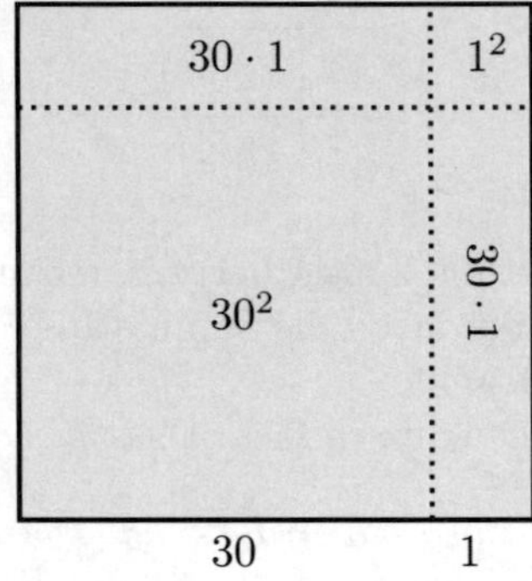

Ganz entsprechend ist

$$32^2 = (30+2)^2 = 30^2 + 2 \cdot 30 \cdot 2 + 2^2 = 900 + 120 + 4 = 1024.$$

Auch Produkte von Zahlen, die gleich weit von einem Vielfachen von 10 entfernt sind, lassen sich leicht bestimmen. Um das Produkt $29 \cdot 31$ zu berechnen, vergleichen wir es mit dem Quadrat von 30:

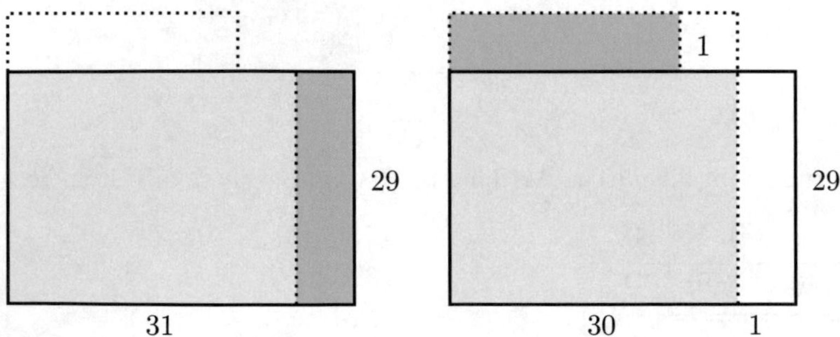

Wenn wir das Rechteck rechts abbrechen und nach links oben verschieben, erhalten wir ein Gnomon, also ein Quadrat der Seitenlänge 30, dem ein kleines Quadrat der Seitenlänge 1 fehlt. Dies zeigt, dass

$$29 \cdot 31 = (30-1)(30+1) = 30^2 - 1^2 = 900 - 1 = 899$$

ist. Entsprechend ist

$$28 \cdot 32 = (30-2)(30+2) = 30^2 - 2^2 = 900 - 4 = 896.$$

$$\begin{aligned} 31^2 &= (30+1)^2 = 900 + 60 + 1 = 961, \\ 39^2 &= (40-1)^2 = 1600 - 80 + 1 = 1521, \\ 38 \cdot 42 &= 40^2 - 4 = 1596. \end{aligned}$$

Damit man erkennt, in welchen Fällen man diese Methode geschickt anwenden kann, hilft nur Üben!

Ein weniger bekannter Rechentrick ist die Berechnung von Quadraten von Zahlen, die auf 5 enden. So gilt etwa

$$\begin{array}{rclrcl} 15^2 &=& 225, & 45^2 &=& 2025, \\ 25^2 &=& 625, & 55^2 &=& 3025, \\ 35^2 &=& 1225, & 65^2 &=& 4225. \end{array}$$

Die Zahlen 2, 6, 12, 20, 30 und 42 sind gleich den Produkten $1 \cdot 2$, $2 \cdot 3$, $3 \cdot 4$, $4 \cdot 5$, $5 \cdot 6$ und $6 \cdot 7$. Um also 35^2 zu berechnen, stellen wir die 25 (mit der das Quadrat endet) hinter das Produkt $3 \cdot (3+1) = 3 \cdot 4 = 12$ und erhalten

$$35^2 = 1225.$$

Entsprechend ist $105^2 = 11025$. Algebraisch steckt folgende Rechnung dahinter:

$$35^2 = (30+5)^2 = 30 \cdot 30 + 30 \cdot 10 + 25 = 30(30+10) + 25 = 30 \cdot 40 + 25.$$

Wir wollen uns die Gelegenheit nicht entgehen lassen, diese Rechnung geometrisch zu interpretieren.

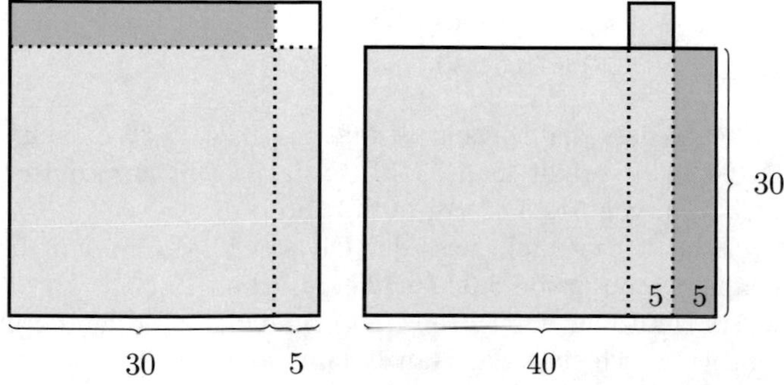

Verschieben wir das grüne Rechteck links oben nach rechts, so entsteht eine Figur, die aus dem kleinen Quadrat mit Seitenlänge 5 und einem Rechteck mit den Breiten 40 und 30 besteht.

Also ist die Fläche 35^2 des Ausgangsquadrats gleich der Summe aus der Fläche 5^2 des kleinen Quadrats und der Fläche $30 \cdot 40$ des Rechtecks:

$$35^2 = 30 \cdot 40 + 25.$$

Genau das ist aber der Inhalt der Regel; der geometrische Beweis funktioniert auch dann, wenn man 30 durch irgendeine andere positive Zahl ersetzt.

2.3 Division

Ebenso wenig wie die gefundenen Tontafeln uns einen Hinweis darauf geben, wie die Babylonier große Zahlen multipliziert haben, wissen wir, wie sie Divisionen ausgeführt haben. Tatsächlich tauchen echte Divisionen auf den uns bekannten Tontafeln überhaupt nicht auf! Vielmehr wird beispielsweise gefragt: „Was muss ich zu 7 setzen um 84 zu erhalten?" Danach wird ohne Hinweis auf eine Rechnung die Antwort (hier 12) gegeben.

Astronomen haben bis in die Zeit der arabischen Mathematiker das Sexagesimalsystem benutzt und mussten selbstverständlich Divisionen durchführen können. Der Mathematiker al-Kashi beispielsweise zeigt, wie man 18,04,19,36 durch 25,36,50 teilt. Bruins zeigt in seinem Vortrag [Bruins 1971], wie man diese Division mit den altbabylonischen Techniken ausführen kann.

Man beginnt damit, die Vielfachen von 25,36,50 aufzuschreiben (dies geht am Besten durch wiederholte Addition):

1	25 36 50	10	4 16 08 20
2	51 13 40	20	8 32 16 40
3	1 16 50 30	30	12 48 25 00
4	1 42 27 20	40	17 04 33 20
5	2 08 04 10	50	21 20 41 40
6	2 33 41 00		
7	2 59 17 50		
8	3 24 54 40		
9	3 50 31 30		

Jetzt sieht man, dass der Divisor 40 mal in 18,04,19,36 aufgeht. Subtrahiert man davon 17,04,33,20, erhält man 59,46,16; darin geht der Divisor noch 2 Mal auf, und Subtraktion von 51,13,40 ergibt 8,32,36.

Im zweiten Schritt sieht man, dass der Divisor 20 Mal in den Rest 8,32,36,00 aufgeht; subtrahiert man davon 8,32,16,40, so bleiben 19,20.

Auf diese Art kann man fortfahren und erhält den Quotienten mit beliebiger Genauigkeit. Schematisch sieht das Ganze dann so aus:

18 04 19 36	
17 04 33 20	40
59 46 16	
51 13 40	2
8 32 36	
8 32 16 40	20
19 20 00 00	
17 04 33 20	40
2 15 26 40	
2 08 04 10	5

Damit erhält man 42,20,00,45 als Näherung des Quotienten.

2.4 Teilbarkeitsregeln

Die einfachsten Teilbarkeitsregeln im Dezimalsystem betreffen die Teilbarkeit durch 2 und durch 5, die man an der Einerziffer ablesen kann. So ist die Zahl 315 durch 5 teilbar, weil

$$315 = 31 \cdot 10 + 5 = 31 \cdot 2 \cdot 5 + 5$$

die Summe zweier durch 5 teilbaren Zahlen ist, und entsprechend ist 316 gerade (also durch zwei teilbar), weil

$$316 = 31 \cdot 10 + 6 = 31 \cdot 2 \cdot 5 + 2 \cdot 3$$

die Summe zweier geraden Zahlen ist. Der Grund, warum diese beiden Teilbarkeitsregeln so einfach sind, liegt darin, dass die Basis 10 des Dezimalsystems durch 2 und durch 5 teilbar ist.

Satz 2.1 (Teilbarkeit durch 2 oder 5). *Eine Zahl im Dezimalsystem ist durch* 2 *bzw. durch* 5 *teilbar, wenn deren Einerziffer durch* 2 *bzw. durch* 5 *teilbar ist.*

Im Sexagesimalsystem reichen die Einerziffern von 1 bis 59; die „Einerziffer“ von 𒈫 𒌋𒈫 ist daher 𒌋𒈫, also 12. Weil die Basis 60 durch 2, 3, 4, 5 und 6 teilbar ist, gibt es hier einfache Teilbarkeitsregeln durch diese Zahlen; die vorliegende Zahl 𒈫 𒌋𒈫 (nämlich 72) ist also durch 12 teilbar, weil die Einerziffer 𒌋𒈫 durch 12 teilbar ist.

Satz 2.2 (Teilbarkeitsregel im Sexagesimalsystem). *Eine Zahl im Sexagesimalsystem ist durch* 2, 3, 4, 5, 6 *oder* 12 *teilbar, wenn die Einerziffer durch diese Zahlen teilbar ist.*

Wir wir sehen werden, kannten die Babylonier auch Teilbarkeitsregeln, welche die beiden letzten Sexagesimalstellen benutzten:

Satz 2.3. *Endet eine Sexagesimalzahl auf* 𒐋 𒐏 , 𒎙𒐋 𒐏 *oder* 𒐏𒐋 𒐏 *, so ist die Zahl durch* 𒐋 𒐏 *(also* 400*) teilbar.*

Dies liegt daran, dass diese Zahl N die Form $k \cdot 60^3 + 400$, $k \cdot 60^3 + 1600$ oder $k \cdot 60^3 + 2800$ hat.

Aufgaben

2.1 Welche der folgenden sind durch 2, 3, 4, 5, 6 oder 12 teilbar?

a) 1 18 b) 8 24 c) 5 8

d) 10 10 e) 40 5 f) 23 15

2.2 Verdopple die Zahl 1 im Dezimalsystem und 1 im Sexagesimalsystem 10 mal und überprüfe das Ergebnis durch wiederholtes Halbieren.

2.3 Berechne die folgenden Summen.

a)
```
   1 12
   2 28
 ------
```
b)
```
  40 28
  30 35
 ------
```
c)
```
   1 40
  10 21
 ------
```
d)
```
    1 23 38
 10 47 43
 ---------
```

2.4 Führe die folgenden Additionen auf der Tafel BM 13901 durch.

Aufg.	zu	füge hinzu
#1	15	40 5
#2	15	14 30
#2	29 30	30
#3	13 20	1 40
#5	50 5	26 40

Aufg.	zu	füge hinzu
#6	35	6 40
#7	1 8 40 5	12 15
#9	25	5
#12	10 50	4 10
#18	6 40	1 40

2.5 Berechne die folgenden Differenzen aus den Aufgaben der Tafel BM 13901.

Aufg.	aus	reiße heraus
# 1	1	30
# 3	1	20
# 3	30	10
# 4	13 50	30
# 5	1 10	40
# 6	50	20

Aufg.	aus	reiße heraus
# 7	9	3 30
# 8	10 50	10 25
# 9	10 50	25
# 9	25	5
#10	23 20	7 20
#19	40 6 40	40 1 40

2.6 Berechne mit ägyptischer Multiplikation, russischer Bauernmultiplikation und unter Ausnutzung der Distributivität folgender Produkte.

a) $27 \cdot 81$ b) $36 \cdot 125$

c) $84 \cdot 29$ d) $35 \cdot 167$

e) $75 \cdot 24$ f) $35 \cdot 48$

𒐏𒐊 𒀀𒊏 𒁹 𒐏𒐊	𒀀𒊏 𒌋𒐉
𒀀𒊏 𒈫	𒀀𒊏 𒌋𒐊
𒀀𒊏 𒐈	𒀀𒊏 𒌋𒐋
𒀀𒊏 𒐉	𒀀𒊏 𒌋𒑂
𒀀𒊏 𒐊	𒀀𒊏 𒌋𒑄
𒀀𒊏 𒐋	𒀀𒊏 𒌋𒑆
𒀀𒊏 𒑂	𒀀𒊏 𒎙
𒀀𒊏 𒑄	𒀀𒊏 𒌍
𒀀𒊏 𒑆	𒀀𒊏 𒐏
𒀀𒊏 𒌋	𒀀𒊏 𒐐
𒀀𒊏 𒌋𒁹	
𒀀𒊏 𒌋𒈫	
𒀀𒊏 𒌋𒐈	

Abb. 2.1. BM 92703

2.7 Die Tafel BM 92703 enthält eine Multiplikationstabelle für 𒐏𒐊 (also, wie wir weiter unten sehen werden, für $\frac{45}{60} = \frac{3}{4}$). Vervollständige diese Tabelle in 2.1.

2.8 Die Tafel VAT 7858 enthält eine Multiplikationstabelle für 𒌋. Erstelle eine solche Tafel.

2.9 Die Tafel CBS 3335 enthält eine Multiplikationstabelle für 𒐋. Erstelle eine solche Tafel.

2.10 Auch für die Multiplikation wollen wir einige Aufgaben von der Tafel BM 13901 zusammenstellen. Eine der babylonischen Wendungen, mit denen die Multiplikation der Zahlen m und n beschrieben wurde, ist die folgende: Erhöhe m auf n.

Berechne die folgenden Produkte, die auf der Tafel BM 13901 auftauchen.

Aufg.	auf	erhöhe	Aufg.	auf	erhöhe
#3	𒎙	𒐏	#10	𒐋	𒌍
#3	𒎙	𒌍	#11	𒐌	𒌍
#4	𒐉 𒐏 𒐋 𒐏	𒐏	#13	𒐉	𒌋
#4	𒌋𒐈 𒎙	𒁹𒌍	#14	𒁹 𒎙𒐋 𒐏	𒎙𒐊
#7	𒐋 𒌋𒐊	𒌋𒁹	#14	𒐏	𒐊
#10	𒐌	𒌍	#17	𒐏 𒐎	𒌍

2.11 Auf Tontafeln aus der Seleukidenzahl sind viele Rechnungen mit riesigen Zahlen enthalten. Auf einer der Tafeln, die in Susa gefunden worden sind, wird das Quadrat der Zahl 𒌋𒐉 𒐏 𒐌 𒐐 𒐈 𒎙 als

𒐈 𒌍𒐎 𒎙𒐌 𒐏 𒐈 𒎙𒐌 𒎙𒐉 𒎙𒐋 𒐏

angegeben. Kontrolliere diese Rechnung.

2.12 Erkläre den Inhalt der Tafel CBS 7265:

𒐊 𒌋𒐊
𒐊 𒌋𒐊
𒎙𒐌 𒌍𒐈 𒐏 𒐊

2.13 Berechne die Quadrate der Zahlen 1, 11, 111, 1111 im Dezimalsystem.

Auf der Tafel IST. Ni 2379 befindet sich am Ende einer Tabelle von Quadratwurzeln die Quadratwurzeln folgender Sexagesimalzahlen:

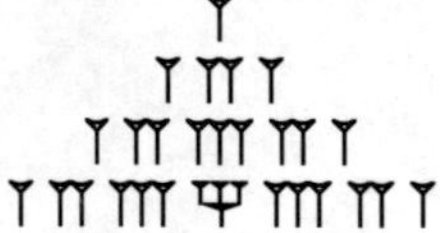

Berechne die dazugehörigen Quadratwurzeln.

3. Elementare Geometrie

Die babylonische Algebra ist, ebenso wie diejenige der anderen antiken Kulturen, eng mit der Geometrie verknüpft. In diesem Kapitel werden wir die für die babylonische Algebra notwendigen geometrischen Techniken einführen und den Begriff des Gnomons erklären, der für die geometrische Lösung quadratischer Gleichungen grundlegend ist.

Ein Gnomon ist die Bezeichnung für den Stab einer Sonnenuhr, welcher den Schatten wirft. In der griechischen Geometrie bezeichnete ein Gnomon eine Figur, die man erhält, wenn man etwa aus einem Rechteck ein dazu ähnliches Rechteck entfernt. Dabei heißen zwei Rechtecke ähnlich, wenn die Verhältnisse ihrer Seiten übereinstimmen.

Im Falle eines Quadrats bzw. eines Parallelogramms sieht ein Gnomon also so aus wie die gelbe Figur in den folgenden Diagrammen:

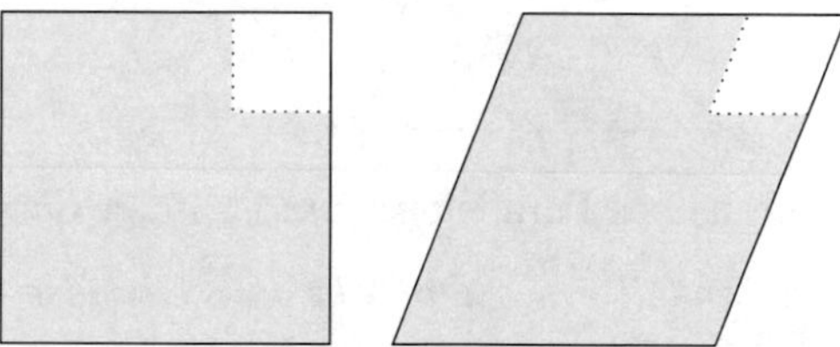

3.1 Flächeninhalte einfacher Figuren

Bezeichnet man den Flächeninhalt eines Quadrats mit der Seitenlänge 1 mit 1, dann besteht ein Rechteck mit Breite 3 und Höhe 2 aus $2 \cdot 3 = 6$ solcher kleinen Quadrate, hat also Flächeninhalt 6.

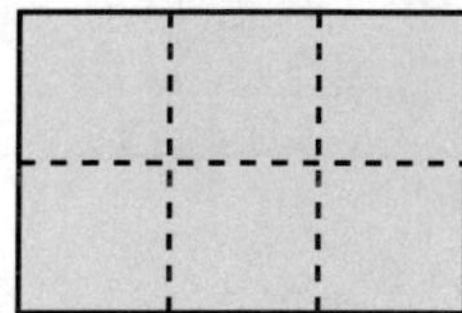

F. Lemmermeyer, *Mathematik à la Carte – Babylonische Algebra*,
https://doi.org/10.1007/978-3-662-66287-8_3

Allgemein gilt[1]:

Satz 3.1. *Der Flächeninhalt eines Rechtecks mit den Seitenlängen a und b ist $A = ab$.*

Den Flächeninhalt eines Parallelogramms erhalten wir daraus durch eine einfache geometrische Transformation:

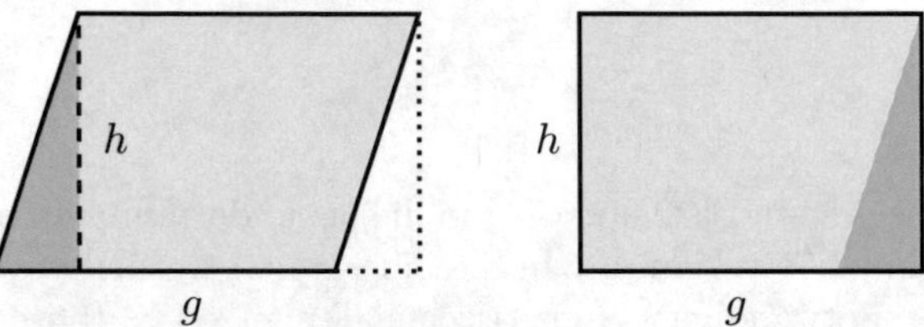

Verschiebt man nämlich das linke Dreieck nach rechts, wird aus dem Parallelogramm mit Grundseite g und Höhe h ein Rechteck mit Grundseite g und Höhe h; also gilt:

Satz 3.2. *Der Flächeninhalt eines Parallelogramms mit Grundseite g und Höhe h ist $A = gh$.*

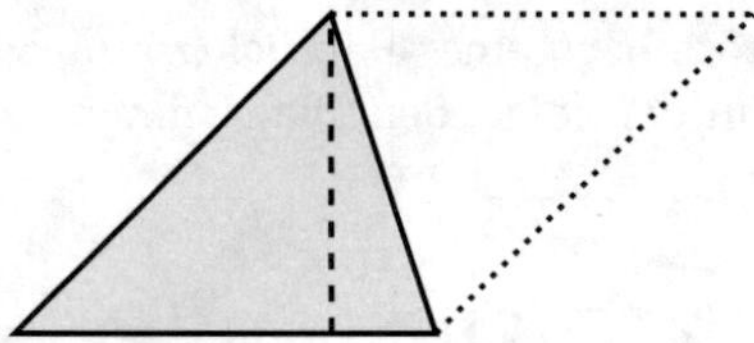

Weil ein Dreieck ein halbes Parallelogramm ist, folgt daraus sofort:

Satz 3.3. *Der Flächeninhalt eines Dreiecks mit Grundseite g und Höhe h ist $A = \frac{1}{2}gh$.*

In einem Trapez sind zwei gegenüberliegende Seiten parallel; aus zwei solchen Trapezen mit parallelen Seiten der Längen a und c lässt sich ein Parallelogramm mit Grundseite $a + c$ bilden.

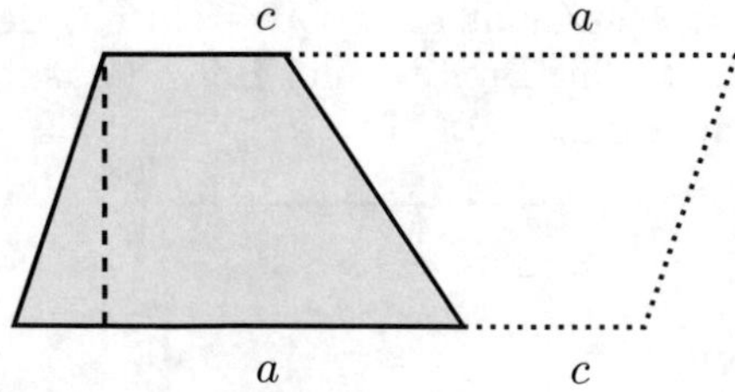

[1] In der Schule wird dies eher als Definition denn als Satz betrachtet; möchte man hier etwas beweisen, dann muss man klären, was man unter dem Begriff Flächeninhalt verstehen möchte. Wenn man dem Quadrat mit der Seitenlänge 1 den Inhalt 1 zuordnet, dann muss man darüber nachdenken, wie man zeigt, dass ein Rechteck mit den Seitenlängen $\sqrt{2}$ und $\sqrt{3}$ den Inhalt $\sqrt{6}$ besitzt.

Für den Flächeninhalt erhalten wir also

Satz 3.4. *Der Flächeninhalt eines Trapezes mit den parallelen Seiten a und c und der Höhe h ist gegeben durch*

$$A = \frac{a+c}{2} \cdot h.$$

Die Feldmesserformel

Für beliebige Vierecke gab es in der Antike eine Formel, die den Flächeninhalt näherungsweise angab, nämlich die Feldmesserformel: Der Flächeninhalt eines Vierecks mit den Seiten a, b, c und d ist näherungsweise gleich

$$A \approx \frac{a+c}{2} \cdot \frac{b+d}{2}.$$

Tatsächlich kann man leicht zeigen, dass der wahre Flächeninhalt immer höchstens so groß ist:

Satz 3.5. *Ist A der Flächeninhalt eines Vierecks mit den Seiten a, b, c und d, dann gilt*

$$A \leq \frac{a+c}{2} \cdot \frac{b+d}{2}. \tag{3.1}$$

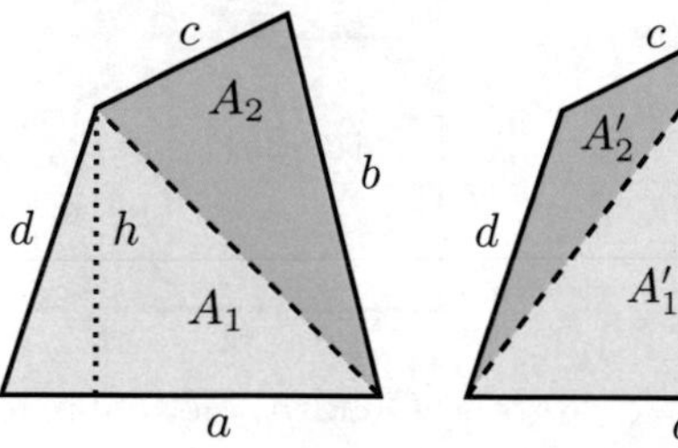

Die Fläche des gelben Dreiecks links ist

$$A_1 = \frac{1}{2}ah \leq \frac{1}{2}ad.$$

Entsprechend gilt für die Fläche A_2 des grünen Dreiecks

$$A_2 \leq \frac{1}{2}bc.$$

Die entsprechenden Ungleichungen für die Flächen A_1' und A_2' im rechten Viereck lauten

$$A_1' \leq \frac{1}{2}ab \quad \text{und} \quad A_2' \leq \frac{1}{2}cd.$$

Also gelten für den Inhalt A des Vierecks die beiden Ungleichungen

$$A = A_1 + A_2 \leq \frac{ad+bc}{2} \quad \text{und} \quad A = A_1' + A_2' \leq \frac{ab+cd}{2}.$$

Addition liefert

$$2A \leq \frac{ad+ab+bc+cd}{2} = a\frac{b+d}{2} + c\frac{b+d}{2} = (a+c)\cdot\frac{b+d}{2},$$

und Division durch 2 ergibt die Ungleichung (3.1).

3.2 Binomische Formeln

Den drei auf der Schule behandelten binomischen Formeln liegen einfache geometrische Sachverhalten zugrunde. Am einfachsten zu sehen ist dies bei der Formel

$$(a+b)^2 = a^2 + 2ab + b^2, \tag{3.2}$$

welche die Fläche eines Quadrats mit der Seitenlänge $a+b$ beschreibt.

An der linken Figur kann man ablesen, dass die Fläche $(a+b)^2$ des Quadrats gleich der Summe aus den Flächen a^2 (gelb) und b^2 (rot) der Teilquadrate und der Gesamtfläche $2ab$ der beiden grünen Rechtecke ist. Euklid gibt diesen Beweis in Prop. II.4 seiner Elemente, in Prop. II.7 folgt die zweite binomische Formel.

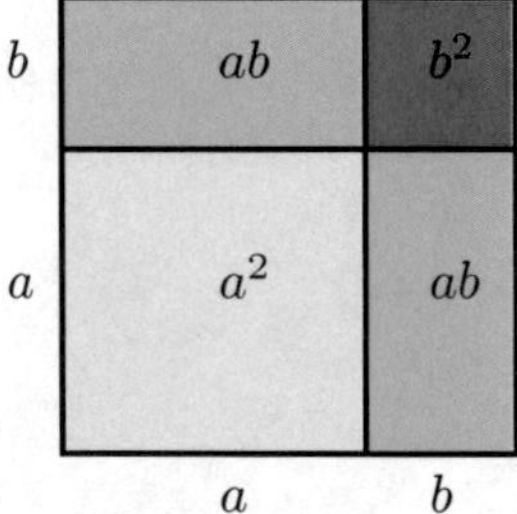

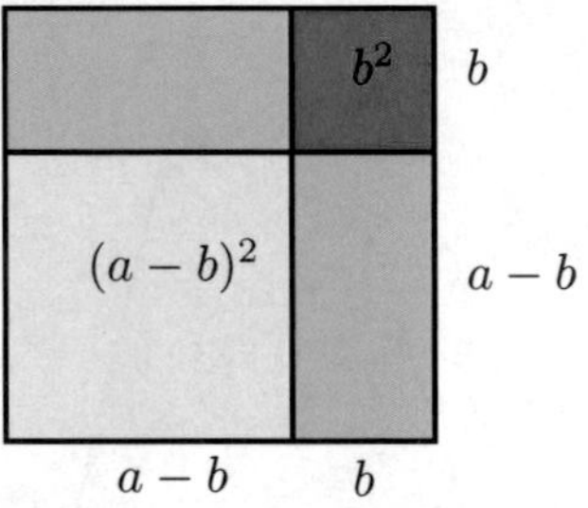

In der rechten Figur hat das große Quadrat Seitenlänge a; dessen Fläche a^2 setzt sich zusammen aus der Fläche $(a-b)^2$ des gelben Quadrats und den beiden Balken mit der Fläche $2ab$, die jeweils aus einem grünen Rechteck und dem roten Quadrat bestehen; weil wir dabei das kleine rote Quadrat mit der Fläche b^2 doppelt gezählt haben, ist daher $a^2 = (a-b)^2 + 2ab - b^2$ und folglich

$$(a-b)^2 = a^2 - 2ab + b^2. \tag{3.3}$$

Der geometrische Beweis der dritten binomischen Formel erfordert die Bewegung eines Rechtecks der Fläche ab. Entfernt man das rote Quadrat mit der Fläche b^2 aus dem der Fläche b^2, bleibt ein sogenanntes Gnomon zurück; schiebt man das obere Rechteck mit der Fläche ab nach rechts, erhält man ein Rechteck mit der Breite $a+b$ und der Höhe $a-b$. Also ist

$$a^2 - b^2 = (a-b)(a+b). \tag{3.4}$$

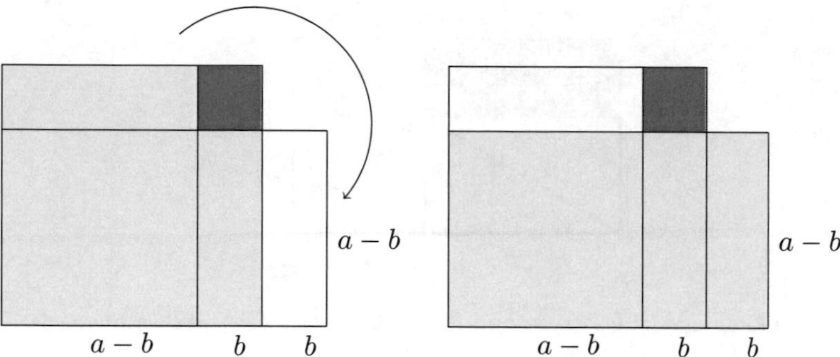

3.3 Der Gnomonsatz

Wir betrachten jetzt ein Rechteck $AEGI$ und einen Punkt C auf der Diagonalen AG. Wenn wir durch C die Parallelen zu den Seiten des Rechtecks ziehen, erhalten wir folgende Figur:

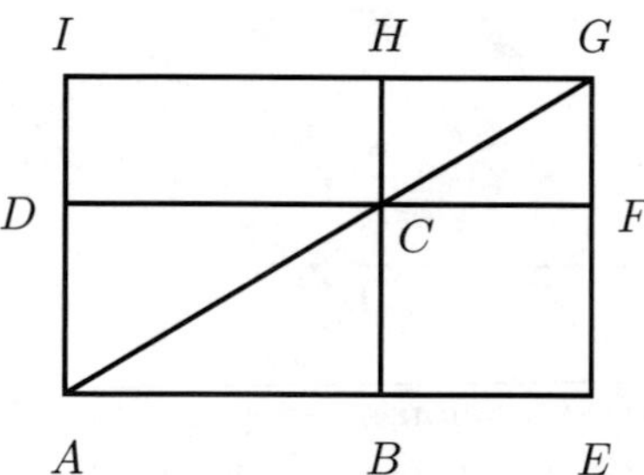

Jetzt wissen wir, dass die Diagonale ein Rechteck halbiert (eine Drehung um 180° führt die Figur in sich selbst über). Also haben die gelben und die roten Dreiecke in den folgenden Figuren denselben Inhalt:

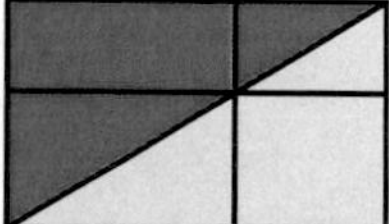

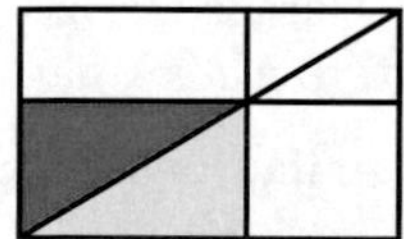

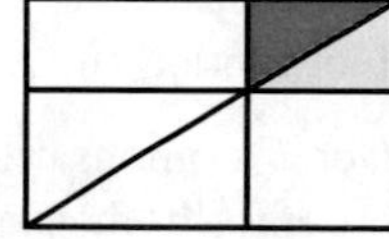

Daraus folgt aber sofort, dass die beiden Rechtecke BEFC und DCHI ebenfalls flächengleich sind (Abb. 3.1).

Satz 3.6 (Gnomonsatz). *In der Figur von Abb. 3.1 sind die Flächen der Rechtecke BEFC und DCHI gleich groß.*

Beim Beweis der Flächengleichheit der Rechtecke ist der rechte Winkel nicht wesentlich: Euklid beweist in Prop. 43 im ersten Buch seiner *Elemente* den folgenden Satz:

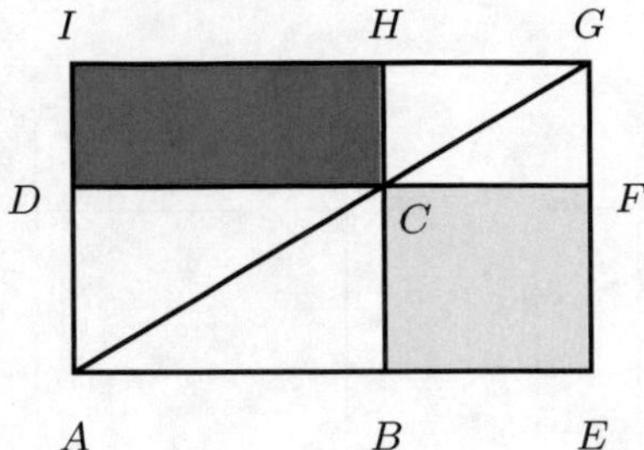

Abb. 3.1. Der Gnomonsatz: Das rote und das gelbe Rechteck sind flächengleich

Proposition 3.1. *Sei ABCD ein Parallelogramm mit Diagonale AG; seien ABCD und AHCF Parallelogramme und BEFC und DCHI deren Komplemente. Dann haben die Komplemente BEFC und DCHI denselben Flächeninhalt.*

Der Beweis ist derselbe wie oben, da jedes Parallelogramm von seinen Diagonalen halbiert wird.

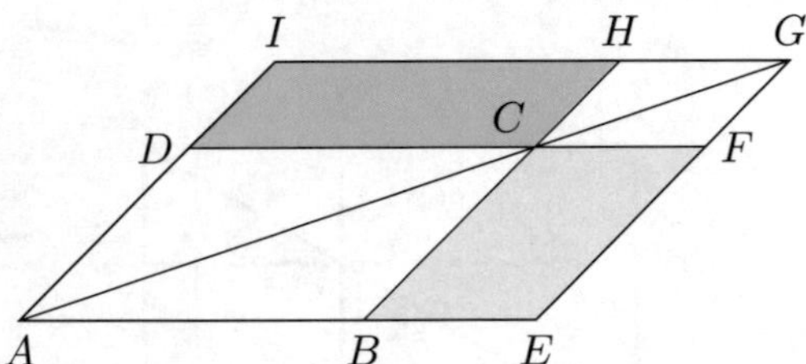

Im Wesentlichen ist der Gnomonsatz 3.6 ein Spezialfall der Proposition 44 im ersten Buch der euklidischen Elemente. Dort konstruiert Euklid zu einem beliebigen Viereck ein flächengleiches Rechteck mit gegebener Länge. Wir wollen den Beweis hier im Spezialfall eines Rechtecks präsentieren.

Gegeben sei also ein Rechteck und eine Strecke AB. Wir wählen den Punkt E auf der Geraden AB so, dass AEFD das gegebene Rechteck ist. Die Gerade durch B senkrecht auf AE schneidet die Gerade DF in C; die Gerade durch AC schneidet die Gerade EF in G. Das gesuchte Rechteck hat die Seiten $\overline{AB}$ und $\overline{AI}$.

Der Gnomonsatz ist ein Spezialfall unseres Strahlensatzes[2]: in Abb. 3.1 gilt nach dem Gnomonsatz

$$\overline{AB} \cdot \overline{FG} = \overline{BC} \cdot \overline{CF},$$

folglich

$$\frac{\overline{BC}}{\overline{AB}} = \frac{\overline{FG}}{\overline{CF}}.$$

[2] Mir ist kein deutsches Schulbuch aus diesem Jahrtausend bekannt, in welchem der Strahlensatz auch nur halbwegs korrekt hergeleitet wird. Auch in den Standardwerken über Geometrie für Lehramtsstudenten findet sich kein Beweis des Strahlensatzes, der auf Schulniveau geführt werden könnte. Der Beweis des Gnomonsatzes macht diesen Spezialfall des Strahlensatzes vielleicht auch deutschen Didaktikern zugänglich.

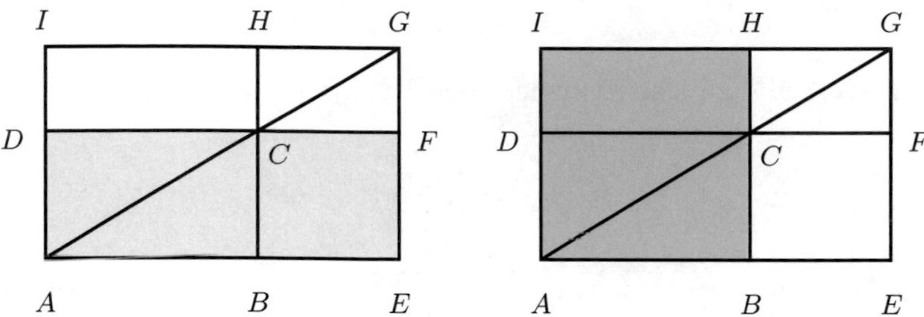

Abb. 3.2. Das grüne Rechteck hat nach dem Gnomonsatz dieselbe Fläche wie das gegebene gelbe Rechteck.

Dies ist aber die Aussage des Strahlensatzes, angewendet auf die beiden ähnlichen Dreiecke ABC und CFG. Außerdem besagt diese Gleichheit der Verhältnisse im vorliegenden Fall nichts anderes als dass die Steigungsformel für die Gerade AG, wenn AE und AI die beiden Koordinatenachsen sind, für beide Steigungsdreiecke ABC und CFG denselben Wert für die Steigung liefert.

Wir bemerken an dieser Stelle, dass in den chinesischen Quellen (etwa den unten besprochenen Neun Büchern) nie unser Strahlensatz, sondern immer der Gnomonsatz verwendet wird; wie viel natürlicher dieser Satz ist kann man etwa bei [Swetz 2012] nachlesen.

Wir wollen jetzt zeigen, wie man den Gnomonsatz in verschiedenen Situationen vorteilhaft anwenden kann.

Die gekreuzten Leitern. In der einfachsten Version stehen zwei sich kreuzende Leitern zwischen zwei Wänden, wobei die Höhen, an denen sie die Wände berühren, gleich a und b sind. Gesucht ist die Höhe c, in der sich die Leitern kreuzen. Man ergänzt die Figur dann so, dass sich der Gnomonsatz anwenden lässt:

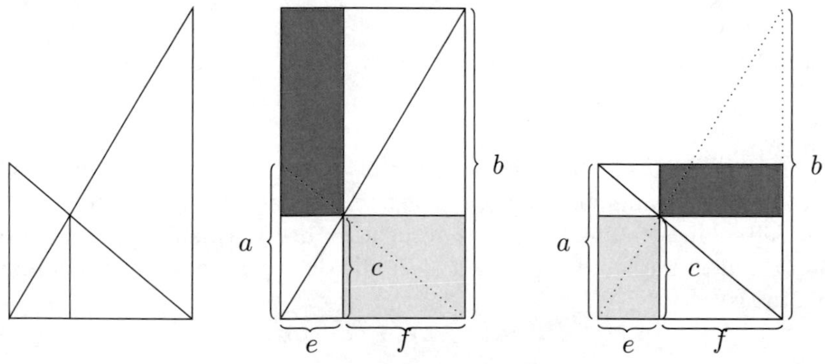

Daraus folgen die Gleichungen

$$cf = e(b - c) \quad \text{und} \quad ce = f(a - c).$$

Multipliziert man beide Gleichungen und kürzt das Produkt ef, erhält man

$$c^2 = (a - c)(b - c),$$

woraus nach Auflösung der Klammern und Umformen die Lösung

$$c = \frac{ab}{a + b}$$

folgt.

Es wäre schön, wenn man die Gleichung $c(a + b) = ab$ direkt geometrisch herleiten könnte.

Raute und Quadrat. Als zweites Beispiel betrachten wir ein Problem aus dem Ladies' Diary, einer Zeitschrift mit mathematischen Problemen für das weibliche Geschlecht[3] aus dem 18. und frühen 19. Jahrhundert; ich selbst kenne diese Aufgabe aus dem vorzüglichen Buch [Heilbron 1998, S. 176–177].

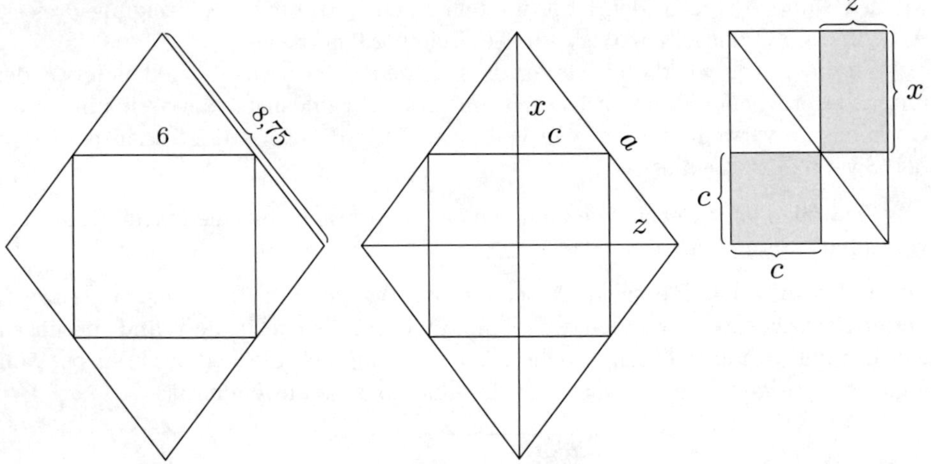

Abb. 3.3. Raute mit einbeschriebenem Quadrat; rechts: Anwendung des Gnomonsatzes liefert $c^2 = xz$

In der Aufgabe aus dem Ladies' Diary geht es um einen rautenförmigen Garten, dem ein Quadrat einbeschrieben ist. Gegeben war die Seitenlänge 8,75 der Raute und die Seitenlänge 6 Quadrats, und gesucht ist der Flächeninhalt des Gartens.

Sei a die Seitenlänge der Raute und $2c$ die des Quadrats. Nach dem Satz des Pythagoras ist

$$a^2 = (x + c)^2 + (z + c)^2. \tag{3.5}$$

Ergänzen wir das rechte obere Teildreieck der Raute zu einem Rechteck und wenden den Gnomonsatz an, so sehen wir, dass die Fläche des kleinen Quadrats c^2 gleich derjenigen des Rechtecks mit den Seiten z und x ist, dass also

[3] Die Gleichberechtigung steckte damals noch in den Kinderschuhen: alte weiße Männer durften auch mitlesen.

$$c^2 = xz \tag{3.6}$$

gilt. Damit haben wir zwei Gleichungen für die beiden Unbekannten x und z. Die rechte Seite von (3.5) formen wir nun etwas um:

$$\begin{aligned}(x+c)^2 + (z+c)^2 &= x^2 + 2cx + c^2 + z^2 + 2cz + c^2 && \text{binomische Formeln}\\ &= (x+z)^2 - 2xz + 2c(x+z) + 2c^2 && \text{quadratische Ergänzung}\\ &= (x+z)^2 + 2c(x+z) && \text{Gleichung (3.6)}\end{aligned}$$

Also haben wir die quadratische Gleichung

$$(x+z)^2 + 2c(x+z) - a^2 = 0$$

in $X = x + z$, d.h. $X^2 + 2cX - a^2 = 0$, deren Lösungen durch

$$X_{1,2} = \frac{-2c \pm \sqrt{4c^2 + 4a^2}}{2} = -c \pm \sqrt{a^2 + c^2}$$

gegeben sind. Weil das negative Vorzeichen auf negative Seitenlängen führt, muss also

$$X = x + z = \sqrt{a^2 + c^2} - c$$

sein. Die Fläche des Gartens ist damit gegeben durch

$$F = 2(x+c)(z+c) = 2xz + 2c(x+z) + 2c^2 = 2c(x+z) + 4c^2,$$

was man auch direkt an der Unterteilung der Raute in die Quadrate und rechtwinkligen Dreiecke erkennen kann. Jetzt folgt

$$F = 4c^2 + 2c(\sqrt{a^2 + c^2} - c),$$

also für die angegebenen Werte wegen $a = \frac{35}{4}$ und $c = 3$, sowie $\sqrt{a^2 + c^2} = \frac{37}{4}$

$$F = 4 \cdot 3^2 + 6(\tfrac{37}{4} - 3) = \tfrac{147}{2}.$$

Die Bestimmung der Größen x und z ist ebenfalls leicht. Aus $x + z = \sqrt{a^2 + c^2} - c$ und $xz = c^2$ folgt

$$x + \frac{c^2}{x} = \sqrt{a^2 + c^2} - c, \quad \text{also} \quad x^2 - (\sqrt{a^2 + c^2} - c)x + c^2 = 0.$$

Die Lösungen dieser quadratischen Gleichungen sind

$$x_{1,2} = \frac{\sqrt{a^2 + c^2} - c \pm \sqrt{a^2 - 2c^2 - 2c\sqrt{a^2 + c^2}}}{2}.$$

Mit $a = \frac{35}{4}$ und $c = 3$ erhält man daraus $x = 4$ und $z = \frac{9}{4}$.

Die Aufgabe wurde offensichtlich so konstruiert, dass man das pythagoreische Dreieck (3,4,5) auf ein Quadrat der Seitenlänge 3 gesetzt hat und rechts daneben ein mit dem Faktor $\frac{3}{4}$ verkleinertes solches Dreieck angeklebt hat.

3.4 Der Satz des Pythagoras

Der Satz des Pythagoras ist sicherlich einer der wichtigsten Sätze der elementaren Geometrie; zusammen mit dem Strahlensatz ist er das traurige Überbleibsel der elementaren Geometrie im heutigen Lehrplan.

Pythagoras war ein griechischer Gelehrter, über dessen Leben und Wirken viele Legenden im Umlauf sind; halbwegs sicher ist nur, dass er um 570 v.Chr. auf der Insel Samos geboren wurde, nach vielen Reisen gegen 530 nach Kroton (Süditalien) gezogen ist und nach 510 in Metapont, einer griechischen Siedlung in Süditalien, gestorben ist. Was Pythagoras mit seinem Satz zu tun hat, ist unklar; in jedem Fall waren bereits die Babylonier mit diesem Satz vertraut und konnten ihn kunstvoll anwenden.

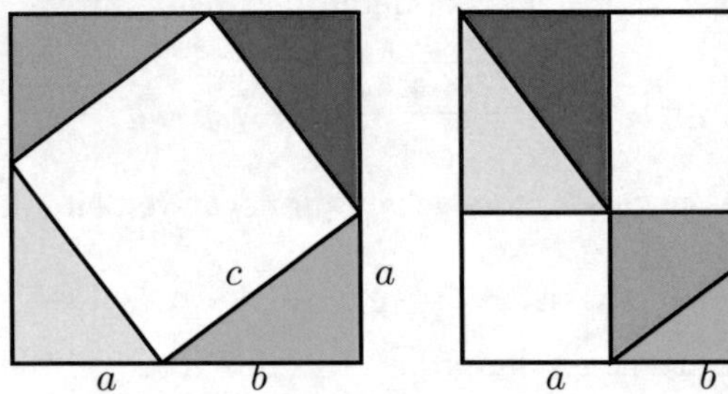

Diese Zerlegung des Quadrats mit Seitenlänge $a + b$ macht sofort klar, dass die Flächen $a^2 + b^2$ der beiden Teilquadrate rechts zusammen genauso groß sind wie die Fläche c^2 des inneren Quadrats der linken Figur:

Satz 3.7. *Die Summe der Flächen der Quadrate über den Katheten eines rechtwinkligen Dreiecks ist gleich der Fläche des Quadrats über der Hypotenuse.*

Anders ausgedrückt: In einem rechtwinkligen Dreieck mit den Katheten a und b und der Hypotenuse c gilt

$$a^2 + b^2 = c^2.$$

Allerdings sind noch ein paar Fragen offen: Woher wissen wir, dass hier Quadrate der Seitenlängen $a+b$ und c vorliegen? Beim Viereck mit den Seiten $a+b$ ist das klar, denn der rechte Winkel im Eck ist der rechte Winkel unseres rechtwinkligen Dreiecks, und natürlich können wir die kleinen Dreiecke so hinlegen, dass die Seiten a und b auf einer Geraden liegen.

Dass das weiße Viereck eine Raute ist, ist ebenfalls klar, weil alle vier Seiten die Länge c haben. Dass die Raute rechtwinklig (und damit ein Quadrat) ist, erfordert eine kleine Überlegung. Der Kern des Arguments ist folgender: Dreht man das grüne Dreieck um 90° im Uhrzeigersinn, dann erhält man (bis auf eine Verschiebung) das gelbe Dreieck mit Grundseite a und Höhe b. Also muss der Winkel des weißen Vierecks in der Ecke zwischen gelbem und grünem Dreieck in der Tat ein rechter Winkel sein.

Dahinter steckt natürlich die Winkelsumme im Dreieck (siehe Abb. 3.4). Sind α und β die Winkel gegenüber von a und b, dann muss $\alpha + \beta = 90°$ sein. Weil der von a und b gebildete Winkel unten 180° beträgt, bleibt für den Winkel γ genau $\gamma = 180° - \alpha - \beta = 90°$.

Noch klarer wird die Sache vielleicht, wenn man die vollständige Figur um 90° um den Mittelpunkt des Quadrats dreht. Dabei gehen die rechtwinkligen Dreiecke ineinander über, folglich bleibt das weiße Viereck bei dieser Drehung erhalten. Wenn es aber bei einer Drehung um 90° in sich übergeht, muss es vier gleich lange Seiten und vier gleich große Winkel haben, wegen der Winkelsumme von 360° im Viereck also ein Quadrat sein.

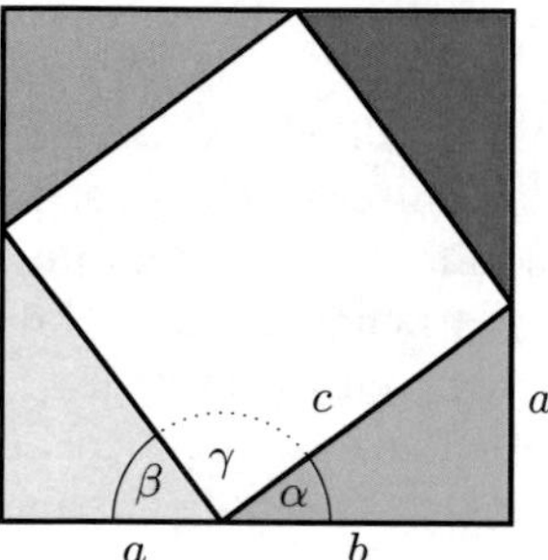

Abb. 3.4. Begründung für die Rechtwinkligkeit mit Hilfe der Winkelsumme im Dreieck.

Zur Satzfamilie des Pythagoras gehören noch einige andere Sätze, die in der Antike allerdings weder von den Babyloniern, noch von Chinesen oder Indern direkt benutzt worden sind.

Betrachten wir dazu folgende Figur:

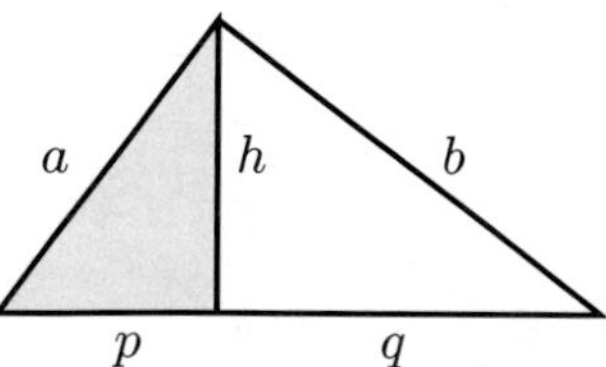

Wenn wir das linke Dreieck um 90° um die Spitze des Dreiecks nach oben drehen, erhalten wir eine Figur, auf die sich nach Einzeichnen einiger Hilfslinien der Gnomonsatz anwenden lässt:

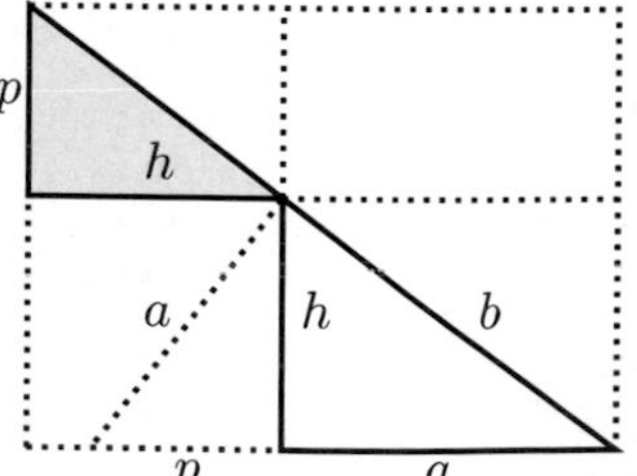

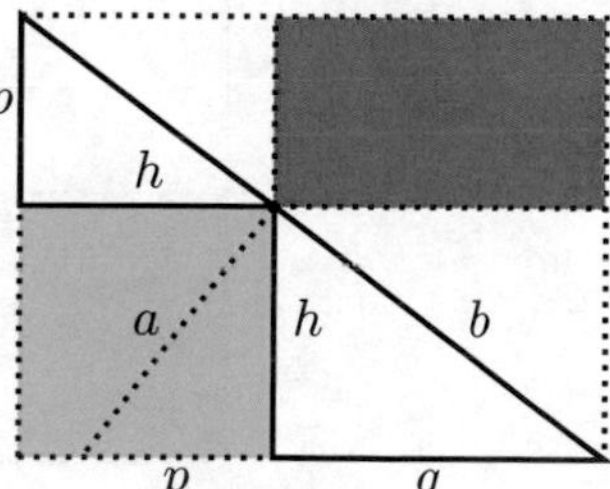

Die Anwendung des Gnomonsatzes liefert sofort den

Satz 3.8 (Höhensatz). *Das Rechteck, das aus den Hypotenusenabschnitten eines rechtwikligen Dreiecks gebildet wird, hat die gleiche Fläche wie das Quadrat über der Höhe.*

Anders ausgedrückt: In einem rechtwinkligen Dreieck mit den Katheten a und b, der Höhe h und den Hypotenusenabschnitten p und q gilt

$$h^2 = pq.$$

3.5 Neun Bücher

Die „Neun Bücher arithmetischer Technik" (oder „Neun Kapitel der Rechenkunst") ist eines der ältesten erhaltenen chinesischen Rechenbüchern. Es ist eine Sammlung von 246 Aufgaben mit Lösungen und beschreibt in etwa den Stand der Kenntnisse der chinesischen Mathematik im 1. Jahrhundert n. Chr. Vermutlich diente es der Ausbildung der höheren Beamten.

Wir wollen uns hier nur diejenigen Aufgaben ansehen, die mit dem Satz des Pythagoras und dem Gnomonsatz zusammenhängen. Ich habe mir die Freiheit genommen, die Aufgabentexte sprachlich zu vereinfachen und, wo nötig, zu präzisieren[4].

Bevor wir zu den Aufgaben kommen, schauen wir uns den Beweis des Satzes von Pythagoras durch Liu Hui (ca. 220–280) an[5]. Dieser gab in seinen Kommentaren zu den *Neun Büchern* Beweise für die dort verwendeten Sätze an. Zum Beweis des Satzes von Pythagoras zerlegte er das Quadrat über der Hypotenuse in Teile und setzte aus diesen die beiden Quadrate über den Katheten zusammen. Das Diagramm, auf das er sich in seinem knappen Kommentar bezog, ist nicht erhalten; eine Möglichkeit, den Satz des Pythagoras durch Zerlegung zu beweisen, ist der folgende:

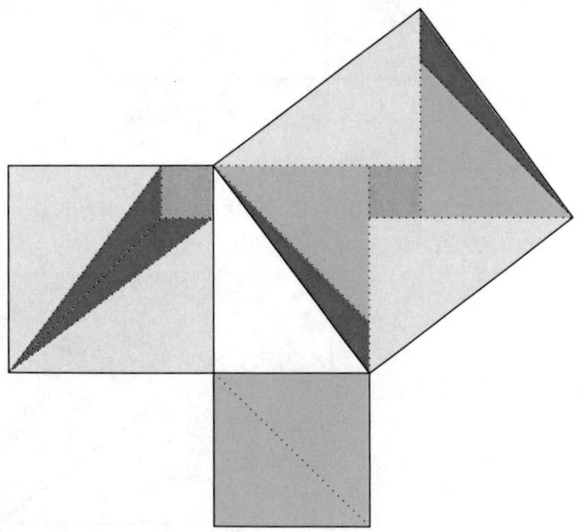

[4] Die Originaltexte kann man bei [Vogel 1968] nachlesen.

[5] Zum Satz des Pythagoras im antiken China siehe [Swetz & Kao 1977]. .

Man überzeugt sich leicht davon, dass die entsprechenden Figuren kongruent sind.

Die erste Aufgabe zum Satz des Pythagoras ist die folgende:

Man hat ein Rundholz mit einem Durchmesser von 2 Fuß 5 Zoll. Man soll rechteckige Platten herstellen, deren Breite 7 Zoll sein soll. Wie groß ist deren Höhe?

Hierbei ist ein Fuß gleich 10 Zoll; der Stamm hat also einen Durchmesser von 25 Zoll.

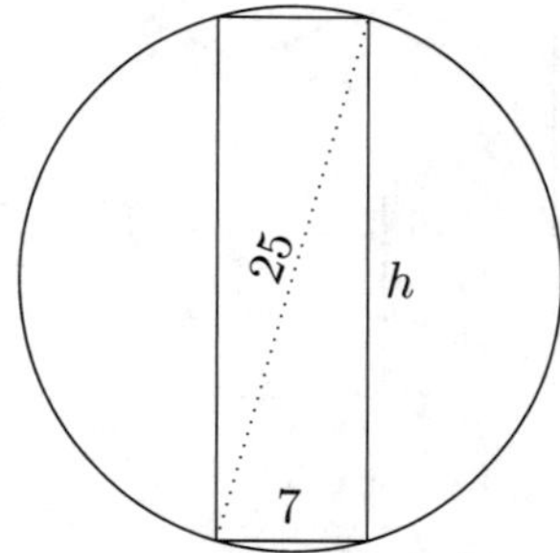

Offenbar ist $7^2 + h^2 = 25^2$, was eine Höhe von 24 Zoll ergibt.

Bereits die zweite Aufgabe erfordert einen kleinen Trick:

Ein Baum ist 2 Klafter hoch; sein Umfang ist 3 Fuß. An seinem Fuß wächst eine Schlingpflanze, die sich in 7 Umläufen um den Baum windet. Wie lang ist die Pflanze?

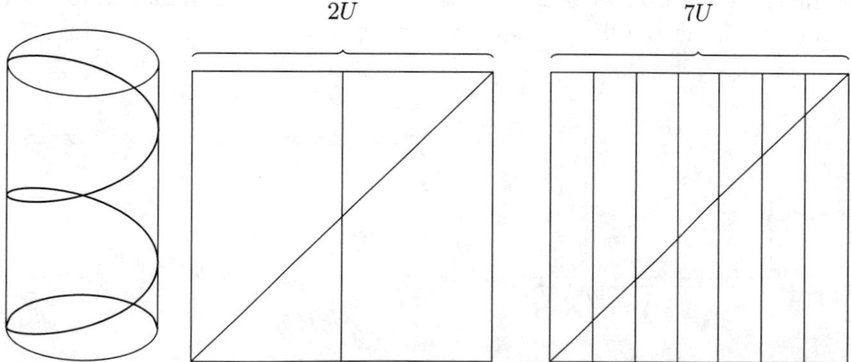

Abb. 3.5. Schlingpflanze (links) und aufgerollter Zylinder (Mitte). Rechts der aufgerollte Zylinder im Falle von 7 Umdrehungen.

Ein Klafter hat 10 Fuß. Wenn man den Zylinder „aufwickelt", ergibt das Bild in Abb. 3.5 rechts. Die Grundseite des Rechtecks ist der 7-fache Umfang, also 21 Fuß, die Höhe beträgt 20 Fuß. Die Länge L der Schlingpflanze ergibt sich daher aus $L^2 = 20^2 + 21^2$ zu 29 Fuß, also 2 Klafter 9 Fuß.

Aufgaben aus den Neun Büchern

1. In der Mitte eines 10 Fuß breiten Flusses wächst ein Schilfrohr, das 1 Fuß aus dem Wasser herausragt. Zieht man das Schilfrohr Richtung Ufer, so wird das Ufer gerade erreicht, wenn das Schilfrohr ganz unter Wasser ist. Wie tief ist der Fluss?

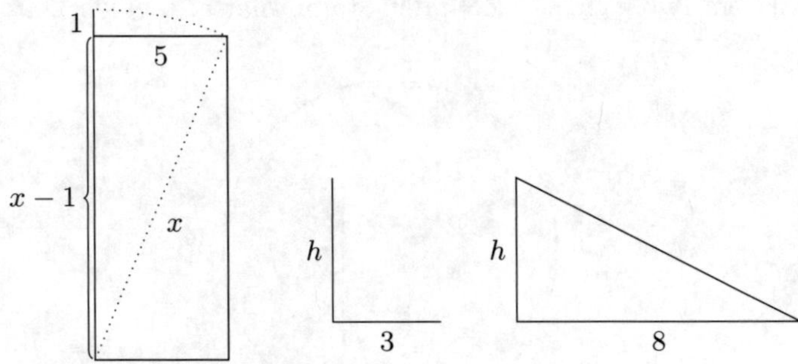

Abb. 3.6. Aufgabe 1 (links) und 2 (rechts).

2. An einem senkrecht stehenden Pfahl wird ein Seil befestigt; es liegen dann noch 3 Fuß des Seils auf der Erde. Spannt man das Seil, ist es vom Fuß des Pfahls genau 8 Fuß entfernt. Wie lang ist das Seil, wie hoch der Pfahl?

3. An einer 10 Fuß hohen Mauer lehnt ein Balken, welcher die Oberkante der Mauer berührt. Zieht man den Balken 1 Fuß von der Mauer weg, kommt er auf dem Boden zu liegen. Wie groß ist der Balken?

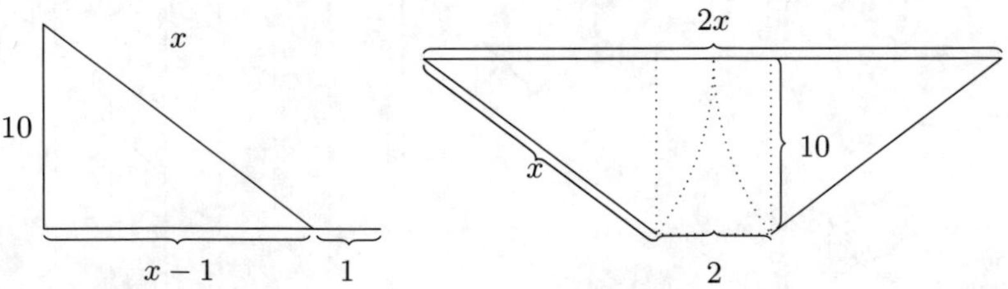

Abb. 3.7. Aufgabe 3 (links) und 4 (rechts).

4. Eine Doppeltüre ist nicht ganz geschlossen; ihr Abstand von der Schwelle ist 10 Zoll, die Öffnung 2 Zoll breit. Wie breit ist die Doppeltür?

5. Die Höhe einer Türe ist 68 Zoll größer als ihre Breite. Ihre beiden Ecken sind 100 Zoll voneinander entfernt. Wie groß ist die Breite, wie groß die Höhe?

6. Man hat eine Türe, deren Höhe und Breite man nicht kennt. Ein Bambusstab ist 4 Fuß zu lang, um ihn waagrecht durch die Tür zu tragen, und 2 Fuß zu lang, wenn man ihn senkrecht durchtragen möchte. Diagonal passt er gerade durch. Wie groß ist die Tür, wie lang der Stab?

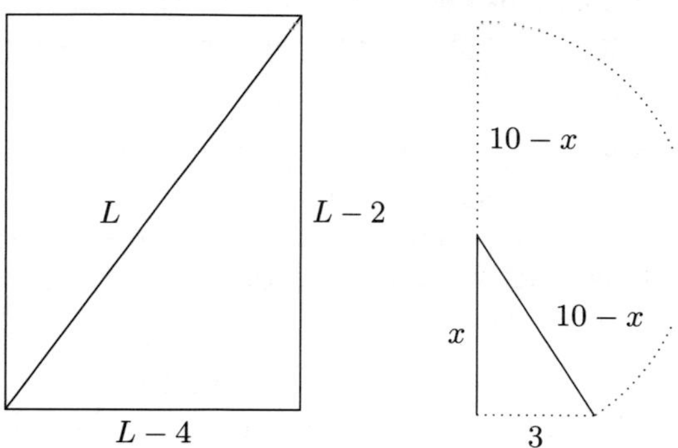

Abb. 3.8. Aufgabe 6 (links) und 7 (rechts).

7. Ein 10 Fuß langer Bambusstab ist abgeknickt und erreicht die Erde in einer Entfernung von 3 Fuß von der Wurzel. In welcher Höhe ist der Stab abgeknickt?

8. Zwei Personen stehen an derselben Stelle auf einem Platz. B geht mit einer Geschwindigkeit von 3 (auf die Einheit kommt es nicht an) nach Osten, A geht mit einer Geschwindigkeit von 7 erst nach Süden und dann in nord-östliche Richtung, bis er mit B wieder zusammentrifft. Wie weit waren die Wege von A und B?

9. Man hat ein rechtwinkliges Dreieck mit Katheten der Längen 5 und 12. Wie groß ist das dem Dreieck einbeschriebene Quadrat?

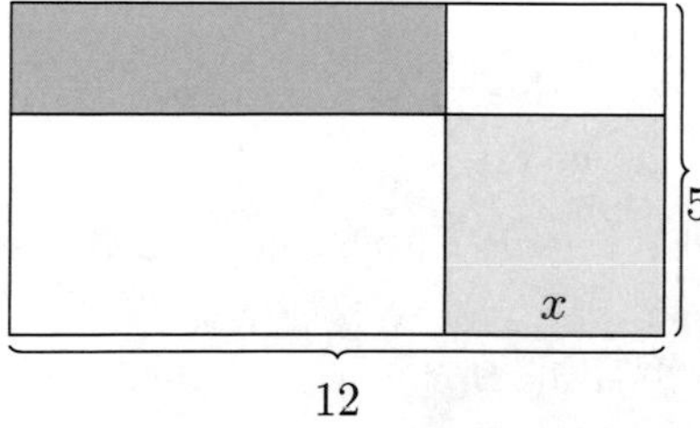

10. Man hat ein rechtwinkliges Dreieck mit Katheten der Längen 8 und 15. Welchen Radius hat der dem Dreieck einbeschriebene Kreis?

11. Man hat eine Stadt mit quadratischem Grundriss. Die Quadratseite ist 200 Schritt lang. In der Mitte jeder Seite ist ein Tor. 15 Schritte vor dem Osttor

steht ein Baum. Wieviele Schritte muss man aus dem Südtor herausgehen, um den Baum zu sehen?

12. Man hat eine Stadt mit rechteckigem Grundriss. Von Osten nach Westen ist sie 7 Meilen lang, von Süden nach Norden 9 Meilen. In der Mitte jeder Seite ist ein Tor. Geht man aus dem Osttor 15 Meilen heraus, dann hat man einen Baum. Wieviel Meilen muss man aus dem Südtor herausgehen, um den Baum zu sehen?

13. Man hat eine Stadt mit quadratischem Grundriss, deren Quadratseite man nicht kennt. In der Mitte jeder Seite ist ein Tor. Geht man aus dem Nordtor 30 Schritte heraus, dann hat man einen Baum. Geht man aus dem Westtor 750 Schritte heraus, dann sieht man diesen Baum. Wie groß ist die Quadratseite der Stadt?

14. Man hat eine Stadt mit quadratischem Grundriss, deren Quadratseite man nicht kennt. In der Mitte jeder Seite ist ein Tor. Geht man aus dem Nordtor 20 Schritte heraus, dann hat man einen Baum. Geht man aus dem Südtor 14 Schritte heraus, biegt dann nach Westen ab und geht 1775 Schritte, dann sieht man den Baum. Wie groß ist die Quadratseite der Stadt?

15. Man hat eine Stadt mit quadratischem Grundriss, deren Quadratseite 19 Meilen lang ist. In der Mitte jeder Seite ist ein Tor. Zwei Personen A und B starten im Mittelpunkt der Stadt; B geht mit der Geschwindigkeit 3 nach Osten, A geht mit der Geschwindigkeit 5 zuerst nach Süden und geht aus geradem Weg genau an der Ecke der Stadt vorbei, bis er wieder auf B trifft. Wie viele Schritte sind die beiden gegangen, wenn eine Meile 300 Schritt sind?

Aufgaben

3.1 Gib eine geometrische Interpretation der beiden Formeln

$$(a+b+c)^2 = a^2 + b^2 + c^2 + 2ab + 2ac + 2bc$$

und

$$(a+b)^3 = a^3 + 3a^2b + 3ab^2 + b^3$$

für positive Zahlen a, b und c.

3.2 Aufgabe # 6 auf der Tafel BM 34568 verlangt die Berechnung des Flächeninhalts eines Rechtecks:

6 𒁹 die Länge, 𒐏𒐖 die Breite, was ist die Fläche?

Hier ist 𒁹 als 60 zu lesen (damit die Länge, wie auf babylonischen Tafeln üblich, länger ist als die Breite).

3.3 Die ersten fünf Aufgaben auf der Tafel BM 34568 drehen sich um den Satz des Pythagoras:

1 𒐉 die Länge, 𒐗 die Breite. Was ist die Diagonale?

2 𒐉 die Länge, 𒐊 die Diagonale. Was ist die Breite?

3 Die Diagonale und die Länge habe ich angehäuft: 𒐎 ; 𒐈 die Breite. Was ist die Länge und die Diagonale?

5 𒁹 die Länge, 𒐏𒈫 die Breite, was ist die Diagonale?

3.4 Zeige geometrisch: Um den Flächeninhalt eines Parallelogramms herzuleiten, dessen Höhe außerhalb der Grundseite liegt, kann man das Parallelogramm vervielfachen, also im einfachsten Fall verdoppeln.

3.5 Zeige durch Zerlegung, dass ein Parallelogramm mit Grundseite g und Höhe h flächengleich zum Rechteck mit den Seiten g und h ist.

3.6 Aufgabe auf BM 85196: Ein Balken, 𒌍 lang. 𒐋 ist er oben abgerutscht. Wie weit hat er sich unten entfernt?

3.7 An der Wand steht eine $L = 10$ Meter lange Leiter, die einen Würfel mit Kantenlänge $a = 1$ m gerade berührt. Wie hoch steht die Leiter an der Wand?

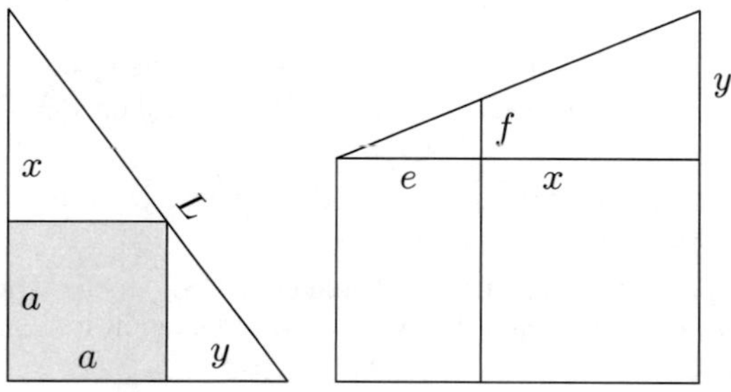

Abb. 3.9. Links: Leiter an der Wand (Aufg. 7). Rechts: Trapez (Aufg. 8)

Zeige mit dem Gnomonsatz, dass $a^2 = xy$ ist. Zeige weiter mit Pythagoras, dass $L^2 = (x + a)^2 + (y + a)^2$ gilt.

Schreibe die letzte Gleichung in der Form $L^2 = (x + y)^2 + 2a(x + y)$ und löse das Problem.

3.8 Zeige, dass man in dem Trapez durch Einzeichnen der für die Anwendung des Gnomonsatzes benötigten Hilfslinie die Gleichung $xf = e(y - f)$ bekommt, aus der man bei gegebenen Werten von e, f und x die Länge y bestimmen kann.

3.9 Auf der Keilschrifttafel MLC 1950 ist folgende Aufgabe zu lesen: ein rechtwinkliges Dreieck mit einer Kathete der Länge 50 ist wie angegeben so unterteilt, dass das Trapez der Höhe 20 Flächeninhalt 320 besitzt. Gesucht sind die restlichen Größen.

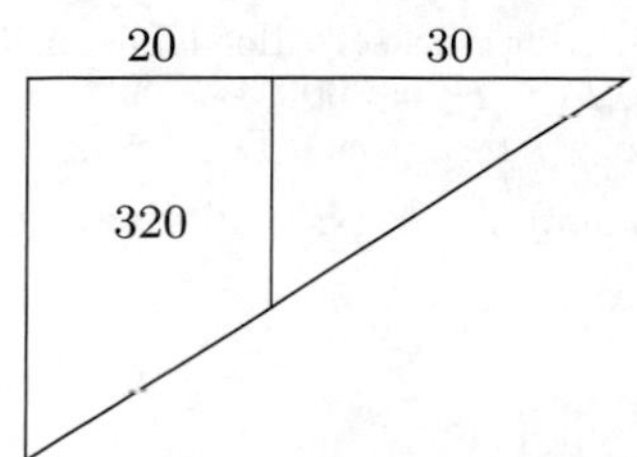

3.10 (Tafel AO 6484 # 1) Diese Tafel stammt aus der Seleukidenzeit; die erste Aufgabe verlangt die Summierung der Zahlen 𒁹, 𒈫, 𒐉, …, 𒐜𒌍𒈫; hier ist jede Zahl das Doppelte der Vorhergehenden. Die Lösung besteht darin, die beiden Zahlen 𒐜𒌍𒈫 und 𒐜𒌍𒁹 zu addieren.

Erkläre diese Berechnung der geometrischen Reihe $1 + 2 + \ldots + (2^9 - 1)$.

3.11 In Aufgabe # 2 der Tafel AO 6484 wird ohne Kommentar benutzt, dass $1+2+3+\ldots+10 = 55$ ist. Begründe diese Summenbildung geometrisch.

3.12 (Tafel AO 6484 # 2) Das zweite Problem auf der Tafel AO 6484 verlangt die Berechnung der Summe $1^2 + 2^2 + 3^2 + \ldots + 10^2$. Die gegebene Lösung rechnet

$$1^2 + 2^2 + 3^2 + \ldots + 10^2 = (1 \cdot \tfrac{1}{3} + n \cdot \tfrac{2}{3}) \cdot 55.$$

Erkläre die Rechnung.

3.13 (Tafel AO 6484 # 3) Die Höhe einer Wand ist 10 Ellen, ihre Breite 1 Elle. Direkt hinter der Mauer steht ein Baum, der die Mauer um 1 Elle überragt. Wie weit muss ich mich von der Mauer entfernen, um den Baum sehen zu können?

3.14 (Tafel IM 55357) Gegeben ist ein Dreieck ABC mit den Seiten $\overline{AC} = 45$, $\overline{BC} = 60$ und $\overline{AB} = 75$. Weiter seien CD, DE und EF die Höhen der Dreiecke ABC, BCD und BDE.

Gesucht sind die Strecken $\overline{CD}$, $\overline{DE}$, $\overline{EF}$, sowie $\overline{AD}$, $\overline{DF}$, $\overline{CE}$, usw., sowie die Flächen der Teildreiecke.

Die Tafel IM 55357 stand bis zum Einmarsch der USA im „Irak Museum" in Bagdad. Ob die Tafel die Plünderungen der Museen überstanden hat, und wo sie sich heute befindet, ist unbekannt.

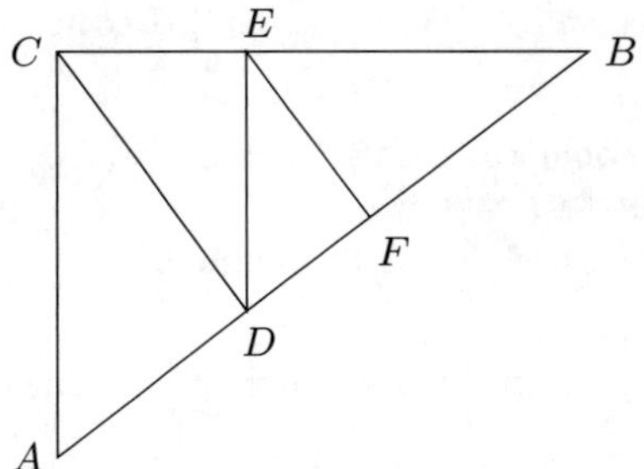

3.15 (STR 364, 7) Ein Dreieck der Höhe h ist durch eine zur Seite a parallele Strecke b in ein Trapez der Höhe e und ein kleines Dreieck der Höhe f unterteilt. Der Flächeninhalt des Trapezes sei F_1, der des kleinen Dreiecks F_2.

Im siebten Problem auf der Rückseite der Keilschrifttafel STR 364 sind nun folgende Werte gegeben: es ist $F_1 + F_2 = 3000$, $e = 33\frac{1}{3}$ und $b = 40$. Gesucht sind die Seite a und die Höhe $h = e + f$ des großen Dreiecks.

Die beiden Lösungen sind $a = 60$, $h = 100$, bzw. $a = 120$, $h = 50$.

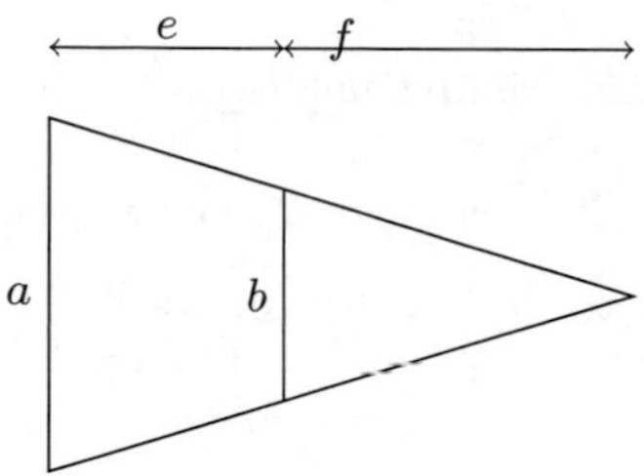

Auch die folgenden Aufgaben beziehen sich auf diese Figur. Die folgende Tabelle liefert die Angaben, sowie die Lösungen.

	Gegeben	Lösung
8	$a = 30,\ f - e = 10,\ F_2 = 270$	$e = 20,\ f = 30,\ b = 18,\ F_1 = 480$
9	$a = 30,\ f - e = 10,\ F_1 = 480$	$e = 20,\ f = 30,\ F_2 = 270$
10	$a = 30,\ e - f = 10,\ F_2 = 120$	$e = 30,\ f = 20,\ b = 12,\ F_1 = 630$
11	$a = 30, e - f = 10, F_1 = 630$	$e = 30,\ f = 20,\ b = 12,\ F_2 = 120$
12	$a = 30,\ f = 30,\ F_1 = 480$	$b = 18,\ F_2 = 270$

3.16 Ein klassisches Problem der chinesischen Mathematik, das auf Liu Hui im dritten Jahrhundert n.Chr. zurückgeht, ist die Bestimmung der Höhe einer Insel. Dazu wird die Spitze mit einem Stab der Höhe $h = \overline{AB} = \overline{CD}$ aus zwei verschiedenen Entfernungen anvisiert und die Abstände $\overline{AE}$, $\overline{AC}$ und $\overline{CF}$ gemessen. Zeige, dass sich daraus die Höhe der Insel zu

$$\overline{HI} = \overline{AB} + \frac{\overline{AB} \cdot \overline{AC}}{\overline{CF} - \overline{AE}} \tag{3.7}$$

ergibt.

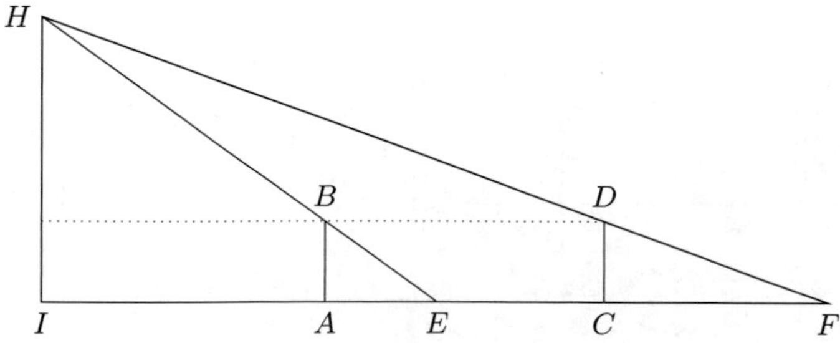

3.17 Die Grundseite eines Dreiecks[6] hat Länge 14, die beiden anderen Seiten 13 und 15. Bestimme die Höhe und die Längen der Teile, in welche die Höhe die Grundseite teilt.

[6] Dieses Problem geht auf den griechischen Mathematiker Heron (1. Jahrhundert n.Chr.) zurück.

3.18 Gegeben ist ein Gnomon (hier ein Stab, der einen Schatten wirft) der Länge $h = 12$. Die Längen der beiden Schatten unterscheiden sich um $d = 19$, die der Hypotenusen um $c = 13$.

Löse diese Aufgabe allgemein und mit den gegebenen Werten für c, d und h.

3.19 Ein Schmetterlingssatz: Zeige, dass die beiden Dreiecke denselben Flächeninhalt besitzen; hier sind die Geraden durch AD und BE parallel.

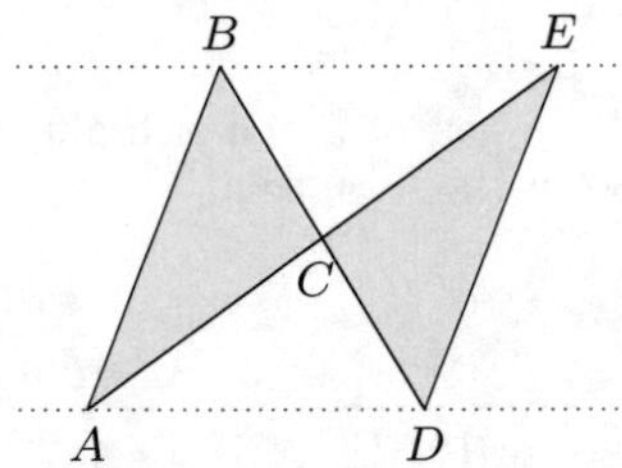

3.20 Gib eine geometrische Interpretation der Identität

$$(a + b)^2 + (a - b)^2 = 2a^2 + 2b^2,$$

die man durch Addition der ersten und zweiten binomischen Formel erhält.

3.21 Gib eine geometrische Interpretation der Identität

$$(2a + d)^2 + d^2 = 2a^2 + 2(a + d)^2.$$

3.22 In Prop. II.5 seiner Elemente gibt Euklid anhand der untenstehenden Figur einen geometrischen Beweis der Identität

$$xy = \Big(\frac{x + y}{2}\Big)^2 - \Big(\frac{x - y}{2}\Big)^2.$$

Man überlege sich einen solchen Beweis.

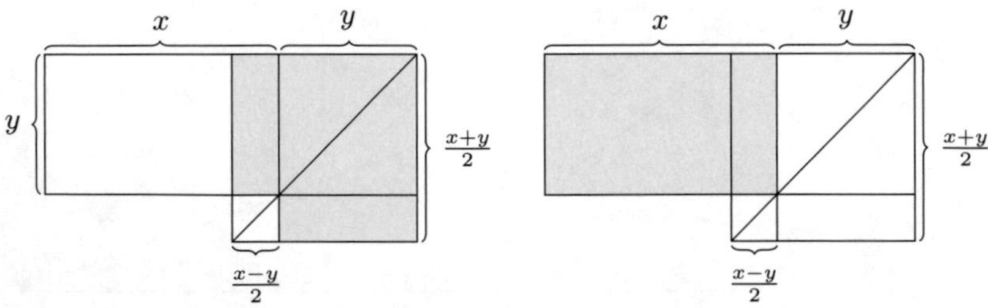

3.23 Euklids Proposition 14 in Buch II der *Elemente* zeigt, wie man ein Rechteck in ein flächengleiches Quadrat verwandeln kann. Sei dazu ein Rechteck ABCD gegeben. Ist $\overline{AD} = \overline{CD}$, dann ist das Rechteck bereits ein Quadrat. Sei jetzt $\overline{AD}$ länger als $\overline{CD}$. Verlängere AD bis E so, dass $\overline{CD} = \overline{DE}$ ist; F sei der Mittelpunkt der Strecke AE. Sei G der Schnittpunkt der Geraden CD mit dem Halbkreis über AE. Das Quadrat mit Seite DG ist das gesuchte Quadrat.

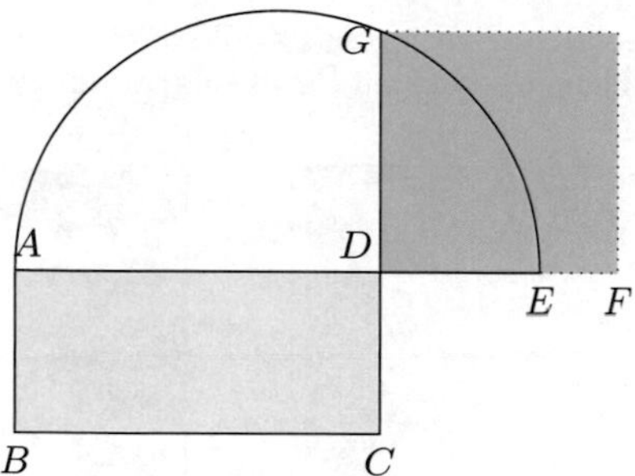

Zeige, dass diese Konstruktion das richtige Ergebnis liefert.

3.24 Beweise die dritte binomische Formel mit Hilfe der folgenden Figuren.

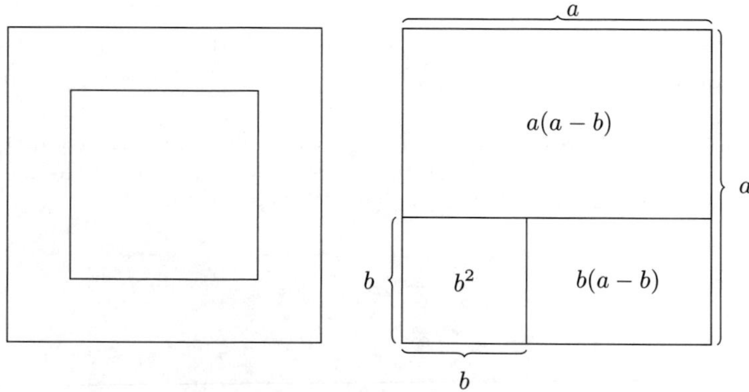

3.25 In einem rechtwinkligen Dreieck mit Hypotenuse 17 ist die Summe der beiden Katheten 23. Bestimme Grundseite und Höhe.

Hinweis: Benutze die Identität $2(a^2 + b^2) - (a + b)^2 = (a - b)^2$.

Der indische Mathematiker Bhaskara II. (1114–1185) gibt in seinem nach seiner Tochter benannten Buch Lilavati einige Aufgaben über rechtwinklige Dreiecke. Diese Aufgabe stammt ebenso wie die folgenden aus diesem Buch.

3.26 In einem rechtwinkligen Dreieck mit Hypotenuse 13 ist die Differenz der beiden Katheten 7. Bestimme Grundseite und Höhe.

3.27 Zwei Pfähle sind 15 bzw. 10 Ellen lang. Zwischen den oberen Enden der einen und den unteren Enden der anderen sind Schnüre gespannt.

In welcher Höhe treffen sich die Schnüre?

3.28 Wenn ein Dummkopf dir sagt, es gebe ein Viereck mit den Seiten 2, 6, 3 und 12, oder ein Dreieck mit den Seiten 43, 6 und 9, erkläre ihm[7], dass es diese nicht gibt.

[7] oder ihr.

3.29 Gegeben sei ein positiv orientiertes Parallelogramm $OABC$ mit $A(a|b)$ und $C(c|d)$. Zeige, dass der Flächeninhalt des Parallelogramms gleich $ad - bc$ ist.

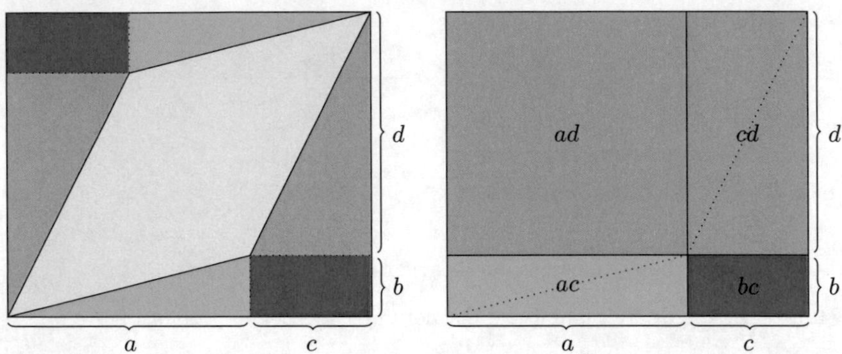

Folgere daraus: Der Flächeninhalt des von den Vektoren $\binom{a}{b}$ und $\binom{c}{d}$ aufgespannten Parallelogramms ist gleich der Länge des Kreuzprodukts $\begin{pmatrix} a \\ b \\ 0 \end{pmatrix} \times \begin{pmatrix} c \\ d \\ 0 \end{pmatrix}$.

3.30 Auf der Tafel TMS I (siehe [Bruins & Rutten 1961]) findet sich ein Dreieck mit den Seiten (50,50,60), das durch die Höhe in zwei rechtwinklige Dreiecke mit den Seiten (30,40,50) geteilt wird. Berechne den Radius des Umkreises.

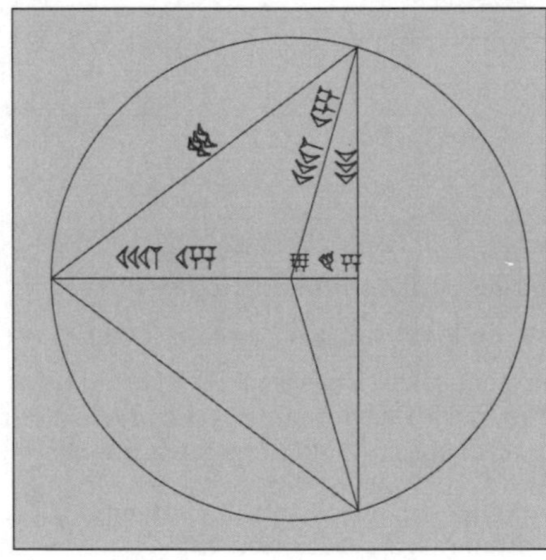

4. Bruchrechnung

Wir haben bereits gesehen, dass das Zeichen 𒁹 sowohl für 1, als auch für 60, 3600, oder jede Potenz von 60 stehen kann. Tatsächlich kann 𒁹 auch für $\frac{1}{60}$, $\frac{1}{60^2}$ etc. stehen, sodass man mit den beiden Zeichen 𒁹 und 𒌋 auch Brüche schreiben kann. Um zu unterscheiden, wann 𒌋 𒌍 die Zahl $10 \cdot 60 + 30 = 630$ bezeichnet und wann $10 + \frac{30}{60} = 10\frac{1}{2}$, transkribieren wir die erste Zahl als 10,30 (oder 10,30;), die zweite als $10; 30$. Das Semikolon entspricht in diesen Fallen also unserem Dezimalkomma.

4.1 Reguläre Zahlen

Im Dezimalsystem haben nur ganz wenige Brüche eine endliche Dezimaldarstellung. Sicherlich kann jede Dezimalzahl mit endlich vielen Nachkommastellen, etwa 0,1562, als Bruch mit einer Zehnerpotenz als Nenner geschrieben werden (hier $0{,}1562 = \frac{1562}{10000}$), und umgekehrt hat jeder Bruch mit einer Zehnerpotenz als Nenner eine endliche Dezimaldarstellung. Nun kann man nur solche Brüche auf einen Nenner mit Zehnerpotenz erweitern, wenn dessen Nenner nur die Faktoren 2 und 5 enthält. Also gilt:

Satz 4.1. *Ein vollständig gekürzter Bruch $\frac{p}{q}$ hat genau dann eine endliche Dezimaldarstellung, wenn q durch keine anderen Primzahlen teilbar ist als* 2 *und* 5*, wenn q also die Form $q = 2^a \cdot 5^b$ besitzt.*

Die Dezimalentwicklung der restlichen Brüche ist periodisch; aus einem Bruch wie $\frac{3}{7}$ gewinnt man durch schriftliche Division die Dezimalentwicklung

$$\frac{3}{7} = 0{,}428571\,428571\,428571\ldots = 0{,}\overline{428571}.$$

Ist umgekehrt ein periodischer Dezimalbruch gegeben, etwa

$$x = 0{,}307\,307\,307\ldots = 0{,}\overline{307},$$

so multipliziert man diese Zahl mit 10^n, wobei n die Periodenlänge ist, und subtrahiert x von diesem Produkt:

$$\begin{array}{rcl} 1000x & = & 307{,}307\,307\,307\ldots, \\ x & = & 0{,}307\,307\,307\ldots, \\ \hline 999x & = & 307 \end{array}$$

F. Lemmermeyer, *Mathematik à la Carte – Babylonische Algebra*,
https://doi.org/10.1007/978-3-662-66287-8_4

und daraus folgt die Bruchdarstellung $x = \frac{307}{999}$.

Dezimalentwicklungen sind eine Erfindung der Neuzeit; als erster eingeführt hat sie wohl der niederländische Mathematiker Simon Stevin (1548–1620).

Die Sonderrolle der Primzahlen 2 und 5 im Dezimalsystem liegt natürlich daran, dass $10 = 2 \cdot 5$ ist. Im Sexagesimalsystem ist $60 = 2^2 \cdot 3 \cdot 5$, und der analoge Satz lautet:

Satz 4.2. *Ein vollständig gekürzter Bruch $\frac{p}{q}$ hat genau dann eine endliche Darstellung im Sexagesimalsystem, wenn q durch keine anderen Primzahlen teilbar ist als 2, 3 und 5, wenn q also die Form $q = 2^a \cdot 3^b \cdot 5^c$ besitzt.*

Nach Muroi hatten die Babylonier sogar eine Bezeichnung für die drei Primzahlen 2, 3 und 5, nämlich a-rá-gub-ba.

Wegen $2 \cdot 5 = 10$ ist $\frac{1}{2} = \frac{5}{10}$ und $\frac{1}{5} = \frac{2}{10}$; im Sexagesimalsystem bekommt man entsprechende Gleichungen für alle Faktoren von 60. Wegen $2 \cdot 30 = 60$ ist etwa $\frac{1}{2} = \frac{30}{60}$; in Keilschrift wird $\frac{1}{2}$ also als 𒌍 geschrieben. Ganz entsprechend enthält man folgende Tabelle:

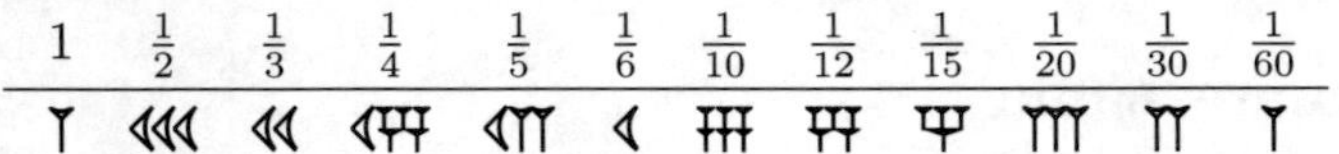

4.2 Halbieren

Wir nennen zwei Zahlen a und b reziprok, wenn ihr Produkt im babylonischen Sexagesimalsystem gleich 𒁹 ist, wenn also $a \cdot b$ eine Potenz von 60 ist. Beispielsweise sind 𒈫 und 𒌍 ein Paar reziproker Zahlen. Die Bedeutung reziproker Zahlen in der babylonischen Mathematik besteht darin, dass Divisionen durch reguläte Zahlen immer durch Multiplikation mit der Reziproken ausgeführt wurden. Anstatt eine Zahl durch 12 zu teilen, hat man sie also mit 5 multipliziert. Wir haben bei der Multiplikation mit 5 auf Seite 13 im Dezimalsystem ja etwas ganz Ähnliches gemacht.

Zur Beschaffung eines hinreichend großen Zahlenmaterials von Paaren reziproker Zahlen gingen die Babylonier von einem kleinen Paar solcher Zahlen aus; das einfachste solche Paar ist sicherlich 1 und 1. Wenn wir links verdoppeln und rechts halbieren, haben wir (bei Nichtbeachtung des Sexagesimalkommas) das Paar 2 und 30. Im nächsten Schritt wird die 2 verdoppelt und die 30 halbiert, und wir erhalten $4 \cdot 15 = 60$. Zum Halbieren von 15 denken wir uns die 15 als $14 + 1$ und erhalten $7\frac{1}{2}$, im Sexagesimalsystem also 7,30.

Das Verdoppeln geht dabei nach etwas Üben ganz locker von der Hand, und das Halbieren ist kaum schwieriger. Um etwa 3,45 zu halbieren, denken wir uns diese Zahl zuerst als 2,105 und dann als 2,104,60; die Hälfte ist damit 1,52,30.

Ein Paar reziproker Zahlen, das auf vielen Tafeln auftaucht, ist 2,05 (dezimal $125 = 5^3$) und 28,48 (die Zahl $1728 = 12^3$); hier erhalten wir

2,5	28,48
4,10	14,24
8,20	7,12
16,40	3,36
33,20	1,48
1,6,40	54
2,13,20	27

Auf der Tafel CBS 29.13.21 (sh. [Neugebauer & Sachs 1945, S. 13]) ist ein Ausschnitt aus einer solchen Tabelle zu sehen. Der Anfang (!) der Tabelle dürfte in etwa so ausgesehen haben wie in Tafel 4.1.

2,5	28,48
4,10	14,24
8,20	7,12
16,40	3,36
33,20	1,48
1,6,40	54
2,13,20	27
4,26,40	13,30
8,53,20	6,45
17,46,40	3,22,30
35,33,20	1,41,15
1,11,6,40	50,37,30
2,22,13,20	25,18,45
4,44,26,40	12,39,22,30
9,28,53,20	6,19,41,15
18,57,46,40	3,9,50,37,30
37,55,33,20	1,34,55,18,45
1,15,51,6,40	47,27,39,22,30
2,31,42,13,20	23,43,49,41,15
5,3,24,26,40	11,51,54,50,37,30
10,6,48,53,20	5,55,57,25,18,45

Tafel 4.1. Reziprokentafel der Zahlen $125 \cdot 2^n$

4.3 Reziproke

Manche Reziproke lassen sich durchaus im Kopf berechnen. Um $\frac{1}{9}$ als Sexagesimalbruch darzustellen, denken wir uns $\frac{1}{9}$ als Produkt $\frac{1}{3} \cdot \frac{1}{3}$ geschrieben, also als das

Quadrat von 𒌋𒌋. Dieses ist $400 = 6 \cdot 60 + 40$, folglich ist $\frac{1}{9}$ im Sexagesimalsystem gleich 𒐋𒐏. In der Tat ist

$$\frac{6}{60} + \frac{40}{60^2} = \frac{6 \cdot 60 + 40}{60^2} = \frac{400}{60^2} = \frac{4}{36} = \frac{1}{9}.$$

Es macht nun keinerlei Probleme mehr, die Tafel nachzurechnen. Interessanter ist aber die Frage, wie man diese Werte errechnet. Eine Möglichkeit, die Standardtabelle der Reziproken zu berechnen, ist folgende: ausgehend von $\overline{2} = 30$ (wir bezeichnen das Reziproke einer Zahl n im Folgenden durch Überstreichen: $\overline{n} = \frac{1}{n}$) erhält man durch Verdoppeln der ersten und gleichzeitiges Halbieren der zweiten Zahl

$$\overline{4} = 0;15, \quad \overline{8} = 0;7{,}30, \quad \overline{16} = 0;3{,}45 \quad \overline{32} = 0;1{,}52{,}30 \quad \text{usw.}$$

Um 3,45 zu halbieren, nimmt man sich eine 1 von der 3 und schiebt sie als 60 in die nächste Stelle: 3,45 = „2,105“; weil 105 ungerade ist, nehmen wir wieder eine 1 und schieben sie als 60 in die nächste Stelle; dann haben wir 2,104,60 zu halbieren und erhalten 1,52,30 oder, wenn wir das „Komma“ wieder richtig setzen, 0;01,52,30. Auf diese Art und Weise ist das Halbieren von Sexagesimalzahlen ein Kinderspiel.

Entsprechend erhalten wir ausgehend von $\overline{3} = 0;20$ nacheinander

$$\overline{6} = 0;10, \quad \overline{12} = 0;5, \quad \overline{24} = 0;2{,}30 \quad \text{und} \quad \overline{48} = 0;1{,}15.$$

Auf dieselbe Art folgen aus $\overline{5} = 12$ die Reziproken von 10, 20 und 40. Weiter ist $9 = 3^2$, also $\overline{9} = \overline{3}^2 = 0;6{,}40$ wegen $20^2 = 400 = 6{,}40$. Daraus wiederum folgen die Reziproken von 18 und 36, und eine ähnliche Vorgehensweise liefert endlich die noch fehlenden Reziproken von $25 = 5^2$, $27 = 3^3$ und 54.

Eine andere Möglichkeit, wie wir die Reziproke von 27 ausrechnen können, ist die folgende: da $\frac{1}{27}$ dieselbe Sexagesimaldarstellung besitzt wie $\frac{1}{27} \cdot 60^n$ für eine geeignete Potenz von 60, können wir den Nenner durch Multiplikation mit einer solchen Potenz einfach beseitigen. Offenbar ist $\frac{1}{27} \cdot 60^3 = 8000$, und die Standardmethode zur Transformation in das Sexagesimalsystem liefert nun

$$\begin{aligned} 8000 &= 133 \cdot 60 + 20, \\ 133 &= 2 \cdot 60 + 13, \end{aligned}$$

also $8000 = (2 \cdot 60 + 13) \cdot 60 + 20 = 2 \cdot 60^2 + 13 \cdot 60 + 20$. Die Sexagesimaldarstellung von $\frac{1}{27}$ ist damit 𒈫 𒌋𒐈 𒌋𒌋 wie erwartet.

[Sachs 1947] entschlüsselte 1947 eine Methode zur Berechnung von Reziproken, die auf der Tafel VAT 6505 enthalten war. Seine Transkription der Tafel sieht so aus:

1. 2,[13],20 ist das igum. [Was ist das igibum?]
2. [Du, wenn du rechnest,] gehe so vor:
3. Nimm das Reziproke von 3,20; [du findest 18]

4. Multipliziere 18 mit 2,10; [du findest 39]
5. Addiere 1; du findest 40.
6. Nimm das Reziproke von 40; [du findest] 1,30.
7. Multipliziere 1,30 mit 18,
8. du findest 27. Das igibum ist 27.
9. So geht die Methode.

Was passiert hier? Mit igibum bezeichneten die Babylonier das Reziproke der Größe, die sie igum nannten; die sumerischen Namen dafür sind IGI und IGI-BI. Es ist also das Reziproke der Zahl

𒐖 𒌋𒐗 𒎙 $= 2{,}13{,}20 = 8\,000$

zu berechnen.

Wir wollen nun versuchen, die Prozedur zu verstehen. Dazu ersetzen wir die konkreten Zahlen durch Variablen. Wir sollen das Reziproke einer Zahl $n = 2{,}13{,}20$ berechnen und zerlegen sie dazu in eine Summe $n = a + b$ mit $a = 2{,}10{,}0$ und $b = 3{,}20$. Das Verfahren läuft dann so:

Nimm das Reziproke von 3,20	$\frac{1}{b} = 18$
Multipliziere es mit 2,10	$\frac{1}{b} \cdot a = 39$
Addiere 1	$\frac{1}{b} \cdot a + 1 = 40$
Nimm das Reziproke von 40	$\frac{1}{\frac{1}{b} \cdot a + 1} = 1{,}30$
Multipliziere 1,30 mit 18	$\frac{1}{\frac{1}{b} \cdot a + 1} \cdot \frac{1}{b} = 27.$

Algebraisch hat der Schreiber also, um $\frac{1}{n} = \frac{1}{a+b}$ zu bestimmen, die Größe

$$\frac{1}{\frac{1}{b} \cdot a + 1} \cdot \frac{1}{b}$$

bestimmt; Multiplikation der beiden Brüche zeigt sofort, dass beide Größen gleich sind. Wir haben also die Bestimmung der Reziproken von $a + b$ auf die der Reziproken von b und $\frac{a}{b} + 1$ zurückgeführt:

Satz 4.3. *Das Reziproke der regulären Zahl $a + b$ mit dem regulären Ende b lässt sich über*

$$\frac{1}{a+b} = \frac{1}{\frac{a}{b} + 1} \cdot \frac{1}{b} \tag{4.1}$$

berechnen.

Die einzelnen Schritte der Rechnung sind klar: $2{,}13{,}20 = 2{,}10{,}0 + 3{,}20$; das Reziproke von $3{,}20 = 200$ ist 18 wegen $18 \cdot 200 = 60^2$, und das Produkt des Hauptteils 2,10 mit dem Reziproken 18 ist 39 (wir kümmern uns wie die Babylonier nicht um die richtige Setzung des Kommas, unterscheiden also nicht zwischen 2,10,0 und 2,10). Addition von 1 ergibt 40, und das Reziproke von 40 ist 1,30 (Kopfrechnen: $\frac{60}{40} = \frac{3}{2} = 1\frac{1}{2} = 1{,}30$). Dieses Ergebnis wird wieder mit 18 multipliziert, was 27 ergibt, und das ist in der Tat das Reziproke von 2,13,20 wegen $8000 \cdot 27 = 60^3$.

Wir wollen die Methode von Sachs jetzt geometrisch interpretieren[1] und bezeichnen dazu das Reziproke einer Zahl n mit $\overline{n}$.

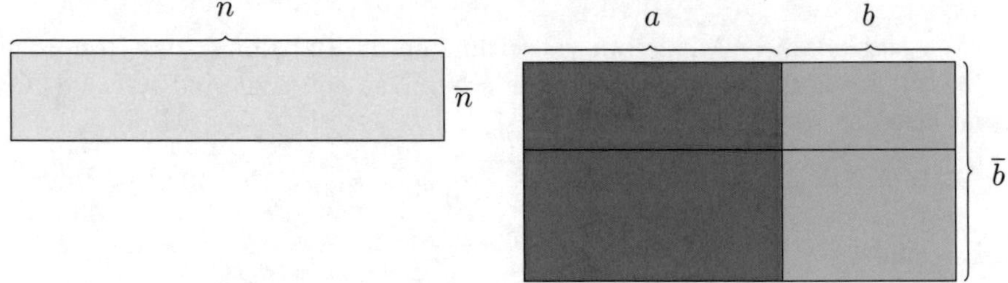

Gegeben ist ein Rechteck der Fläche 1 und gegebener Seite n; gesucht ist die zweite Seite $\overline{n}$ mit $n \cdot \overline{n} = 1$. Wir zerlegen n in eine Summe $n = a + b$ derart, dass b ein Reziprokes $\overline{b}$ besitzt; damit hat auch das grüne Rechteck Flächeninhalt $b \cdot \overline{b} = 1$.

Die Gesamtfläche des Rechtecks in der rechten Figur ist $\overline{b} \cdot a + 1$; diese ist $\overline{b} \cdot a + 1$ mal so groß wie die Fläche des gelben Rechtecks und hat dieselbe Grundseite n; also ist $\overline{b} = (\overline{b} \cdot a + 1) \cdot \overline{n}$ und damit $\overline{n} = \overline{\overline{b} \cdot a + 1} \cdot \overline{b}$. Das war aber zu zeigen.

Das Problem bei dieser (vollkommen korrekten) geometrischen Begründung von Gleichung (4.1) ist, dass wir zur Berechnung der Reziproken von 2,13,20 gar nicht die Summenzerlegung $2{,}13{,}20 = 2{,}10{,}00 + 3{,}20$ benutzt haben, sondern mit den Teilen 2,10 und 3,20 gerechnet haben. Bei einer „korrekten" Rechnung mit 2,10,00 hätten wir zum Produkt von 2,10,00 und 18 nicht 1, sondern 60 addieren müssen.

Berechnung der Reziproken durch Faktorisierung

Die Berechnung der Reziproken von 2,13,20 lässt sich auch ganz anders interpretieren. Anstatt von der additiven Zerlegung $2{,}13{,}20 = 2{,}10{,}0 + 3{,}20$ gehen wir jetzt von einer multiplikativen Zerlegung aus, nämlich von der Tatsache, dass die Zahl 2,13,20 durch 3,20 *teilbar* ist. Den Quotienten finden wir durch Multiplikation mit dem Reziproken 18 von 3,20 als $18 \cdot (2{,}13{,}20) = 18 \cdot 2{,}13{,}00 + 1 = 39 + 1 = 40$. Im zweiten Schritt multiplizieren wir 18 mit dem Reziproken von 40, also mit 1,30; das Ergebnis 27 ist das Reziproke der Ausgangszahl.

Bereits [Friberg 1990, S. 550] hat darauf hingewiesen, dass die Formel von Sachs „eng verwandt, wenn nicht gar identisch" mit dem Faktorisierungsalgorithmus ist. Dieselbe Interpretation, die darauf hinausläuft, dass es eine solche „Methode von

[1] Siehe [Robson 2002, S. 354].

Sachs“ überhaupt nicht gegeben hat, wurde von Christine Proust übernommen, die in [Proust 2010] die Tafel CBS 1215 beschreibt.

Damit haben wir also (dezimal) $8000 = 40 \cdot 200$ gerechnet; das Reziproke von 40 ist $1\frac{1}{2}$, das von 200 ist 18, das Reziproke von 8000 daher $1\frac{1}{2} \cdot 18 = 27$. Um das Reziproke einer Zahl $n = a \cdot b \cdot c$ zu bestimmen, braucht man nur die Reziproken der Faktoren a, b und c zu multiplizieren.

Als Zugabe rechnen wir Problem # 20 auf der Tafel CBS 1215 durch (Abb. 4.1). Die Ausgangszahl $2^{19} \cdot 5^3 = 1000 \cdot 2^{16}$ in der ersten Reihe, deren Reziproke berechnet werden soll, endet auf 26,40 und ist damit durch 400 teilbar. Multiplikation mit dem Reziproken 9 von 400 ergibt die zweite Zahl 163840. Diese endet sexagesimal auf 40 und ist damit durch 40 teilbar; Multiplikation mit dem Reziproken $1\frac{1}{2}$ von 40 liefert die dritte Zahl 4096, die sexagesimal auf 16 endet und damit durch 16 teilbar ist. Multiplikation mit dem Reziproken $3\frac{3}{4}$ liefert 256, eine weitere Division durch 16 dann die Zahl 16, deren Reziprokes 3,45 ist.

Das Reziproke der Ausgangszahl erhält man jetzt, indem man diese 3,45 nacheinander mit den darüberstehenden Zahlen multipliziert: 3,45 mal 3,45 ergibt 14,03,34, nochmalige Multiplikation mit 3,45 liefert 52,44,03,45, Multiplikation mit 1,30 gibt 1,19,06,05,37,30, und Multiplikation mit 9 liefert das Endergebnis, dass nämlich 11,51,54,50,37,30 das Reziproke von 5,03,24,26,40 ist.

Jetzt wird mit derselben Methode wie eben das Reziproke dieser Zahl bestimmt, und natürlich muss ganz zum Schluss diejenige Zahl wieder dastehen, von der wir ausgegangen sind.

Aufgaben

4.1 Berechne $\frac{15}{16}$ durch fortgesetztes Halbieren im Dezimalsystem.

4.2 Halbiere 𒐐 𒁹 𒌋𒐖 so oft, bis eine ungerade ganze Zahl entsteht.

4.3 Berechne das Reziproke von 𒐖 𒐼 mit der Methode von Sachs.

4.4 Berechne das Reziproke von 𒐐 𒐋 𒌋𒐼 mit der Methode von Sachs.

4.5 Berechne die ersten 20 Paare reziproker Zahlen $(2^n, 5^n)$ im Dezimalsystem durch fortgesetztes Verdoppeln und Halbieren.

4.6 Schreibe die folgenden Dezimalzahlen als vollständig gekürzte Brüche und schreibe sie anschließend als Sexagesimalzahlen.

a) 0,4 b) 0,8 c) 0,12

d) 0,16 e) 0,2 f) 0,3

4.7 Schreibe die folgenden Dezimalzahlen als vollständig gekürzte Brüche und schreibe sie anschließend als Sexagesimalzahlen.

a) 0,32 b) 0,36 c) 0,4

d) 0,45 e) 0,48 f) 0,59

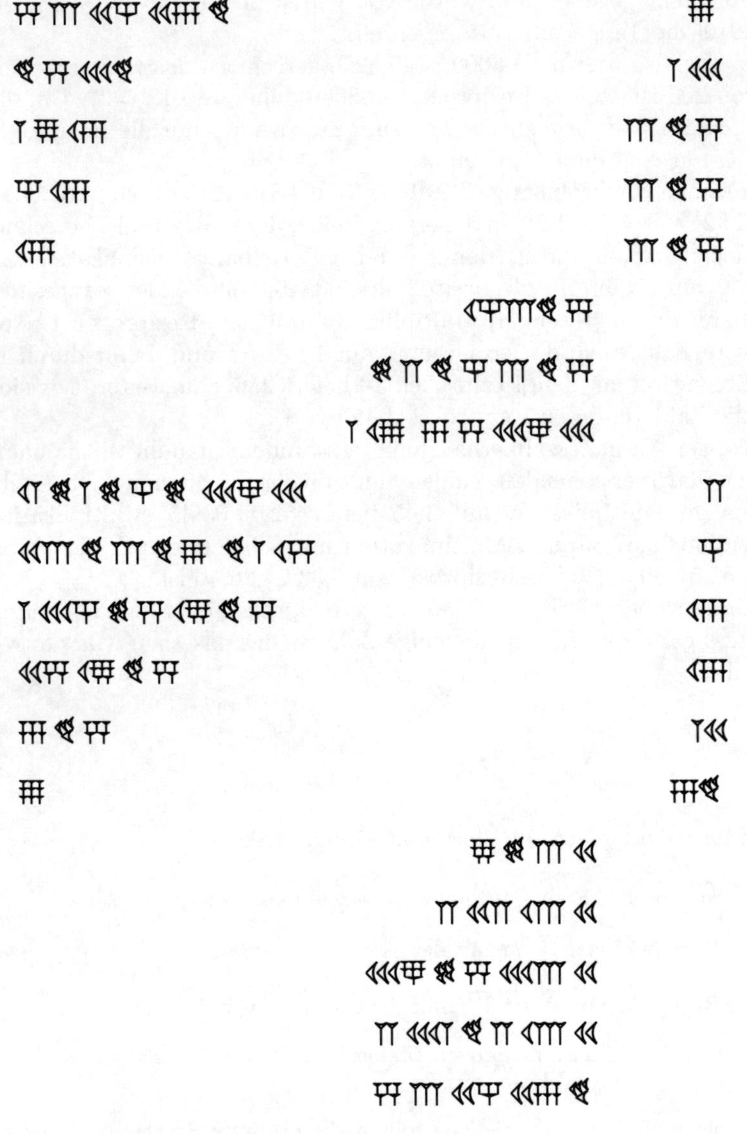

Abb. 4.1. Keilschrifttafel CBS 1215 # 20

4.8 Schreibe die folgenden Dezimalzahlen als vollständig gekürzte Brüche und schreibe sie anschließend als Sexagesimalzahlen.

a) 0,06	b) 0,04	c) 0,01
d) 0,08	e) 0,80	f) 0,75

4.9 Schreibe die folgenden Dezimalzahlen als vollständig gekürzte Brüche und schreibe sie anschließend als Sexagesimalzahlen.

a) $0{,}\overline{3}$ b) $0{,}\overline{4}$ c) $0{,}\overline{18}$

d) $0{,}\overline{72}$ e) $0{,}\overline{45}$ f) $0{,}\overline{90}$

4.10 Stelle folgende Brüche im Sexagesimalsystem dar.

a) $\frac{1}{4}$ b) $\frac{1}{5}$ c) $\frac{1}{6}$

d) $\frac{1}{8}$ e) $\frac{1}{9}$ f) $\frac{1}{10}$

4.11 Stelle folgende Brüche im Sexagesimalsystem dar.

a) $\frac{2}{3}$ b) $\frac{3}{5}$ c) $\frac{5}{6}$

d) $\frac{7}{12}$ e) $\frac{4}{27}$ f) $\frac{5}{72}$

4.12 Bestimme eine sexagesimale Näherung der folgenden irregulären Brüche.

a) $\frac{1}{7}$ b) $\frac{2}{7}$ c) $\frac{3}{11}$

d) $\frac{4}{17}$ e) $\frac{5}{13}$ f) $\frac{5}{21}$

4.13 Die folgenden Brüche stellen Zahlen zwischen $\frac{1}{60}$ und 1 dar. Verwandle sie in gewöhnliche Brüche.

a) 𒌋𒐉 b) 𒌍𒐋 c) 𒐐

d) 𒐉 e) 𒎙 𒎙 f) 𒎙 𒌍𒐋

4.14 Halbiere bzw. verdopple die Zahl 𒁹 zwanzig Mal.

4.15 Auf der nur teilweise erhaltenen Tafel HS 211 findet sich ein Ausschnitt aus einer Multiplikationstabelle für 𒌍 (also für $\frac{1}{2}$). Vervollständige die Tabelle in Abb. 4.2.

4.16 Auf der Tafel UET 6-2 295 ([Friberg 2000]) stehen Zahlen in einer Anordnung, die nahelegen, dass ein Schüler sich an einer Rechnung versucht hat. Das Schema dieser Zahlen war wohl so zu verstehen:

𒈫𒐉	𒌋𒈫
𒎙𒐉	𒈫𒌋𒐈
𒎙𒐎 𒐐 𒐎	𒁹𒌋𒐉
𒌍𒐋	𒁹𒐐
𒈫𒐉	

Erkläre die beiden Rechnungen.

4.17 Auf der Tafel UET 6-2 291 ([Friberg 2000]) stehen die beiden Zahlen

𒐉 𒐐 𒐉 𒌍𒐈 𒎙

𒌋 𒐌 𒐐 𒐋 𒐐

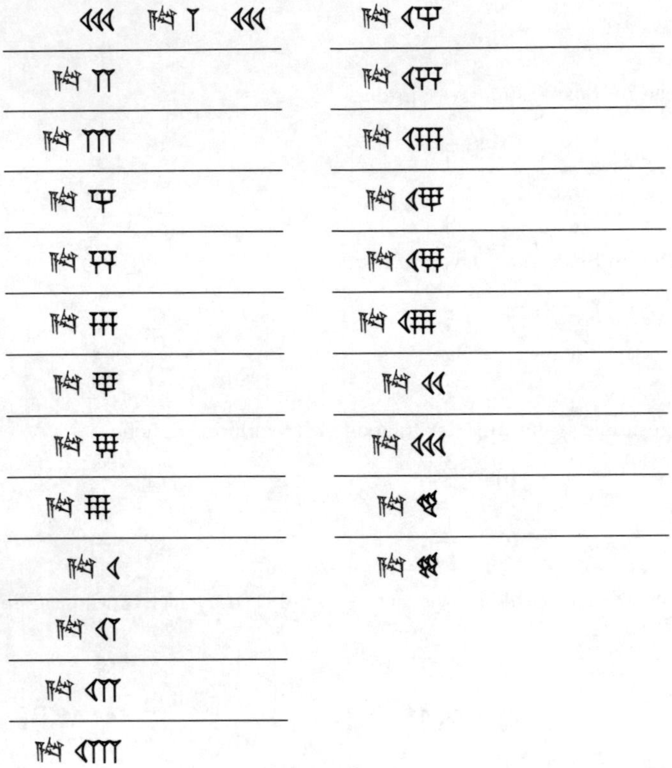

𒌍 𒀀𒊏 𒁹 𒌍	𒀀𒊏 𒌋𒐉
𒀀𒊏 𒈫	𒀀𒊏 𒌋𒐊
𒀀𒊏 𒐈	𒀀𒊏 𒌋𒐋
𒀀𒊏 𒐉	𒀀𒊏 𒌋𒑂
𒀀𒊏 𒐊	𒀀𒊏 𒌋𒑄
𒀀𒊏 𒐋	𒀀𒊏 𒌋𒑆
𒀀𒊏 𒑂	𒀀𒊏 𒎙
𒀀𒊏 𒑄	𒀀𒊏 𒌍
𒀀𒊏 𒑆	𒀀𒊏 𒐏
𒀀𒊏 𒌋	𒀀𒊏 𒐐
𒀀𒊏 𒌋𒁹	
𒀀𒊏 𒌋𒈫	
𒀀𒊏 𒌋𒐈	

Abb. 4.2. Multiplikation mit 𒌍

Zeige, dass es sich hier um ein Paar reziproker Zahlen handelt, und berechne beide Reziproken mit dem Faktorisierungsalgorithmus.

4.18 Die Tafel[2] AO 6456 aus der Seleukidenzeit enthält 157 Paare reziproker Zahlen; die größte darunter hat 17 Sexagesimalstellen. Dreißig dieser Paare erhält man, wenn man ausgehend vom Paar 𒐉𒌋 und 𒌋𒐉 𒐏𒐉 (also $250 = 2 \cdot 5^3$ und $864 = 2^5 \cdot 3^3$ mit dem Produkt $2^6 3^3 5^3 = 60^3$) die linke Zahl dreißig Mal verdoppelt und die rechte dreißig Mal halbiert.

Führe diese Rechnungen aus.

4.19 Auf der Tafel YBC 10529 findet man eine kleine Tabelle mit Näherungen der Reziproken irregulärer Zahlen.

Das Reziproke von	𒑂	ist	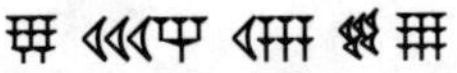 𒑄 𒌍𒐉 𒌋𒐋 𒐐 𒑆	zu wenig
Das Reziproke von	𒑂	ist	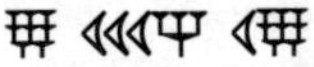 𒑄 𒌍𒐉 𒌋𒑄	zu viel
Das Reziproke von	𒌋𒁹	ist	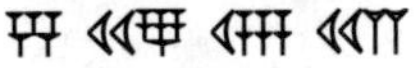 𒐊 𒎙𒑂 𒌋𒐋 𒎙𒈫	zu wenig
Das Reziproke von	 𒌋𒐈	ist	 𒐉 𒌍𒐋 𒐐 𒐊	zu wenig
Das Reziproke von	𒌋𒐉	ist	 𒐏 𒈫 𒐐 𒁹 𒎙𒐊 𒐏	zu wenig
Das Reziproke von	𒌋𒐉	ist	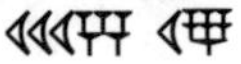 𒌍𒐊 𒌋𒑄	zu wenig

[2] Siehe [Muroi 2013].

Bestimme Näherungen für die Reziproken. Welche Werte sind offensichtlich falsch? Bestimme die Reziproken von $\frac{10}{14}$ und $\frac{10}{17}$ und vergleiche.

4.20 Auf der Tafel W 23021 wird nachgerechnet, dass

$$52,40,29,37,46,40 \quad \text{und} \quad 1,08,20,37,30$$

ein Paar reziproker Zahlen sind, indem man die linke Zahl mit dem Faktorisierungsalgorithmus zerlegt: so lange deren letzte Ziffer gleich 𒌋𒌋 ist, wird die linke Zahl durch 20 geteilt und die rechte mit 20 multipliziert, was einer Division durch 3 entspricht. Kontrolliere die Rechnungen und erkläre das Vorgehen in den letzten Zeilen.

4.21 Auf der Tafel IM 58446+58447 (=3N-T 362+366) findet sich eine Berechnung einer Reziproken nebst Kontrolle. Erkläre die folgende Rechnung

18 46 40	9
2 40	22 30
3 22 30	2
6 45	

4.22 Berechne die Reziproke von 1 06 40 mit der Methode von Sachs auf zwei verschiedene Arten.

4.23 Auf der Tafel BM 132289 kann man folgende Zahlen lesen:

1 12 49 4	15
49 26 18 30 56 15	4

3 18 45 14 3 45

Zerlege die Zahlen in ihre Primfaktoren und erkläre ihre Bedeutung.

4.24 Benutze die Beobachtungen $2^{10} \approx 10^3$ und $2^3 \approx 3^2$, um Näherungswerte für $\log_{10}(2)$, $\log_{10}(3)$ und $\log_{10}(5)$ zu bestimmen.

4.25 Zur Herstellung ausgedehnter Tafeln von Paaren reziproker Zahlen hat E. M. Bruins [Bruins 1970] folgende Technik vorgeschlagen.

Sind (a_1, b_1) und (a_2, b_2) Paare reziproker Zahlen, dann auch $(a_1 a_2, b_1 b_2)$ und $(a_1 b_2, a_2 b_1)$ (Beweis als Übung!).

Sind etwa die Paare $2 \cdot 30$ und $3 \cdot 20$ gegeben, erhält man als Produkt das Paar $6 \cdot 10$, und als Produkt über Kreuz $1{,}30 \cdot 40$.

Vervollständige die folgende Tabelle mit Paaren reziproker Zahlen, die durch Multiplikation über Kreuz aus benachbarten Paaren erhalten werden:

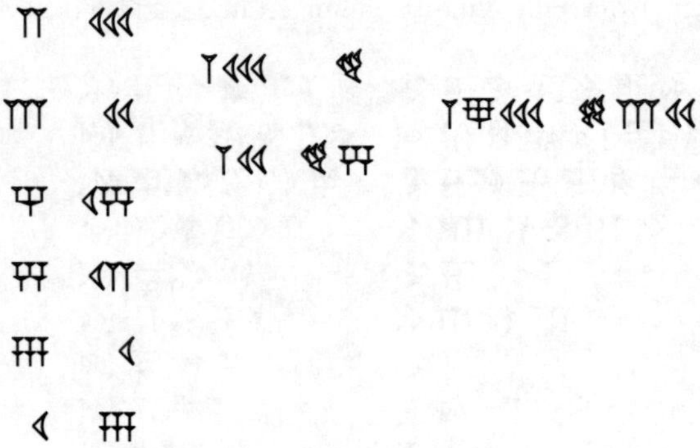

Danach wiederhole man diese Prozedur mit den Paaren reziproker Zahlen, die man in der zweiten Spalte gefunden hat.

4.26 Auf der altbabylonischen Tafel YBC 4704 ([Neugebauer & Sachs 1945, S.16]) finden sich die Reziproken von drei großen Zahlen, nämlich von

Zerlege diese Zahlen in ihre Primfaktoren und berechne die entsprechenden Reziproken durch wiederholte Teilung durch 3.

5. Der Falsche Ansatz

Der „falsche Ansatz“ ist eine algebraische Technik zur Lösung ganz bestimmter Probleme, meist linearer Gleichungen, die nach dem Aufkommen der symbolischen Rechnung nach Vieta (1540–1603) kaum mehr verwendet worden ist.

Historisch ist die Technik des falschen Ansatzes von vielen antiken Kulturen benutzt worden: Babylonier, Ägypter (im Papyrus Rhind) und Chinesen (in den *Neun Büchern*).

Dass das automatische Anwenden der gelernten algebraischen Routinen nicht immer die beste Lösung ist, erkennt man schnell, wenn man Schülern das babylonische Problem

$$x - \frac{x}{7} + \frac{1}{11}\Big(x - \frac{x}{7}\Big) - \frac{1}{13}\Big(x - \frac{x}{7} + \frac{1}{11}\Big(x - \frac{x}{7}\Big)\Big) = 60 \tag{5.1}$$

vorlegt. Die meisten Schüler beginnen mit dem Auflösen der Klammern; in diesem Kapitel wollen wir erklären, wie man dieses Problem schneller und mit weniger Aufwand lösen kann.

Bevor wir die Probleme besprechen, wollen wir die in den Aufgaben auf der Tafel YBC 4652 verwendeten Einheiten klären. Die babylonischen Gewichtsmaße waren das Talent, die Mine, der Schekel und das Gerstenkorn. 1 Talent entspricht 60 Minen, eine Mine hat 60 Schekel, und 1 Schekel sind 180 Gerstenkörner. Ein Talent, die Traglast eines Mannes, entspricht etwa 30 kg; eine Mine ist folglich vergleichbar mit einem Pfund, ein Schekel entspricht ca. 8,3 g, und ein Gerstenkorn etwa 0,046 g.

Typisch für Aufgabensammlungen wie YBC 4652 ist der mehr oder wenig stetig zunehmende Schwierigkeitsgrad der Aufgaben. Es gehört nicht viel Phantasie dazu anzunehmen, dass Probleme wie das folgende am Beginn der Tafel gestanden haben:

Ich fand einen Stein. Ich habe ihn nicht gewogen.
Ein Siebtel habe ich hinzugefügt.
Ich wog ihn: 1 Mine. Das Anfangsgewicht des Steins, was?

Das Anfangsgewicht des Steins: $52\frac{1}{2}$ *Schekel.*

F. Lemmermeyer, *Mathematik à la Carte – Babylonische Algebra*,
https://doi.org/10.1007/978-3-662-66287-8_5

YBC 4652

Die Tafel YBC 4652 ist ein Fragment einer altbabylonischen Tafel, auf der sich alle Aufgaben um die Bestimmung des Geweichts von Steinen drehen. Nur sieben der Aufgaben lassen sich zweifelsfrei rekonstruieren.

 # 7. Ich fand einen Stein. Ich habe ihn nicht gewogen.
Ein Siebtel habe ich hinzugefügt, ein Elftel hinzugefügt.
Ich wog ihn: 1 Mine. Das Anfangsgewicht des Steins, was?

Das Anfangsgewicht des Steins: $\frac{2}{3}$ *Mine* 8 *Schekel* $22\frac{1}{2}$ *Gerstenkörner.*

 # 8. Ich fand einen Stein. Ich habe ihn nicht gewogen.
Ein Siebtel habe ich herausgerissen, ein Dreizehntel herausgerissen;
Ich wog ihn: 1 Mine. Das Anfangsgewicht des Steins, was?

Das Anfangsgewicht des Steins: 1 Mine $15\frac{5}{6}$ *Schekel.*

 # 9. Ich fand einen Stein. Ich habe ihn nicht gewogen.
Ein Siebtel habe ich herausgerissen, ein Elftel hinzugefügt,
ein Dreizehntel herausgerissen; 1 Mine hat er gewogen.
Das Anfangsgewicht des Steines, was?

Das Anfangsgewicht des Steins: 1 *Mine,* $9\frac{1}{2}$ *Schekel,* $2\frac{1}{2}$ *Gerstenkörner.*

 # 19. Ich fand einen Stein. Ich habe ihn nicht gewogen.
Sechs davon habe ich gewogen, 2 Schekel habe ich hinzugefügt,
ein Drittel von einem Siebtel bis 24 habe ich wiederholt
und hinzugefügt. Ich wog den Stein: 1 Mine.
Das Anfangsgewicht des Steines, was?

Das Anfangsgewicht des Steins: $4\frac{1}{3}$ *Schekel.*

 # 20. Ich fand einen Stein. Ich habe ihn nicht gewogen.
Acht davon habe ich gewogen; ein Drittel von einem Dreizehntel
bis 21 habe ich wiederholt; Ich wog den Stein: 1 Mine.
Das Anfangsgewicht des Steines, was?

Das Anfangsgewicht des Steins: $4\frac{1}{2}$ *Schekel.*

 # 21. Ich fand einen Stein. Ich habe ihn nicht gewogen.
Ein Sechstel habe ich herausgerissen, ein Drittel von einem Achtel
habe ich hinzugefügt. Ich wog den Stein: 1 Mine.
Das Anfangsgewicht des Steines, was?

Das Anfangsgewicht des Steins: 1 *Mine,* 9 *Schekel,* $21\frac{1}{2}$ *Gerstenkörner.*

Abb. 5.1. Aufgaben der Tafel YBC 4652

Es gibt erstaunlich viele Möglichkeiten, Probleme wie dieses zu lösen. Unser eigentliches Ziel ist die Erklärung einer dieser Methoden, die man den falschen Ansatz nennt. Da wir die Methode, die die babylonischen Aufgabensteller erwartet haben, nicht kennen, weil die Tafel nur die Antwort gibt, aber nicht die dazugehörigen Rechnungen, stellen wir die andern Techniken ebenfalls vor.

5.1 Lineare Probleme: Algebraische Lösungen

Betrachten wir zuerst das von uns konstruierte Problem, in welchem das Gewicht eines Steins und eines Siebtels gleich 1 Mine sind. Algebraisch liegt die Gleichung $x + \frac{x}{7} = 1$ vor, oder, wenn wir 1 Mine durch 60 Schekel ersetzen,

$$x + \frac{x}{7} = 60.$$

Hier ist also $\frac{8}{7}x = 60$ und damit $x = \frac{7}{8} \cdot x = 52\frac{1}{2}$.

Dieses Problem ist zu einfach, als dass man damit verschiedene Lösungsmöglichkeiten erklären könnte. Wir betrachten also das etwas komplexere Problem # 7. bei dem zuerst ein Siebtel und dann ein Elftel hinzugefügt wird. Die angegebene Lösung passt nicht zur Interpretation $x + \frac{x}{7} + \frac{x}{11} = 60$; vielmehr muss man ein Elftel von $x + \frac{x}{7}$ hinzufügen, sodass wir die Gleichung

$$x + \frac{1}{7}x + \frac{1}{11}\Big(x + \frac{1}{7}x\Big) = 60 \tag{5.2}$$

vorliegen haben.

Ausmultiplizieren liefert

$$x + \frac{1}{7}x + \frac{1}{11}x + \frac{1}{77}x = 60.$$

Durchmultiplizieren mit dem Hauptnenner ergibt

$$77x + 11x + 7x + x = 60 \cdot 77,$$

also $96x = 60 \cdot 77$ und nach Kürzen von 12 die Lösung

$$x = \frac{5 \cdot 77}{8} = \frac{385}{8}.$$

Unter den Standardtechniken zum Lösen von Gleichungen auf der Schule gibt es noch Ausklammern und Substitution. Beide funktionieren hier problemlos.

Lösung durch Substitution

Hier setzt man $z = x + \frac{1}{7}x$ und erhält

$$z + \frac{1}{11}z = 60,$$

also $z = \frac{11 \cdot 60}{12} = 55$. Aus $\frac{8}{7}x = z = 55$ folgt dann wie oben $x = \frac{7 \cdot 55}{8} = \frac{385}{8}$.

Lösung durch Ausklammern

Diese Variante unterscheidet sich nur formal von der Lösung durch Substitution: wir schreiben die Gleichung (5.2) in der Form

$$60 = \Big(x + \frac{1}{7}x\Big)\Big(1 + \frac{1}{11}\Big) = x \cdot \Big(1 + \frac{1}{7}\Big)\Big(1 + \frac{1}{11}\Big) = x \cdot \frac{8}{7} \cdot \frac{12}{11},$$

woraus wieder $x = \frac{385}{8}$ folgt.

5.2 Rückwärtsrechnen

Sehr viele babylonische Probleme haben „schöne Zahlen“ als Lösungen. Der Aufgabensteller musste also, um für ein Ergebnis zu sorgen, bei dem etwa Quadratwurzeln aus den Teilergebnissen gezogen werden konnten, von der Lösung aus rückwärts rechnen. Dieselbe Technik hilft auch beim Lösen von Problemen, deren algebraische Lösung mit den Mitteln der heutigen Schulmathematik nicht unbedingt die einfachste ist.

Rückwärtsrechnen ist bei Aufgaben wie der folgenden die vermutlich einfachste Lösungsmethode: verdoppelt man eine Zahl, addiert dann 12 und teilt das Ergebnis durch 3, erhält man 16. Um die Ausgangszahl zu bestimmen, rechnet man $16 \cdot 3 = 48$, $48 - 12 = 36$, $36 : 2 = 18$.

Als Beispiel aus der babylonischen Mathematik besprechen wir die Aufgabe # 7 von der Tafel YBC 4652:

Ich fand einen Stein. Ich habe ihn nicht gewogen.

Ein Siebtel habe ich hinzugefügt, ein Elftel hinzugefügt.

Ich wog ihn: 1 Mine. Das Anfangsgewicht des Steins, was?

Gemeint ist damit die Gleichung (5.2), die wir oben algebraisch gelöst haben:

$$x + \frac{1}{7}x + \frac{1}{11}\Big(x + \frac{1}{7}x\Big) = 60,$$

wenn wir das Gewicht in Schekel messen (eine Mine sind 60 Schekel). Man beachte, dass sich $\frac{1}{11}$ nicht auf das Ausgangsgewicht bezieht, sondern auf dasjenige nach dem Hinzufügen von $\frac{1}{7}$.

Beim Rückwärtsrechnen braucht man keine Formel aufzustellen, die man löst, sondern geht vom Ergebnis aus, dem Endgewicht von 60 Schekel. Dieses Gewicht hat man nach der Hinzufügung von einem Elftel erhalten; davor waren es also $\frac{11}{12}$ mal 60 Schekel, also 55 Schekel. Diese 55 Schekel sind das Ergebnis des Hinzufügens von einem Siebtel; davor waren es also $\frac{7}{8}$ mal 55 Schekel, nämlich $\frac{385}{8}$ Schekel.

Nun ist $\frac{385}{8} = 48\frac{1}{8}$; dabei sind 40 Schekel $\frac{2}{3}$ einer Mine, und $\frac{1}{8}$ Schekel sind $22\frac{1}{2}$ Gerstenkörner; also stimmt unser Ergebnis mit dem auf der Tafel überein.

Auf dieselbe Art können wir auch das Problem lösen, das von der Gleichung (5.1) beschrieben wird. Nach der Subtraktion von $\frac{1}{3}$ waren 60 Schekel übrig, also waren es davor $\frac{13}{12} \cdot 60 = 65$ Schekel. Vor dem Hinzufügen des Elftels waren es somit $\frac{11}{12} \cdot 65 = \frac{715}{12}$ Schekel, und vor der Subtraktion des Siebtels $\frac{7}{6} \cdot \frac{715}{12} = \frac{5005}{72}$ Schekel, also 1 Mine und $\frac{685}{72}$ Schekel. Nun ist $\frac{685}{72} = 9\frac{1}{2} + \frac{1}{72}$, also ist das Ausgangsgewicht 1 Mine, $9\frac{1}{2}$ Schekel und $2\frac{1}{2}$ Gerstenkörner wie auf der Tafel angegeben.

Rückwärtsrechnen erfordert etwas Übung. Will man damit Aufgabe 26 auf dem Papyrus Rhind lösen, bei dem die Größe eines Haufens gefragt ist, für welchen der Haufen und sein Viertel 15 ergeben, so muss man so vorgehen. Addition von einem Viertel ergeben fünf Viertel; man muss davon also ein Fünftel abziehen, um den ursprünglichen Haufen zu erhalten. Subtrahiert man ein Fünftel von 15, erhält man 12.

5.3 Der einfache falsche Ansatz

Wir wollen auch hier wieder das Beispiel # 7 von der Tafel YBC 4652 betrachten, also das Problem, das wir durch die Gleichung

$$x + \frac{1}{7}x + \frac{1}{11}\Big(x + \frac{1}{7}x\Big) = 60$$

beschreiben.

Wir würden diese Gleichung a) durch Auflösen der Klammern oder b) durch Ausklammern lösen; der falsche Ansatz beginnt damit, für x irgendeinen Wert anzunehmen. Um danach problemlos durch 7 und 11 teilen zu können, wählen wir $x = 77$. Dann folgen wir dem Aufgabentext: Addition von einem Siebtel ergibt 88, nochmalige Addition eines Elftels 96. Damit das Ergebnis 60 wird, müssen wir x mit dem Faktor $\frac{60}{96}$ multiplizieren und erhalten $x = \frac{60 \cdot 77}{96} = \frac{385}{8}$, was $48\frac{1}{8}$ Schekel ergibt.

Eine andere Möglichkeit ist der falsche Ansatz, wonach man die letzte Klammer (etwa $y = x + \frac{x}{7}$ gleich 11 ansetzt; dann ist $y + \frac{y}{11} = 11 + 1 = 12$. Um 60 zu erhalten, multiplizieren wir $y = 11$ mit 5 und erhalten $y = 55$. Damit ist $x + \frac{x}{7} = 55$ zu lösen. Der falsche Ansatz $x = 7$ liefert 8, also müssen wir 7 mit $\frac{55}{8}$ multiplizieren und erhalten $7 \cdot \frac{55}{8} = \frac{385}{8}$ wie oben.

Man kann diese Aufgabe auch mit zwei falschen Ansätzen lösen. Dazu schreiben wir die Aufgabe in der Form

$$x + \frac{x}{7} = y, \quad y + \frac{y}{11} = z,$$

wobei $z = 60$ ist. Wir machen den falschen Ansatz $y = 11$; die zweite Gleichung liefert $z = 12$; um 69 zu erhalten, müssen wir das angesetzte y mit 5 multiplizieren. Also muss $y = 5 \cdot 11 = 55$ sein. Aus $x + \frac{x}{7} = 55$ folgt mit dem zweiten falschen Ansatz $x = 7$ das Ergebnis 8, also muss $x = 7 \cdot \frac{55}{8} = \frac{385}{8}$ sein.

Von derselben Tafel stammt das folgende kompliziertere Problem:

Ich fand einen Stein, ich habe ihn nicht gewogen.

Ich nahm $\frac{1}{7}$ weg, addierte $\frac{1}{11}$ und nahm $\frac{1}{13}$ weg; er wog eine Mine.

Algebraisch geht es also um

$$x - \frac{x}{7} + \frac{1}{11}\Big(x - \frac{1}{7}x\Big) - \frac{1}{13}\Big(x - \frac{x}{7} + \frac{1}{11}\Big(x - \frac{1}{7}x\Big)\Big) = 60.$$

Hier würde man bei einem falschen Ansatz mit $x = 7 \cdot 11 \cdot 13$ beginnen. Man findet so, wenn man ein Siebtel subtrahiert, $x - \frac{x}{7} = 6 \cdot 11 \cdot 13$; Addition von einem Eftel liefert $6 \cdot 11 \cdot 13 + 6 \cdot 13 = 6 \cdot 13 \cdot 12$, und Subtraktion von einem Dreizehntel ergibt $6 \cdot 13 \cdot 12 - 6 \cdot 12 = 6 \cdot 12 \cdot 12$. Damit dies gleich 60 wird, muss man die ursprüngliche Wahl von x mit $\frac{10}{144}$ multiplizieren; dies liefert

$$x = 7 \cdot 11 \cdot 13 \cdot \frac{10}{144} = \frac{5005}{72}.$$

Dies entspricht sexagesimal der Zahl $69;30,50$. Die Antwort in babylonischen Maßeinheiten lautet 1 Mine, $9\frac{1}{2}$ gin und $2\frac{1}{2}$ še.

Denkbar ist ebenso, dass man drei verschiedene falsche Ansätze macht, um große Zahlen zu vermeiden. Dazu fasst man die Aufgabe als Folge linearer Gleichungen auf:

$$x - \frac{x}{7} = y, \quad y + \frac{y}{11} = z, \quad z - \frac{z}{13} = w.$$

Mit dem falschen Ansatz $z = 13$ erhält man $w = 12$, also muss $z = 5 \cdot 13 = 65$ sein. Mit dem zweiten falschen Ansatz $y = 11$ erhält man $z = 12$, also muss $y = 11 \cdot \frac{65}{12} = \frac{715}{12}$ sein. Der dritte falsche Ansatz $x = 7$ liefert $y = 6$; also muss die gesuchte Größe gleich $7 \cdot \frac{715}{12 \cdot 6} = \frac{5005}{72}$ sein.

Geometrische Interpretation

Die Lösung der Gleichung $ax = b$ mit dem falschen Ansatz lässt sich geometrisch interpretieren. Die Gleichung $ax = b$ beschreibt die x-Koordinate des Schnittpunkts der beiden Geraden $y = ax$ und $y = b$. Der falsche Ansatz $x = 1$ liefert $y = 2$; um $y = 6$ zu erhalten, müssen wir $x = 1$ mit $\frac{6}{2} = 3$ multiplizieren und finden $x = 3$.

Geometrisch steckt der Gnomonsatz dahinter; dies wird deutlicher, wenn wir auf Koordinatensysteme verzichten. Sind a und b gegeben und ist x mit $ax = b$ gesucht, so können wir einen falschen Ansatz mit $x = c$ machen und erhalten $ac = d$. Um b zu erhalten, müssen wir also c mit $\frac{b}{d}$ multiplizieren: $x = c \cdot \frac{b}{d} = \frac{bc}{d}$.

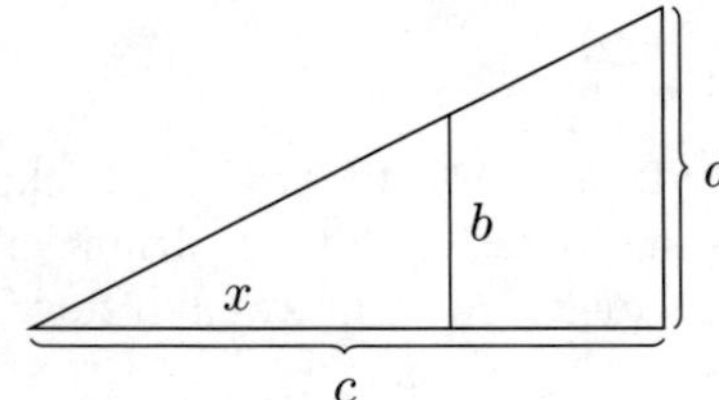

Wir ergänzen die Figur so, dass wir den Gnomonsatz anwenden können:

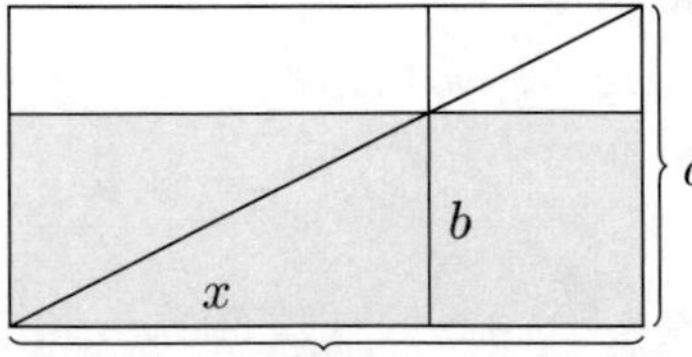

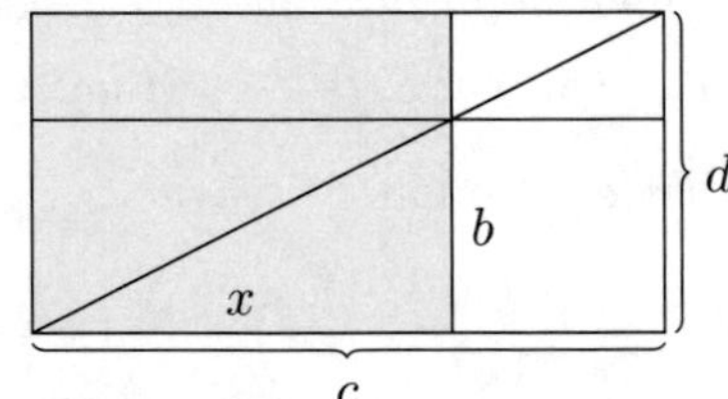

Der Gnomonsatz liefert die Gleichheit der beiden Flächen, also $bc = xd$; daraus folgt $x = \frac{bc}{d}$.

Der Falsche Ansatz im Papyrus Rhind

Wir haben bereits bemerkt, dass auch die alten Ägypter den falschen Ansatz kannten. Problem 26 im Papyrus Rhind lautet wie folgt:

Ein Haufen und sein Viertel sind 15.

Die Lösung erfolgt durch den falschen Ansatz $x = 4$ (denn man muss durch 4 teilen); addiert man ein Viertel davon, erhält man $4+1=5$. Damit man 15 erhält, muss man den gewählten Ansatz mit $\frac{15}{5} = 3$ multiplizieren: $3 \cdot 4 = 12$. In der Tat ist $12 + \frac{1}{4} \cdot 12 = 12 + 3 = 15$ wie verlangt.

5.4 Der doppelte falsche Ansatz

Auch Gleichungen der Form $ax + b = c$ können mit dem falschen Ansatz gelöst werden; allerdings braucht man hier *zwei* falsche Ansätze. Ist also $ax_1 + b = c_1$ und $ax_2 + b = c_2$, so sind wir in folgender Situation:

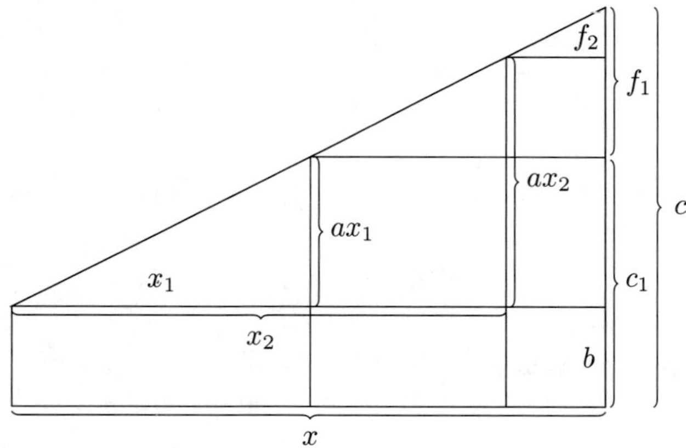

Hier bezeichnen $f_1 = c - c_1$ und $f_2 = c - c_2$ die beiden gemachten Fehler. Wir ergänzen die Ausgangsfigur, um den Gnomonsatz anwenden zu können:

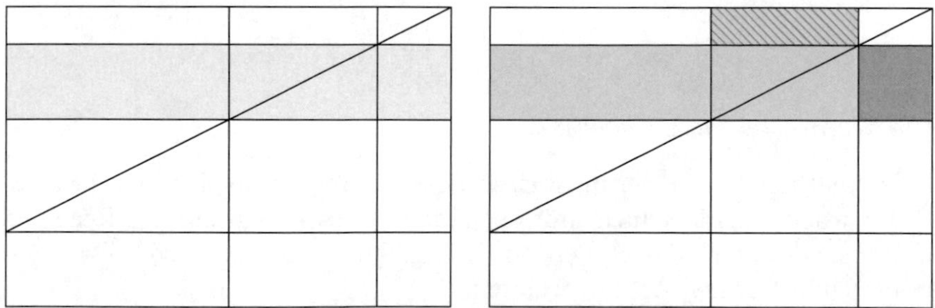

Das gelbe Rechteck in der linken Figur hat Inhalt $x(f_1 - f_2)$, die grüne Fläche in der rechten Figur hat den Inhalt $x_2 f_1 - x_1 f_2$. Nach dem Gnomonsatz hat das schraffierte grüne Rechteck dieselbe Fläche wie das rote Rechteck, folglich gilt $x(f_1 - f_2) = x_2 f_1 - x_1 f_2$, woraus sich sofort

$$x = \frac{x_2 f_1 - x_1 f_2}{f_1 - f_2}$$

ergibt.

Nullstellen von Funktionen

Der doppelte falsche Ansatz spielt in der Algebra der Babylonier keine Rolle. Er ist, zumindest in seiner algebraischen Form, aber relativ nahe an Methoden der Schulmathematik.

Betrachten wir etwa die positive Nullstelle $x = \sqrt{2}$ der Funktion $f(x) = x^2 - 2$; Probieren zeigt, dass diese Nullstelle zwischen $x_1 = 1{,}4$ und $x_2 = 1{,}5$ liegt. Man kann aus zwei Näherungswerten einen besseren erhalten, wenn man die Funktion f ersetzt durch die Sekante g, welche durch die beiden Punkte $(x_1|f(x_1))$ und $(x_2|f(x_2))$ ersetzt. Die Gleichung dieser Sekante ist

$$y = \frac{f(x_2) - f(x_1)}{x_2 - x_1}(x - x_1) + f(x_1),$$

die Nullstelle x der Sekante also

$$x = x_1 - \frac{f(x_1)}{f(x_2) - f(x_1)}(x_2 - x_1).$$

In unserem Beispiel folgt mit $f(x_1) = -\frac{1}{25}$ und $f(x_2) = \frac{1}{4}$, dass

$$x = \frac{7}{5} + \frac{\frac{1}{25}}{\frac{1}{4} + \frac{1}{25}} \cdot \frac{1}{10} = \frac{41}{29} \approx 1{,}41379\ldots$$

eine bessere Approximation der Nullstelle $x = \sqrt{2}$ ist.

Wiederholt man dieses Verfahren hinreichend oft, erhält man beliebig genaue Näherungen.

Satz 5.1. *Sind x_1 und x_2 Näherungen für eine Lösung der Gleichung $f(x) = 0$, wobei f eine stetige Funktion ist, dann ist*

$$x_3 = x_1 - \frac{f(x_1)}{f(x_2) - f(x_1)}(x_2 - x_1)$$

eine in der Regel bessere Näherung.

Diese Methode zur näherungsweisen Bestimmung von Nullstellen heißt regula falsi. Wir wollen uns hier nicht mit der Frage befassen, was „in der Regel" genau bedeutet, sondern stattdessen den Zusammenhang zwischen diesem Ergebnis und dem doppelten falschen Ansatz erklären.

Wir suchen Näherungen für die Nullstellen der Funktion f und beginnen dazu mit den Stellen x_1 und x_2; die gemachten Fehler sind $f_1 = f(x_1)$ und $f_2 = f(x_2)$. Wenden wir also den doppelten falschen Ansatz an, so erhalten wir

$$x_3 = \frac{x_2 f_1 - x_1 f_2}{f_1 - f_2} = \frac{x_2 f(x_1) - x_1 f(x_2)}{f(x_1) - f(x_2)}.$$

Um x_1 ausklammern zu können, fügen wir im Nenner den Term $x_1 f(x_1) - x_1 f(x_1) = 0$ ein:

$$\begin{aligned} x_3 &= \frac{x_2 f(x_1) - x_1 f(x_2) + x_1 f(x_1) - x_1 f(x_1)}{f(x_1) - f(x_2)} \\ &= \frac{x_1 f(x_1) - x_1 f(x_2)}{f(x_1) - f(x_2)} + \frac{x_2 f(x_1) - x_1 f(x_1)}{f(x_1) - f(x_2)} \\ &= x_1 - f(x_1) \frac{x_2 - x_1}{f(x_2) - f(x_1)} \end{aligned}$$

Der doppelte falsche Ansatz liefert also den Wert aus Satz 5.1.

5.5 Systeme quadratischer Gleichungen

Wir haben den falschen Ansatz bisher nur auf Gleichungen der Form $ax = b$ angewandt. Auf der Tafel BM 13901 gibt es einen weiteren Typ von Gleichungen, der sich mit dieser Technik lösen lässt, nämlich Gleichungssysteme der Form

$$x^2 + y^2 = a, \quad x = by. \tag{5.3}$$

Wir würden diese Gleichung durch Einsetzen von $x = by$ in die erste Gleichung lösen; dies liefert $b^2y^2 + y^2 = a$, also $y^2 = \frac{a}{1+b^2}$ und damit $y = \sqrt{\frac{a}{1+b^2}}$.

Bei Gleichungssystemen der Form (5.3) ist der falsche Ansatz ebenfalls möglich: Setzt man einen beliebigen Wert für y ein, so bewirkt Multiplikation von y mit k, dass auch x mit k multipliziert wird, und dies führt dazu, dass $x^2 + y^2$ mit k^2 multipliziert wird.

Der Grund dafür, dass hier die Anwendung der Methode des falschen Ansatzes möglich ist, liegt darin, dass beide Gleichungen homogen sind. Damit ist folgendes gemeint: ist $f(x, y) = 0$ für eine Funktion f, die von x und y abhängt, dann nennt man f homogen vom Grad k, wenn $f(tx, ty) = t^k f(x, y)$ für alle Werte von x und y ist. Ein Beispiel für eine homogene Funktion vom Grad 1 ist $f(x, y) = ax + by$. In der Tat ist

$$f(tx, ty) = atx + bty = t(ax + by) = t \cdot f(x, y).$$

Dagegen ist $f(x, y) = ax + by - c$ nicht homogen, weil

$$f(tx, ty) = atx + bty - c$$

nicht gleich $t \cdot f(x, y)$ ist, außer im Falle $c = 0$.

Bei einem System zweier Gleichungen $f(x, y) = 0$ und $g(x, y) = a$ ist der falsche Ansatz anwendbar, wenn f und g homogen sind. Betrachten wir als Beispiel das Gleichungssystem

$$x^2 + y^2 = 52, \quad x - y = \frac{1}{2}y,$$

so ist hier der falsche Ansatz möglich. Setzen wir $y = 2$, so folgt $x = y + \frac{1}{2}y = 3$ und $3^2 + 2^2 = 13$. Weil das richtige Ergebnis viermal so groß ist, müssen wir x und y verdoppeln, und wir finden $x = 6$ und $y = 4$.

Ist allgemeiner

$$x^2 + y^2 = a, \quad x - y = by,$$

so liefert der falsche Ansatz $y = 1$ das Ergebnis $x = b + 1$ und damit $x^2 + y^2 = b^2 + 2b + 2$. Dies muss man mit $\frac{a}{b^2+2b+2}$ multiplizieren, damit das richtige Ergebnis herauskommt. Es sollte also $\frac{b^2+2b+2}{a} = c^2$ ein Quadrat sein; mit $a = 52$ und $b = \frac{1}{2}$ erhält man $\frac{b^2+2b+2}{a} = \frac{13}{4 \cdot 52} = \frac{1}{16}$.

5.6 Lineare Gleichungssysteme mit zwei Unbekannten

Auch lineare Gleichungssysteme mit zwei Unbekannten finden sich auf babylonischen Keilschrifttafeln; diese werden aber in der Regel nicht mit der Methode des falschen Ansatzes gelöst.

Wie auch bei Systemen quadratischer Gleichungen kann man bei Systemen linearer Gleichungssystme feststellen, dass die Babylonier bei der Aufgabenstellung in der Regel ein „Standardsystem“ betrachtet haben. Wir wollen jetzt zeigen, wie man ein beliebiges System zweier linearer Gleichungen in eines verwandelt, bei denen die Koeffizienten von x und y in einer der beiden Gleichungen Koeffizienten ± 1 (oder 0) haben.

Reduktion

Ist ein lineares Gleichungssystem

$$\begin{array}{rcrcl} ax & + & by & = & c \\ dx & + & ey & = & f \end{array}$$

gegeben, so kann man es wie folgt in die Form

$$\begin{array}{rcrcl} a'X & + & b'Y & = & c' \\ X & + & Y & = & f' \end{array}$$

bringen. Wir multiplizieren die erste Ausgangsgleichung mit de:

$$\begin{array}{rcrcl} adex & + & bdey & = & cde \\ dx & + & ey & = & f \end{array}$$

Dann führen wir die neuen Unbekannten $X = dx$ und $Y = ey$ ein:

$$\begin{array}{rcrcl} aeX & + & bdY & = & cde \\ X & + & Y & = & f \end{array}$$

Setzt man $a' = ae$, $b' = bd$ und $c' = cde$, dann hat das lineare Gleichungssystem die gewünschte Form.

Lösungen von Gleichungssystemen in Standardform

Sei nun ein Gleichungssystem der Form

$$\begin{array}{ccccc} ax & + & by & = & c \\ x & + & y & = & f \end{array}$$

vorgelegt. Wir würden dieses Gleichungssystem lösen, indem wir die zweite Gleichung mit b multiplizieren und von der ersten subtrahieren:

$$\begin{array}{ccccc} ax & + & by & = & c \\ bx & + & by & = & bf \\ \hline (a-b)x & & & = & c-bf. \end{array}$$

Daraus folgt dann

$$x = \frac{c-bf}{a-b} \quad \text{und} \quad y = f - x = \frac{af-c}{a-b}.$$

Zur Lösung ohne moderne Algebra interpretieren wir die Terme ax und by als Flächen von Rechtecken[1]. Zerlegt man die Figur in Abb. 5.2 auf eine zweite Art in Rechtecke, erkennt man sofort die Beziehung

$$c = ax + by = (a-b)x + b(x+y) = (a-b)x + bf,$$

aus der man ohne Weiteres die gesuchte Lösung

$$x = \frac{c-bf}{a-b} \quad \text{und} \quad y = f - x$$

erhält.

Weil die Babylonier keine negativen Zahlen kannten, mussten sie noch weitere Gleichungssysteme untersuchen, etwa das folgende:

$$\begin{array}{ccccc} ax & - & by & = & c \\ x & + & y & = & f \end{array}$$

Im Falle[2] $a > b$ und $x > y$ liest man aus der folgenden Figur die Beziehung

$$(a+b)x = c + bx + by = c + bf$$

ab (die gelber Fläche hat Inhalt $ax - by$; addiert man hierzu by und bx, erhält man das Rechteck mit den Seiten $a+b$ und x), aus der man dann die Lösung

$$x = \frac{c+bf}{a+b}$$

erhält:

[1] In dieser Figur haben wir angenommen, dass $a > b$ ist; im Falle von $a < b$ braucht man nur die Rollen von x und y zu vertauschen.

[2] Wie kann man vorgehen, wenn $a > b$ und $x < y$ ist?

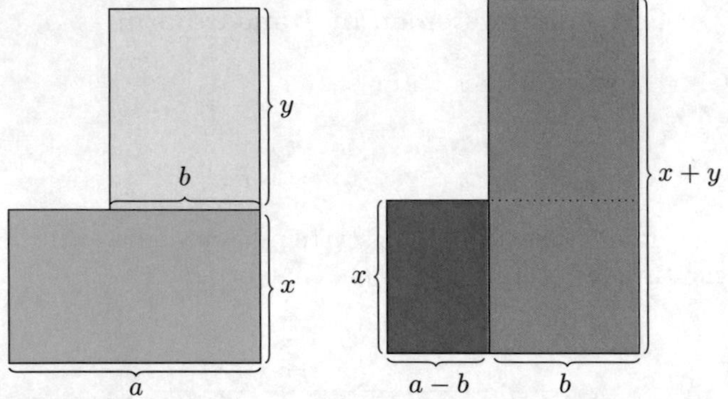

Abb. 5.2. Zur Lösung des linearen Gleichungssystems $ax + by = c$, $x + y = f$.

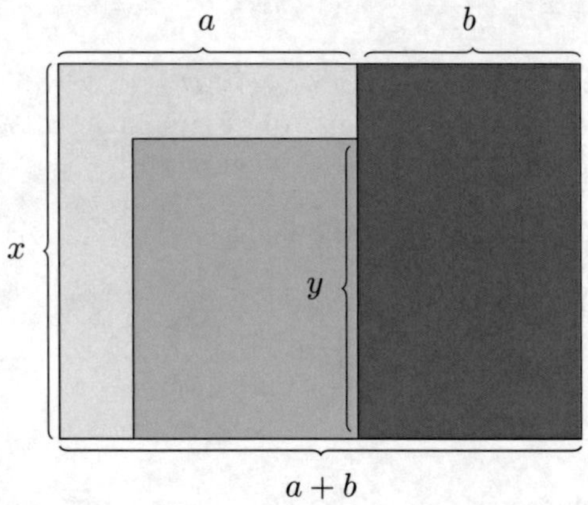

Noch einfacher kann man Gleichungssysteme der Form

$$\begin{array}{rcrcl} ax & - & by & = & c \\ x & - & y & = & d \end{array}$$

lösen: aus der folgenden Figur liest man ab, dass

$$c - bd = (a - b)x \quad \text{und} \quad c - ad = (a - b)y$$

gilt.

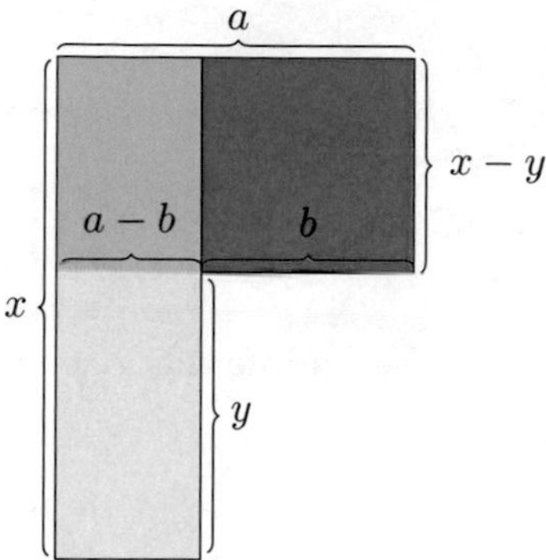

Die farbige Figur hat Flächeninhalt $ax - by = c$ und lässt sich auf zwei Arten als Summe zweier Rechtecke schreiben, nämlich als

$$c = (a-b)x + b(x-y) \quad \text{und} \quad c = (a-b)y + a(x-y).$$

Mit $x - y = d$ folgen die Behauptungen.

VAT 8389 und VAT 8391

In den Aufgaben auf den beiden Keilschrifttafeln VAT 8389 und VAT 8391 geht es um zwei Felder mit Flächen A_1 und A_2, für die eine Pacht von p_1 bzw. p_2 von Getreide pro Flächeneinheit zu verrichten ist. Die für das erste Feld zu entrichtende Pacht ist damit $P_1 = p_1 \cdot A_1$. In symbolischer Schreibweise lassen sich die Aufgaben so formulieren:

$A_1 + A_2$	$=$	𒌍	$P_1 + P_2$	$=$	$p_1 \cdot A_1 + p_2 \cdot A_2$	$=$	𒌋𒐜 𒎙
$A_1 + A_2$	$=$	𒌍	$P_1 - P_2$	$=$	$p_1 \cdot A_1 - p_2 \cdot A_2$	$=$	𒐜 𒎙
$A_1 - A_2$	$=$	𒌋	$P_1 + P_2$	$=$	$p_1 \cdot A_1 + p_2 \cdot A_2$	$=$	𒌋𒐜 𒎙
$A_1 - A_2$	$=$	𒌋	$P_1 - P_2$	$=$	$p_1 \cdot A_1 - p_2 \cdot A_2$	$=$	𒐜 𒎙

Hierbei steht 𒌍 für $30 \cdot 60 = 1800$ SAR, während die Pacht in sila (etwa Liter) gemessen wird. Weiter sind bei allen Aufgaben die Raten gegeben durch $p_1 = \frac{2}{3}$ bzw. $p_2 = \frac{1}{2}$ sila pro SAR.

Das Gleichungssystem

$$\begin{aligned} A_1 \quad &- \quad A_2 &= \quad 600 \\ \tfrac{2}{3}A_1 \quad &- \quad \tfrac{1}{2}A_2 &= \quad 500 \end{aligned}$$

auf VAT 8389 wird nach der obigen geometrischen Methode gelöst. Die Rechnungen auf VAT 8391 dagegen passen nicht zu den Methoden, die wir oben geometrisch hergeleitet haben. Um verstehen zu können, wie die babylonischen Schreiber vorgegangen sind, wollen wir die erste Aufgabe im Detail nachrechnen. Wir beginnen mit der Übersetzung der Aufgabe (nach Høyrup [Høyrup 2002]) und gehen dann auf die eigentlichen Rechnungen ein.

Von 𒁹 bur habe ich 𒐉 gur Getreide gesammelt	$p_1 = 2/3$
Von einem zweiten bur habe ich 𒐈 gur Getreide gesammelt	$p_2 = 1/2$
Getreide über Getreide, 𒐍𒎙 ging es hinaus	$R_1 - R_2 = 500$
Meine Felder habe ich angehäuft: 𒌍	$A_1 + A_2 = 1800$
Meine Felder, was?	$A_1 = ?,\ A_2 = ?$

Als nächstes werden die gegebenen Informationen (vermutlich auf eine Hilfstafel) niedergeschrieben:

𒌍, das bur, setze.	Ein bur sind 1800 SAR
𒎙, das gesammelte Getreide, setze	4 gur sind 1200 sila
𒌍, das zweite bur, setze.	
𒌋𒐊, das gesammelte Getreide, setze	3 gur sind 900 sila
𒐍𒎙, was Getreide über Getreide hinausging, setze	$R_1 - R_2 = 500$
𒌍, die Anhäufung der Felder, setze	$A_1 + A_2 = 1800$

Jetzt beginnt die Lösung der Aufgabe:

𒌍, die Anhäufung der Felder, halbiere: 𒌋𒐊	$\frac{1800}{2} = 900$
𒌋𒐊 und 𒌋𒐊 setze zwei Mal	
IGI 𒌍 vom bur spalte ab: 𒈫	$\frac{1}{1800} = \frac{2}{60^2}$
𒈫 auf 𒎙, das gesammelte Getreide, erhöhe: 𒐏, das falsche Getreide	$\frac{1}{1800} \cdot 1200 = \frac{2}{3}$
auf 𒌋𒐊, was du zweimal gesetzt hast, erhöhe: 𒌋	$\frac{2}{3} \cdot 900 = 600$
IGI 𒌍 vom zweiten bur spalte ab: 𒈫	
𒈫 auf 𒌋𒐊, das gesammelte Getreide, erhöhe: 𒌍, das falsche Getreide	$\frac{1}{1800} \cdot 900 = \frac{1}{2}$
auf 𒌋𒐊, das du zweimal gesetzt hast, erhöhe: 𒐌𒌍	$\frac{1}{1800} \cdot 900 = 450$

Die vier gur pro bur bedeuten $4 \cdot 300 = 1200$ sila pro 1800 SAR, also ist $p_1 = \frac{2}{3}$; entsprechend folgt $p_2 = \frac{1}{2}$. Hier ist also das lineare Gleichungssystem

$$\begin{array}{rcrcr} A_1 & + & A_2 & = & 1800 \\ \frac{2}{3}A_1 & - & \frac{1}{2}A_2 & = & 500 \end{array}$$

zu lösen.

𒌋, was dein Kopf hält, geht über 𒑂𒌍 um wieviel hinaus? Um 𒈫𒌍 geht es hinaus.	$600 - 450 = 150$
𒈫𒌍, um das es hinaus geht, aus 𒐍𒎙, was Getreide über Getreide geht, reiße heraus: 𒐊𒐐	$500 - 150 = 350$
𒐊𒐐, was übrig ist, behalte im Kopf	
𒐏 die Rate, und 𒌍, die Rate, häufe an: 𒁹𒌋	$\frac{2}{3} + \frac{1}{2} = \frac{7}{6}$
Das IGI kenne ich nicht. Was zu 𒁹𒌋 muss ich setzen, was mir 𒐊 𒐐, was dein Kopf behalten hat, gibt?	$\frac{7}{6} \cdot ? = 350$
𒐊 setze. 𒐊 auf 𒁹𒌋 erhöhe: 𒐊𒐐 gibt es dir	$\frac{7}{6} \cdot 300 = 350$
𒐊, was du gesetzt hast, von 𒌋𒐊, das du zweimal gesetzt hast, vom Einen reiße heraus, zum Andern füge hinzu	$900 + 300 = 1200$, $900 - 300 = 600$
Das erste ist 𒎙, das zweite 𒌋	$A_1 = 1200$, $A_2 = 600$

Diese Rechnungen stimmen nicht mit unseren Überlegungen überein: wir haben die Unbekannte x ja aus der Beziehung $(a+b)x = c + bf$ erhalten, also durch das Lösen der Gleichung $\frac{7}{6}x = 500 + \frac{1}{2} \cdot 1800 = 1400$, während auf der Tafel die Gleichung $\frac{7}{6}z = 350$ gelöst wird.

Tatsächlich werden x und y am Ende aus den beiden Zahlen $\frac{x+y}{2} = 900$ und $\frac{x-y}{2} = 300$ berechnet. Der babylonische Schreiber hat also die Identität

$$ax - by = c = (a+b) \cdot \frac{x-y}{2} + (a-b) \cdot \frac{x+y}{2} \tag{5.4}$$

benutzt, um dann aus

$$(a+b)\frac{x-y}{2} = c - (a-b) \cdot \frac{x+y}{2}$$

die halbe Differenz $\frac{x-y}{2}$ und endlich auf dem üblichen Weg die Unbekannten x und y zu berechnen[3].

Die Gleichung (5.4) kann man leicht nachrechnen; man kann sie aber auch ebenso leicht herleiten. Es ist ja

$$\begin{aligned} c = ax - by &= a\Big(\frac{x+y}{2} + \frac{x-y}{2}\Big) - b\Big(\frac{x+y}{2} - \frac{x-y}{2}\Big) \\ &= (a-b) \cdot \frac{x+y}{2} + (a+b)\frac{x-y}{2}. \end{aligned}$$

Wir zerlegen die Figur, die man durch Subtraktion eines Rechtecks mit den Seiten $b < a$ und $y < x$ vom Rechteck mit den Seiten a und x erhält in drei Teilrechtecke (gelb, grün und rot). Diese Fläche verdoppeln wir nun wie in der rechten Figur dargestellt:

[3] Bereits Goetsch hat in [Goetsch 1968] darauf hingewiesen, dass hier zwei verschiedene Lösungswege denkbar sind. Bruins hat in [Bruins 1971] bemerkt, dass hier „offensichtlich“ kein falscher Ansatz vorliegt.

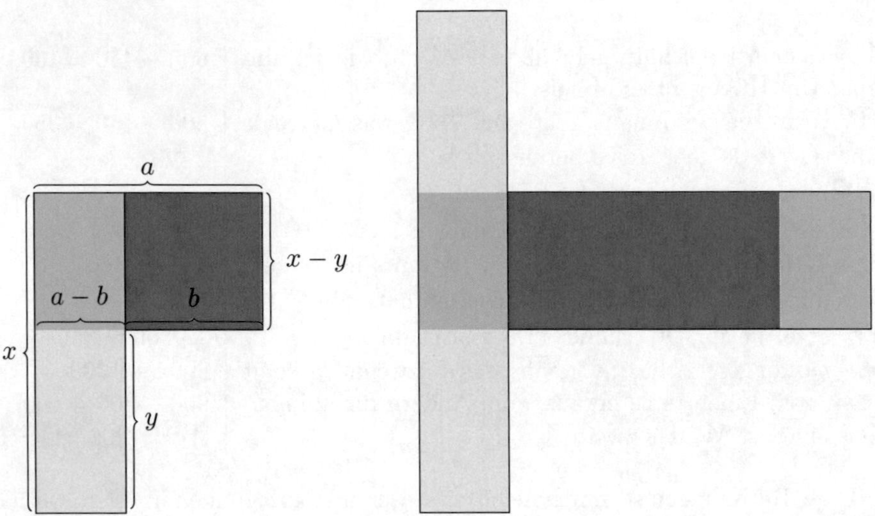

An der rechten Figur liest man die Identität (5.4) ohne Mühe ab: Das linke Rechteck (zwei gelbe, ein grünes) hat Grundseite $a - b$ und Höhe $x + y$, die beiden roten und das grüne Rechteck dagegen Grundseite $b + b + a - b = a + b$ und Höhe $x - y$. Also ist

$$2c = (a - b)(x + y) + (a + b)(x - y),$$

und Halbieren ergibt (5.4). Es würde mich wundern, wenn es dafür keine einfachere geometrische Interpretation gibt.

Zum Abchluss wollen wir noch die in vielen Quellen vorgeschlagene Lösung dieser Aufgabe mittels eines falschen Ansatzes besprechen.

Die Lösung der ersten Aufgabe mit falschem Ansatz beginnt damit, als vorläufige Flächen $A_1 = A_2 = 900$ zu wählen. Als Pacht müsste man dann $P_1 + P_2 = 17{,}30$ sila bezahlen. Diese weicht um 50 sila vom gewünschten Wert ab. Wird nun das erste Feld um 60 SAR vergrößert und das zweite um 60 SAR verkleinert, dann wird die Differenz um $p_1 - p_2 = 40 - 30 = 10$ sila verringert. Also muss man A_1 um $5 \cdot 60 = 300$ SAR vergrößern und A_2 um 300 SAR verkleinern.

Der Ausdruck „falsches Getreide" scheint darauf hinzudeuten, dass der Schreiber tatsächlich mit einem falschen Ansatz gerechnet hat. Allerdings wird damit nicht das Getreide, sondern die beiden Raten $\frac{2}{3}$ und $\frac{1}{2}$ bezeichnet. Außerdem ist nicht klar, warum man bei einem falschen Ansatz die gegebenen Felder gleich groß annehmen sollte; jeder andere falsche Ansatz würde es ja auch tun.

Aufgaben

5.1 Zeige, dass die Funktionen $f(x) = ax^2$ und $g(x, y, z) = ax^2 + by^2 + cz^2$ homogen vom Grad 2 sind, $k(x) = x^2 - 1$ dagegen nicht.

5.2 Aufgabe 24 auf dem Papyrus Rhind ist das folgende: Ein Haufen und sein Siebtel ergeben 19. Löse die Aufgabe mit dem falschen Ansatz.

5.3 Aufgabe 28 auf dem Papyrus Rhind: Von einem Haufen und zwei Drittel des Haufens werden ein Drittel (der Summe) weggenommen, und es ergibt sich 10.

5.4 Aufgabe 33 auf dem Papyrus Rhind: Ein Haufen, zwei Drittel des Haufens und die Hälfte des Haufens ergeben 37.

5.5 Aufgabe 1 auf dem Berlin Papyrus: Die Flächen zweier Quadrate ergeben 100. Die eine Seite ist die Hälfte und ein Viertel der anderen. Bestimme die Seiten.

5.6 Aufgabe 2 auf dem Berlin Papyrus: Die Flächen zweier Quadrate ergeben 400. Die eine Seite ist die Hälfte und ein Viertel der anderen. Bestimme die Seiten.

5.7 Eine Aufgabe aus den *Neun Büchern*: Eine Gruppe von Leuten kauft Hühner. Wenn jede Person 8 Wen zahlt, bleiben 3 Wen übrig; zahlt jede 7 Wen, fehlen 4 Wen. Wie viele Personen sind beteiligt, und wieviel kosten die Hühner?

Bezeichnet f_1 den Überschuss und f_2 den Fehlbetrag für die Werte $a_1 = 8$ und $a_2 = 7$, so gibt die Regel in den *Neun Büchern* die Zahl

$$a = \frac{f_1 a_2 + f_2 a_1}{f_1 + f_2}$$

für den Preis und

$$n = \frac{f_1 a_2 + f_2 a_1}{a_1 - a_2}$$

für die Anzahl der Leute. Zeige, dass diese Formeln sich aus dem doppelten falschen Ansatz ergeben.

5.8 Eine Aufgabe aus den *Neun Büchern*: Eine Gruppe von Leuten kauft Hühner. Wenn jede Person 9 Wen zahlt, bleiben 11 Wen übrig; zahlt jede 6 Wen, fehlen 16 Wen. Wie viele Personen sind beteiligt, und wieviel kosten die Hühner?

5.9 Man schreibe die Probleme auf YBC 4652 in moderner algebraischer Schreibweise auf und löse sie durch Ausmultiplizieren, Substitution, Ausklammern, Rückwärtsrechnen und falschen Ansatz.

5.10 Zeige: Wendet man den doppelten Ansatz auf $f(x) = x^2 - 2$ mit den Startwerten x_1 und x_2 an, erhält man

$$x_3 = \frac{x_1 x_2 + 2}{x_1 + x_2}. \tag{5.5}$$

Zeige auch, dass aus $0 < x_1 < \sqrt{2} < x_2$ die Ungleichung $0 < x_1 < x_3 < x_2$ folgt.

Zeige weiter, dass die Formel (5.5) auch für $x_2 = x_1$ sinnvoll ist und x_3 die Nullstelle der Tangente von f in x_1 ist.

Entwickle allgemeiner entsprechende Formeln für $f(x) = x^2 - n$ für beliebiges $n > 0$.

5.11 Benutzt man die regula falsi zur näherungsweisen Bestimmung der positiven Nullstelle etwa von $f(x) = x^2 - 2$, und beginnt man mit Startwerten $x_1 < \sqrt{2}$ und $x_2 > \sqrt{2}$, so ändert sich x_2 nie. Zeige das unter Benutzung der Konvexität des Schaubilds von f.

Um auch die obere Schranke verbessern zu können, kann man nach jedem Schritt der regula falsi den Mittelwert $x_{n+1} = \frac{x_{n-1}+x_n}{2}$ berechnen. Man führe dies für $f(x) = x^2 - 2$ vor.

5.12 Auf der nur teilweise erhaltenen Tafel IM 31210 findet sich eine Aufgabe, die wohl so gelautet hat:

> *Eine Mine und 10 Schekel Silber werden unter 6 Partnern verteilt, und zwar so, dass der Anteil gleichmäßig um des Betrags des ersten Partners abnimmt.*

Erhält der erste Partner x Schekel, erhalten die anderen also $x - \frac{x}{8}$, $x - 2 \cdot \frac{x}{8}$, $\ldots$, $x - 5 \cdot \frac{x}{8}$. Löse diese Aufgabe mit Schulalgebra und der Technik des falschen Ansatzes.

5.13 Löse das folgende Gleichungssystem geometrisch:

$$\begin{array}{ccccc} ax & + & by & = & c \\ x & - & y & = & f \end{array}$$

6. Quadratwurzeln

Ist ein Quadrat mit Flächeninhalt 16 gegeben, so gilt für die Seitenlänge a die Gleichung $a^2 = 16$. Offenbar muss dann $a = 4$ sein (die zweite Lösung $a = -4$ ist negativ und damit keine Seitenlänge).

Bei einem Quadrat mit Flächeninhalt 17 ist die Seitenlänge $a = \sqrt{17}$, also diejenige positive reelle Zahl, deren Quadrat 17 ergibt. Dabei ist $\sqrt{17} > 4$, weil $4^2 = 16 < 17$ ist, und wegen $4{,}1^2 = 16{,}81$ ist sogar $\sqrt{17} > 4{,}1$. Dagegen ist $4{,}2^2 = 17{,}64 > 17$, und dies zeigt

$$4{,}1 < \sqrt{17} < 4{,}2.$$

Die Quadratwurzeln von Quadratzahlen wie 1, 4, 9, 16 ... lassen sich exakt angeben, die Quadratwurzel der anderen Zahlen nur näherungsweise – das liegt an der Irrationalität von Quadratwurzeln von Zahlen, die keine Quadratzahlen sind; wir werden später ein wenig darauf eingehen.

In diesem Kapitel stellen wir eine Methode zur Berechnung der Quadratwurzel einer Quadratzahl durch Faktorisierung vor, und geben dann ein Verfahren an, mit dem man Quadratwurzeln beliebiger Zahlen näherungsweise bestimmen kann. Für kleine Zahlen ist das Ziehen der Quadratwurzel problemlos möglich; die Schreiber der altbabylonischen Zeit benutzten für das Problem, die Quadratwurzel aus $N = a^2$ zu berechnen, die Formulierung „bei N, a ist gleich“; dabei ist N der Flächeninhalt eines Quadrats mit der Seitenlänge a. Bei der Sammlung von Quadratwurzelberechnungen von BM 13901 unten muss man darauf achten, die Größenordnung der Zahlen so zu wählen, dass die gegebene Zahl eine Quadratzahl ist.

6.1 Quadratwurzeln durch Faktorisierung

Was machen Schüler, die ihre Quadratzahlen nicht kennen, aber $\sqrt{324}$ ausrechnen sollen? Die allermeisten von ihnen raten, und das oft schlecht. Dabei haben sie seit der Grundschule alle Fertigkeiten, die man für eine solche Berechnung braucht. Offenbar ist 324 nämlich gerade (sogar durch 4 teilbar) und 324 ist, wie ihre Quersumme $3 + 2 + 4 = 9$, durch 9 teilbar.

F. Lemmermeyer, *Mathematik à la Carte – Babylonische Algebra*,
https://doi.org/10.1007/978-3-662-66287-8_6

Man rechnet also

$$324 = 4 \cdot 81 = 4 \cdot 9 \cdot 9$$

und liest daraus $\sqrt{324} = 2 \cdot 3 \cdot 3 = 18$ ab. Diese Methode zur Berechnung von Quadratwurzeln durch Faktorisierung funktioniert natürlich nur dann, wenn die betreffende Zahl hinreichend viele kleine Teiler hat.

So ist 4225 offenbar durch 25 teilbar; anstatt die Zahl durch 25 zu teilen, kann man sie mit 4 multiplizieren und die beiden Nullen weglassen: $4225 \cdot 4 = 16900$ liefert, wenn man die Quadratzahlen bis 400 auswendig kann, $\sqrt{4225 \cdot 4} = 130$, also $\sqrt{4225} = 130 : 2 = 65$.

Um entsprechend die Quadratwurzel aus 𒐊 𒐈 𒐏𒐊 auszurechnen, liest man aus der letzten Sexagesimalstelle 45 ab, dass diese Zahl durch 15 (und falls sie eine Quadratzahl ist, sogar durch 225) teilbar ist. Teilen durch 15, also Multiplikation mit 4, ergibt 𒌋𒌋 𒌋𒐊, und nochmalige Multiplikation mit 4 liefert 𒁹 𒌋𒌋𒁹 = 81; diese Zahl hat die Quadratwurzel 9. Die Ausgangszahl ist also das Quadrat von $9 \cdot 15 = 135$.

Zusammenfassend sind die Rechnungen im Sexagesimalsystem hierbei verlaufen wie folgt:

$$\begin{array}{ccccc} 4 & \cdot & 5,3,45 & = & 20{,}15 \\ 4 & \cdot & 20{,}15 & = & 1{,}21 \end{array}$$

Also ist

$$4^2 \cdot 5,3,45 = 9^2 \quad \text{und damit} \quad 5,3,45 = 9^2 \cdot 15^2 = 135^2.$$

Also ist 𒐊 𒐈 𒐏𒐊 das Quadrat von 𒈫 𒌋𒐊.

Auf der altbabylonischen Keilschrifttafel TMS 19b ([Høyrup 2002, S. 194], [Friberg 2007a, S. 402]) wird ein geometrisches Problem gelöst, und im Verlauf der Rechnung taucht die Quadratwurzel der Sexagesimalzahl 3,50,35,23,27,24,26,40 auf; ohne Kommentar wird das Ergebnis 15,11,06,40 genannt. Eine Möglichkeit, diese Wurzel zu berechnen, besteht in der Faktorisierungsmethode. Da die Zahl auf 40 endet, muss sie durch 20 teilbar sein, und wenn sie eine Quadratzahl ist, sogar durch 20^2: dies lässt sich durch betrachten der beiden letzten Ziffern bestätigen, denn $26{,}40 = 26 \cdot 60 + 40 = 1600$. Division durch 20^2 entspricht einer Multiplikation mit $3^2 = 9$: Multiplikation der letzten Ziffer 40 mit 9 ergibt $360 = 6 \cdot 60$, was eine nicht aufzuschreibende Null und einen Übertrag von 6 ergibt. Als nächstes folgt aus $9 \cdot 26 + 6 = 240 = 4 \cdot 60$ eine weitere „Null“ und ein Übertrag von 4; dann kommt $9 \cdot 24 + 4 = 220 = 3 \cdot 60 + 40$, was eine Sexagesimalziffer 40 und einen Übertrag 3 ergibt. Die vollständige Rechnung liefert

$$3{,}50{,}35{,}23{,}27{,}24{,}26{,}40 = 20^2 \cdot 34{,}35{,}18{,}31{,}06{,}40.$$

Auch hier zeigen die beiden letzten Ziffern, dass die Zahl wegen $6 \cdot 60 + 40 = 400$ durch 20^2 teilbar sein muss, und eine weitere Rechnung wie oben ergibt

$$34{,}35{,}18{,}31{,}06{,}40 = 20^2 \cdot 5{,}11{,}17{,}46{,}40.$$

Wieder ist das Ergebnis durch 20^2 teilbar, und wir finden

$$5{,}11{,}17{,}46{,}40 = 20^2 \cdot 46{,}41{,}40.$$

Dieses Mal ist das Ergebnis nicht mehr durch 20^2, sondern nur noch durch 10^2 teilbar; Multiplikation mit $6^2 = 36$ liefert dann

$$46{,}41{,}40 = 10^2 \cdot 28{,}01.$$

Diese Zahl ist klein genug, um die Quadratwurzel aus Tafeln abzulesen: 28,01 (dezimal 1681) ist das Quadrat von 41.

Jetzt müssen wir nur noch die Divisionen rückgängig machen: da wir die Ausgangszahl drei Mal durch 20^2 und einmal durch 10^2 dividiert haben, muss die Quadratwurzel dieser Zahl gleich $20 \cdot 20 \cdot 20 \cdot 10 \cdot 41$ sein, was das Endergebnis

$$3{,}50{,}35{,}23{,}27{,}24{,}26{,}40 \quad \text{ist das Quadrat von} \quad 15{,}11{,}06{,}40$$

ergibt.

Ein weiteres Beispiel der Berechnung einer Quadratwurzel durch Faktorisierung findet sich auf UET 6-2 222 ([Proust 2006]).

Abb. 6.1. Quadratwurzelberechnung auf UET 6-2 222

Hier beginnt der Schüler mit der Berechnung des Quadrats der angegebenen Zahl 1,03,45 = 3825, nämlich 14 630 625. Dann wird aus dieser Zahl die Quadratwurzel gezogen. Die letzte Sexagesimalziffer verrät dem Schreiber, dass die Zahl durch 15 teilbar ist: diese schreibt er links von der Zahl hin. Auf der rechten Seite schreibt er das Quadrat der Reziproken 4 von 15 auf, nämlich $4^2 = 16$. Dann wird die Quadratzahl durch 15^2 geteilt, indem man sie mit $4^2 = 16$ multipliziert; das Ergebnis ist 18,03,45. Wieder ist die Zahl durch 15 teilbar (und jede Zahl, die auf 3,45 = 225 endet, sogar durch 15^2), und das Verfahren wird wiederholt. Die Zahl 3,49 = 289 erkennt der Schreiber als die Quadratzahl von 17; da er die Ausgangszahl zweimal durch 15^2 geteilt hat, muss er jetzt das Ergebnis 17 mit $15 \cdot 15 = 225$ multiplizieren: damit erhält er zum Schluss die Zahl 1,03,45 zurück, mit der er die Übung begonnen hat.

Kubikwurzeln

Wir werden in diesem Buch nur quadratische Gleichungen besprechen; tatsächlich haben die Babylonier auch kubische Gleichungen betrachtet und diese durch Zurückführen auf die Normalform $x^3 + x^2 = p$ und Nachschauen in Tabellen von Zahlen der Form $n^3 + n^2$ gelöst.

Dagegen wollen wir festhalten, dass die Faktorisierungsmethode auch zur Berechnung von Kubikwurzeln eingesetzt worden sit. Ein Beispiel dafür findet sich auf der Tafel YBC 6295:

> Was ist die Kubikwurzel von 𒐈 𒎙𒐖 𒌍 ?
> Von 𒐈 𒎙𒐖 𒌍 kennst Du die Kubikwurzel nicht.
> Setze 𒐌𒌍, wovon die Kubikwurzel gegeben ist, unter 𒐈 𒎙𒐖 𒌍
> Was ist die Kubikwurzel von 𒐌𒌍 ? 𒌍.
> Das Reziproke von 𒐌𒌍 ist 𒐍 .
> Erhöhe 𒐍 auf 𒐈 𒎙𒐖 𒌍 : 𒎙𒐌
> Was ist die Kubikwurzel von 𒎙𒐌 ? 𒐈
> Erhöhe 𒐈, die erste Wurzel, auf 𒌍 die zweite Wurzel: 𒁹 𒌍

Hier müssen wir zuerst die Größenordnungen bestimmen. Weil 𒐌𒌍 die dritte Potenz von 𒌍 sein soll, ist diese Zahl entweder als $30^3 = 27\,000$ oder als $(\frac{1}{2})^3 = \frac{1}{8}$ zu lesen. Um zu viele Nullen zu vermeiden, wählen wir die zweite Variante; die gegebene Zahl ist damit 3;22,30, also $3\frac{3}{8}$.

Die Berechnung der Kubikwurzel dieser Zahl beginnt mit der Beobachtung, dass diese halbzahlig sein muss. Einer Tabelle von Kubikzahlen entnimmt man, dass die Kubikzahl von $\frac{1}{2}$, sexagesimal 30, gleich 0;07,30 ist. Das Produkt von 3;22,30 und 8 ist 27; die dritte Wurzel dieser Zahl ist 3; die ursprüngliche Wurzel ist daher das Produkt von 3 und $\frac{1}{2}$, nämlich $\frac{3}{2}$. In der Tat ist $\frac{27}{8}$ sexagesimal gleich 3;22,30. Dezimal sieht die Rechnung so aus: $\sqrt[3]{3{,}375} = \frac{1}{2} \cdot \sqrt[3]{3{,}375 \cdot 8} = \frac{1}{2} \cdot \sqrt[3]{27} = \frac{3}{2}$.

6.2 Näherungen

Das Abschätzen von Größen und das Ersetzen komplizierter Funktionen durch lineare gehört auch heute noch zum Handwerkszeug der Naturwissenschaftler. Wir haben mit der Feldmesserformel bereits eine Näherungsformel (für den Flächeninhalt fast rechteckiger Vierecke) besprochen; in diesem Abschnitt geht es um Näherungen von rechnerischen Ausdrücken.

Reziproke

Kehrwerte von Zahlen nahe bei 1 lassen sich sehr leicht abschätzen: es gilt etwa

$$\frac{1}{0{,}9} = 1{,}111111\ldots \quad \text{und} \quad \frac{1}{1{,}1} = 0{,}090909\ldots,$$

also näherungsweise

$$\frac{1}{1-0{,}1} \approx 1+0{,}1 = 1{,}1 \quad \text{und} \quad \frac{1}{1+0{,}1} \approx 1-0{,}1 = 0{,}9.$$

Allgemein gilt:

Satz 6.1. *Für kleine Werte von x gelten die Näherungen*

$$\frac{1}{1+x} \approx 1-x \quad \textit{und} \quad \frac{1}{1-x} \approx 1+x.$$

Was „klein“ hier bedeutet, muss uns der Beweis zeigen. Hinter beiden Formeln (die durch Ersetzen von x durch $-x$ ineinander übergehen, also im Wesentlichen wie die erste und zweite binomische Formel denselben Sachverhalt ausdrücken) steckt, wie Wegschaffen der Nenner zeigt, die Approximation

$$(1-x)(1+x) = 1-x^2 \approx 1.$$

Ist $|x| < 0{,}1$, so Man macht hierbei einen Fehler von $x^2 < 0{,}1x$, also von weniger als 10 %.

Eine bessere Abschätzung des Fehlers ist

$$\frac{1}{1+x} - (1-x) = \frac{1}{1+x} - \frac{(1-x)(1+x)}{1+x} = \frac{1-(1-x^2)}{1+x} = \frac{x^2}{1+x} < x^2,$$

wobei die letzte Ungleichung für alle positiven x gilt.

Diese Rechnung zeigt, dass für $x > -1$ der wahre Wert von $\frac{1}{1+x}$ immer oberhalb von $1-x$ liegt, und zwar um etwas weniger als x^2. Es liegt daher nahe, die Näherung durch

$$\frac{1}{1+x} \approx 1-x+x^2$$

zu verbessern. Damit folgt dann

$$\frac{1}{1+x} - (1-x+x^2) = \frac{1}{1+x} - \frac{(1-x+x^2)(1+x)}{1+x} = \frac{1}{1+x} - \frac{1-x^3}{1+x} = \frac{x^3}{1+x}.$$

Diese Argumentation lässt sich iterieren, und allgemein ist

$$\frac{1}{1+x} \approx 1-x+x^2-x^3+\ldots+(-1)^n x^n$$

für jedes $n \geq 1$ und alle x mit $|x| < 1$ eine sehr gute Approximation. Hinter all diesen Näherung steckt also die geometrische Reihe

$$\frac{1}{1+x} = 1-x+x^2-x^3+\ldots.$$

Auch die erste binomische Formel taugt zum Berechnen von Näherungswerten:

Satz 6.2. *Für kleine Werte von x ist $(1+x)^2 \approx 1+2x$.*

Im Schulunterricht wird mehr Gewicht darauf gelegt, dass eine zweimalige Erhöhung um 2 % etwas anderes ist als eine Erhöhung um 4 %, als auf die sehr gute Approximation $(1{,}02)^2 \approx 1 + 0{,}04$.

Noch allgemeiner gilt

Satz 6.3. *Für kleine Werte von x und y ist* $(1+x)(1+y) \approx 1 + x + y$.

Geometrisch steckt hinter diesen Näherungen eine Banalität; die Abschätzung $(1{+}x)(1{+}y) \approx 1{+}x{+}y$ bedeutet eine Vernachlässigung des kleinen roten Rechtecks am rechten oberen Rand der folgenden Figur. Für $y = -x$ erhält man aus dieser Formel wieder $(1+x)(1-x) \approx 1$.

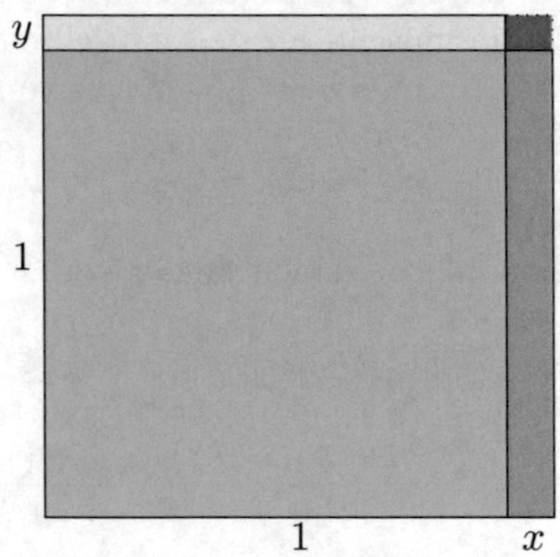

Ersetzt man in der Formel $(1+x)^2 \approx 1+2x$ das x durch $\frac{x}{2}$, so folgt $(1+\frac{x}{2})^2 \approx 1+x$; zieht man jetzt die Wurzel, so erhält man

Satz 6.4. *Für kleine Werte von x ist*

$$\sqrt{1+x} \approx 1 + \frac{x}{2}. \tag{6.1}$$

Die obigen Näherungsformeln lassen sich auch alle mit Hilfe der Analysis interpretieren. Die Näherungen

$$\frac{1}{1+x} \approx 1 - x, \qquad \frac{1}{1-x} \approx 1 + x, \qquad \sqrt{1+x} \approx 1 + \tfrac{x}{2}$$

entsprechen für kleine Werte von x nämlich dem Ersetzen der Funktionen $f(x) = \frac{1}{1+x}$, $g(x) = \frac{1}{1-x}$ und $h(x) = \sqrt{1+x}$ durch ihre Tangenten an der Stelle $x = 0$.

Mittelwerte

Ist a_1 ein Näherungswert für $\sqrt{N}$, dann ist $a_2 = \frac{N}{a_1}$ ebenfalls einer. Ist $a_1 < \sqrt{N}$, dann folgt $a_2 > \sqrt{N}$. Es liegt daher nahe, den Mittelwert zu bilden; dieser liegt dann zwischen den beiden Näherungswerten und ist damit zwangsläufig ein besserer Näherungswert. Algebraisch läuft dies auf

$$a_3 = \frac{a_1 + a_2}{2} = \frac{a_1 + \frac{N}{a_1}}{2} = \frac{a_1^2 + N}{2a_1} = a_1 - \frac{N - a_1^2}{2a_1}$$

hinaus.

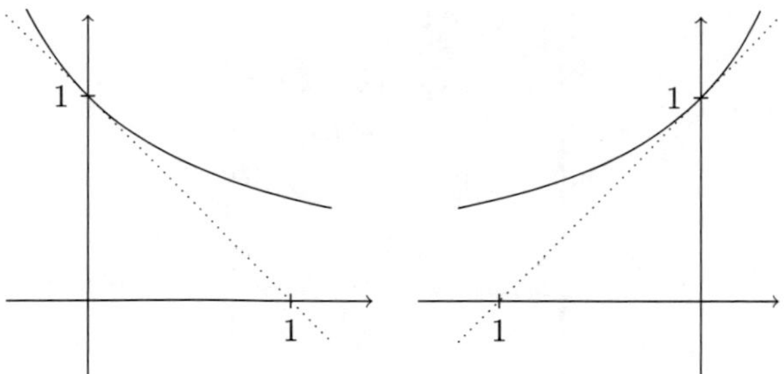

Abb. 6.2. Die Funktionen $f(x) = \frac{1}{1+x}$ (links) bzw. $f(x) = \frac{1}{1-x}$ (rechts) und ihre Tangenten $y = 1 - x$ bzw. $y = 1 + x$ in $x = 0$.

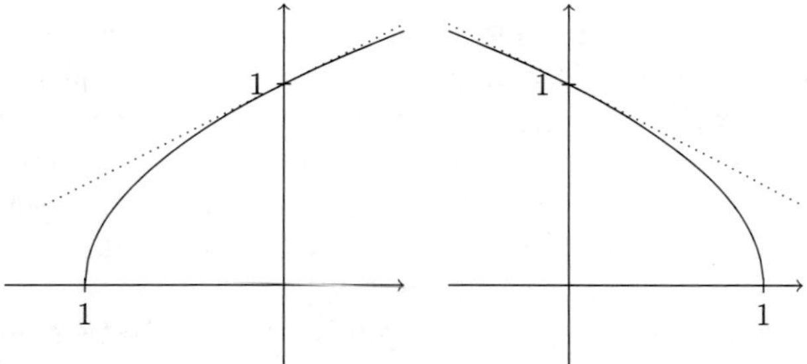

Abb. 6.3. Die Funktionen $f(x) = \sqrt{1+x}$ (links) bzw. $f(x) = \sqrt{1-x}$ (rechts) und ihre Tangenten $y = 1 + \frac{x}{2}$ bzw. $y = 1 - \frac{x}{2}$ in $x = 0$.

6.3 Das Heron-Verfahren

Um die Wurzel aus 17 näherungsweise zu berechnen, beginnt man, die größte ganze Zahl zu finden, deren Quadrat unterhalb von 17 liegt. Offenbar ist $17 = 4^2 + 1$. Der Ansatz $\sqrt{17} = 4 + x$ liefert $17 = 4^2 + 8x + x^2$; ist x klein, wird x^2 viel kleiner sein, also haben wir $4^2 + 1 = 17 \approx 4^2 + 8x$ und damit $8x \approx 1$, also $x \approx \frac{1}{8}$ und $\sqrt{17} \approx \frac{33}{8} = 4{,}125$. Dies ist keine schlechte Näherung, denn aus

$$33^2 - 8^2 \cdot 17 = 1 \quad \text{folgt} \quad \left(\frac{33}{8}\right)^2 - 17 = \frac{1}{8^2}.$$

Dezimal ist

$$\sqrt{17} \approx 4{,}1231056\ldots.$$

Die Größe $\sqrt{1+x}$ beschreibt die Kantenlänge eines Quadrats mit Flächeninhalt $1 + x$, wobei wir wieder annehmen wollen, dass x klein gegenüber 1 ist. Zum Flächeninhalt des gelben Quadrats mit Kantenlänge 1 müssen wir also noch eine Fläche von x dazulegen.

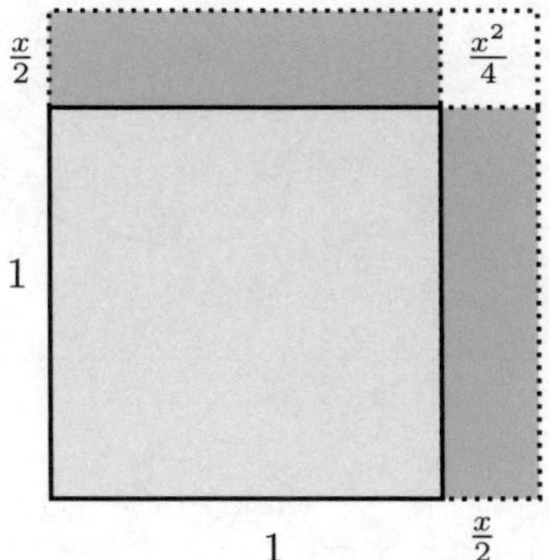

Dies machen wir, indem wir rechts und oben an das gelbe Quadrat zwei kleine grüne Rechtecke mit den Seitenlängen $\frac{x}{2}$ anlegen. Die sich hier ergebende Figur ist kein Quadrat, weil rechts oben noch ein kleines Quadrat mit Flächeninhalt $x^2/4$ fehlt. Für sehr kleine x ist diese Fläche allerdings sehr klein, sodass wir nur einen kleinen Fehler machen, wenn wir das kleine Quadrat mit Flächeninhalt $x^2/4$ einfach dazu addieren und dann ein Quadrat mit Kantenlänge $1 + \frac{x}{2}$ und einer Fläche von etwas mehr als $1 + x$ erhalten.

Die babylonische Methode des Berechnens von Quadratwurzeln ist nach dem griechischen Mathematiker Heron von Alexandria benannt, weil dessen Schriften lange bekannt waren, bevor man die babylonische Keilschrift entziffern konnte. Wir tun uns leichter, wenn wir die Sprache der modernen Algebra benützen können. Angenommen, wir haben eine Näherung $\sqrt{N} \approx a$; wir machen den Ansatz $\sqrt{N} = a+h$ und versuchen etwas über h herauszufinden. Quadrieren liefert $N = a^2+2ah+h^2$. Nun ist aber $h = \sqrt{N} - a$ „klein" gegenüber $\sqrt{N}$, weil doch a eine Näherung für $\sqrt{N}$ sein sollte. Verglichen mit $a^2 \approx N$ und $2ah$ ist also h^2 klein. Wenn wir diesen Term vernachlässigen, folgt $N \approx a^2 + 2ah$; löst man diese „Gleichung" nach h auf, erhält man

$$h \approx \frac{N - a^2}{2a},$$

also

$$\sqrt{N} \approx a + h = a + \frac{N - a^2}{2a}. \tag{6.2}$$

Diese „babylonische Formel" ist also eine einfache Folgerung aus der binomischen Formel, und mit ihrer Hilfe kann man aus einer Näherung a eine bessere Näherung $a_1 = a + h$ berechnen.

Beispiel. Um eine Näherung für $\sqrt{2}$ zu finden, beginnen wir mit dem (schlechten) Näherungswert $a = 1$ und finden mit der Formel (6.2) und $N = 2$ im ersten Schritt

$$\sqrt{2} \approx 1 + \frac{2 - 1}{2} = \frac{3}{2}.$$

Diese Näherung $\sqrt{2} \approx 1{,}5$ können wir schrittweise verbessern, indem wir die alte Näherung $a = 1$ durch die neue ersetzen; damit finden wir

$$\sqrt{2} \approx \frac{3}{2} + \frac{2 - \frac{9}{4}}{2 \cdot \frac{3}{2}} = \frac{3}{2} - \frac{1}{12} = \frac{17}{12},$$

und dann

$$\sqrt{2} \approx \frac{17}{12} + \frac{2 - \frac{17^2}{12^2}}{2 \cdot \frac{17}{12}} = \frac{577}{408}.$$

Diese Näherung ist schon sehr gut; wir haben

$$\begin{aligned} \frac{3}{2} &= 1{,}5 \\ \frac{17}{12} &= 1{,}41666\ldots, \\ \frac{577}{408} &= 1{,}414215686\ldots, \end{aligned}$$

während

$$\sqrt{2} \approx 1{,}414213562\ldots$$

ist. Die nächste Näherung $\frac{665857}{470832}$ ist schon auf mehr als zehn Nachkommastellen genau.

Wir bemerken ebenfalls, dass mit einer Näherung a von $\sqrt{N}$ auch die Zahl N/a eine Näherung von $\sqrt{N}$ ist; liegt die eine Approximation über $\sqrt{N}$, dann liegt die andere darunter und umgekehrt. Es liegt daher nahe, aus zwei Näherungen a und $\frac{N}{a}$ durch Mittelwertbildung eine bessere Näherung zu erhalten. Wir finden

$$a' = \frac{a + \frac{N}{a}}{2} = \frac{a}{2} + \frac{N}{2a} = a + \frac{N - a^2}{2a},$$

also dieselbe Formel wie oben.

Übrigens erhält man denselben Wert, wenn man statt (6.1) die Formel (6.2) mit $a = 4$ verwendet: dann ist ja

$$\sqrt{17} \approx 4 + \frac{17 - 4^2}{2 \cdot 4} = 4 + \frac{1}{8}$$

wie oben, nur dass man hier durch Wiederholung mit der neuen Approximation $a = 4\frac{1}{8} = \frac{33}{8}$ eine noch bessere Näherung erhalten kann.

Das Beispiel, an dem Heron diese Methode in seinem Buch *Metrika* I.8.b erklärt hat, ist $\sqrt{720}$. Da diese Zahl keine Quadratzahl ist, nimmt er die nächstgelegene Quadratzahl, nämlich $729 = 27^2$, und geht dann so vor:

1. Teile 720 durch 27; das Ergebnis ist $26\frac{2}{3}$.

2. Addiere 27; man erhält $53\frac{2}{3}$.

3. Halbiere das Ergebnis: $26\frac{1}{2}\frac{1}{3}$.

4. Die Seite des Quadrats mit Fläche 720 ist sehr nahe bei $26\frac{1}{2}\frac{1}{3}$: dessen Quadrat ist $720\frac{1}{36}$.

Am Ende erwähnt er, dass man, um einen noch genaueren Wert zu erhalten, nur 729 durch $720\frac{1}{36}$ zu ersetzen braucht.

Das Ziehen von Quadratwurzeln aus kleinen Zahlen erfolgte mit Hilfe von Quadrattabellen, also Tabellen, welche kleine Zahlen und deren Quadrate angaben. Ähnliche Tafeln gibt es auch für Kubikzahlen (so findet man auf MS 3966 einen Ausschnitt aus einer Tabelle, die zu einer gegebenen Kubikzahl die dritte Wurzel angibt; die erste erhaltene Zeile zeigt, dass die dritte Wurzel aus 𒌍𒁹𒁹𒁹𒁹𒁹𒁹 𒌍𒁹𒁹𒁹𒁹𒁹𒁹𒁹 gleich 𒌋𒁹𒁹𒁹 ist) und sogar für Zahlen der Form $n^3 + n^2$, nämlich MS 3048, BM 85200 und VAT 6599.

Auf der Tafel IM 52301 (vgl. [Bruins 1953] und [Vogel 1959, S. 34–35]) findet sich eine Anleitung zum Ziehen der Quadratwurzel aus Zahlen, die sich nicht auf Quadrattafeln finden. Ist N eine solche Zahl, so hat man eine Quadratzahl a^2 kleiner als N zu suchen; den Rest $N - a^2 = r$ muss man in vier Teile zerlegen und jeden dieser Teile „in die vier Windrichtungen“ antragen.

Für $N = 20$ ist $a^2 = 16$ und $r = N - a^2 = 4$. Teilt man diese Fläche in vier gleich große Teile, so hat man, damit man sie an die vier Seiten des Quadrats mit Kantenlänge $a = 4$ anlegen kann, daraus vier Rechtecke mit den Kanten $a = 4$ und $b = \frac{1}{4}$ zu machen.

Anstatt das Ausgangsquadrat durch das Anlegen zweier Rechtecke „fast“ zu einem Quadrat zu ergänzen, kann man auch vier halb so große Rechtecke an jede Seite des Ausgangsquadrat legen.

Ein besserer Näherungswert für $\sqrt{N}$ als a ist daher $a + 2b = 4 + 2 \cdot 0{,}25 = 4{,}5$; das Quadrat von 4,25 ist, wie man an der Skizze ablesen kann, um die vier kleinen Quadrate, also um $4b^2$, zu groß. Im vorliegenden Fall ist $4b^2 = \frac{1}{4}$, und in der Tat ist $4{,}5^2 = 20{,}25$ um $\frac{1}{4} = 0{,}25$ zu groß.

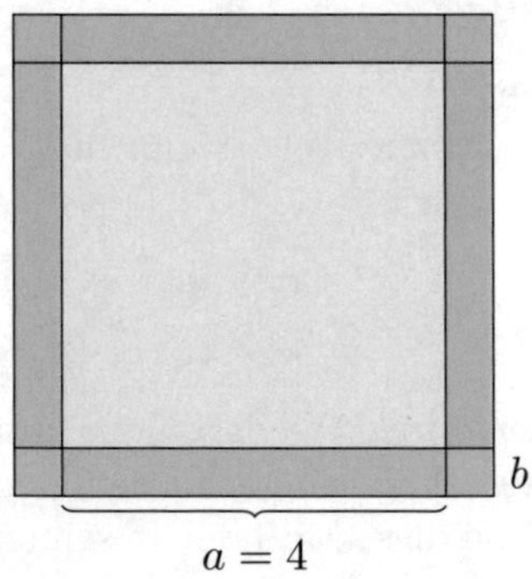

Im allgemeinen Fall wähle man eine Näherung $a < \sqrt{N}$, berechne $r = N - a^2$ und $b = \frac{r}{4a}$ und erhält den neuen Näherungswert

$$a' = a + 2b = a + \frac{N - a^2}{2a}.$$

Bei Quadratwurzeln ist es übrigens ein großer Unterschied, ob die Sexagesimalzahl 𒁹 als 1 oder als 60 gelesen wird, da 1 eine Quadratzahl ist, 60 dagegen nicht. Ist in einer babylonischen Rechnung die Wurzel aus 𒁹 wieder 𒁹 , so steht 𒁹 für die Zahl 1 (oder $60^2 = 3600$ bzw. $\frac{1}{60^2} = \frac{1}{3600}$ usw.). Liegt die Quadratwurzel aus 𒁹 dagegen zwischen 7 und 8, so muss 𒁹 als 60 gelesen werden.

Um für $\sqrt{60}$ eine Näherung mit Hilfe des obigen Verfahrens zu gewinnen, setzen wir $N = 60$ und $a = 7$; dann ist

$$a + \frac{N - a^2}{2a} = 7 + \frac{11}{14}.$$

Division durch 14 ist nun für die Babylonier ein Problem; wir behelfen uns mit der Näherung $\frac{11}{14} \approx \frac{12}{15} = \frac{48}{60}$ und erhalten als Näherung für $\sqrt{60}$ die Zahl 𒐌𒐏 𒐍 , also $\sqrt{60} \approx 7{,}8$.

Um für $\sqrt{2}$ eine brauchbare Näherung zu erhalten, betrachten wir $\sqrt{2 \cdot 60^2} = \sqrt{7200}$ (im Dezimalsystem wäre die Wahl $\sqrt{200}$ natürlicher: aus $\sqrt{200} \approx 14$ wegen $14^2 = 196$ folgt dann sofort die Näherung $\sqrt{2} \approx 1{,}4$) und finden, dass $7200 = 84^2 + 144$ ist; damit folgt $\sqrt{7200} \approx 84 + \frac{144}{2 \cdot 84} = 84 + \frac{144}{168} = 84 + \frac{6}{7}$. Quadrieren liefert $(84\frac{6}{7})^2 \approx 7200{,}7$, was erstaunlich genau ist. Als gute Babylonier sollten wir die $\frac{6}{7}$ allerdings durch einen regulären Bruch approximieren. Dazu beachten wir $\frac{6}{7} \cdot 60 = \frac{360}{7} \approx 51$, was sexagesimal 𒐐 𒁹 geschrieben wird. Addieren wir dies zu 84 = 𒁹 𒎙𒐉 erhalten wir die Näherung 𒁹 𒎙𒐉 𒐐 𒁹 für $\sqrt{2}$.

Tatsächlich existieren verschiedene altbabylonische Tafeln mit Listen von Konstanten; auf einer von ihnen, nämlich YBC 7243 (sh. [Neugebauer & Sachs 1945, Plate 49]), findet sich in der zehnten Zeile die Länge einer Diagonale eines Quadrats mit Seitenlänge 1 angegeben als 𒁹 𒎙𒐉 𒐐 𒁹 𒌋 was noch genauer ist als unsere obige Näherung. Dieselbe Näherung findet auch auf der Tafel YBC 7289 (Abb. 6.4).

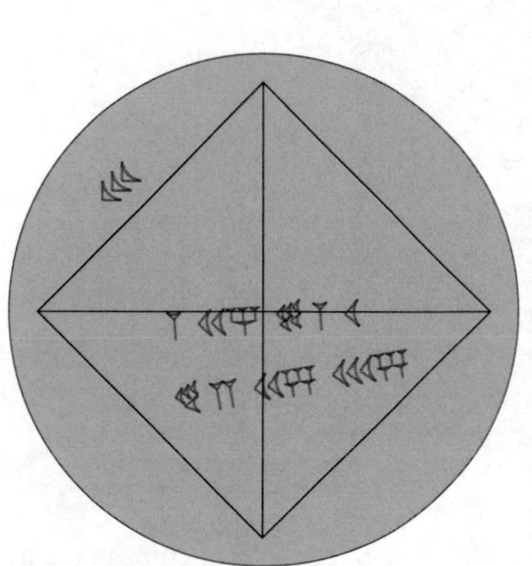

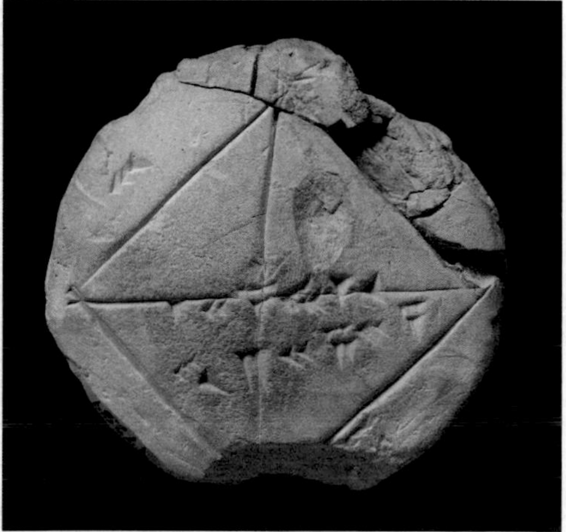

Abb. 6.4. Das rechte Bild (Photograph A. Urcia, 2014) zeigt die Keilschrifttafel YBC 7289 der Babylonian Collection im Yale Peabody Museum.

Wie genau diese Näherung ist, kann man der Tatsache entnehmen, dass das Quadrat von 1; 24,51,10 gleich 1; 59,59,59,38,1,40, das von 1; 24,51,11 gleich 2; 0,0,2,27,44,1.

Zur Berechnung seiner Sehnentabelle (im wesentlichen das, was wir unter einer Tabelle der Werte der Sinusfunktion verstehen) im Buch I.10 seines Almagest benötigte Ptolemaios unter Anderem eine gute Näherung für $\sqrt{7200} = 60\sqrt{2}$; er benutzt dabei den Wert 84;51,10 (Ptolemaios schrieb die ganzen Zahlen dezimal (im griechischen System, das prinzipiell ähnlich aufgebaut war wie das römische) und nur die „Nachkommastellen“ im Sexagesimalsystem), was genau dem babylonischen Wert entspricht.

Aus der Tafel VAT 6598 lässt sich herauslesen (sh. [Bruins 1950]), dass die Babylonier untere und obere Schranken für Quadratwurzeln kannten, wie sie bei Berechnungen der Diagonalen d eines Rechtecks mit den Seiten a und b auftreten. Schreibt man die Gleichung $d^2 = a^2 + b^2$ in der Form $b^2 = d^2 - a^2 = (d-a)(d+a)$, so folgt $d = a + \frac{b^2}{d+a}$; wegen $2a < d + a < a + b + a = 2a + b$ ist also

$$a + \frac{b^2}{2a+b} < d < a + \frac{b^2}{2a}.$$

Die Methode von Heron und Liu Hui

In Liu Huis Kommentaren zu den *Neun Büchern* steht eine geometrische Begründung des Algorithmus zur Bestimmung von Quadratwurzeln, die sich so ähnlich bereits bei Heron findet. Wir beginnen mit einem der Beispiele von Liu Hui.

Zur Berechnung der Quadratwurzel aus 55225 wird die Zahl von rechts in Zweierpäckchen zerlegt: $N = 55225 = 50000 + 5200 + 25$. Damit ist $N = (100a + 10b + c)^2$, und zwar muss $a = 2$ sein wegen $50000 < (100a)^2 < 60000$.

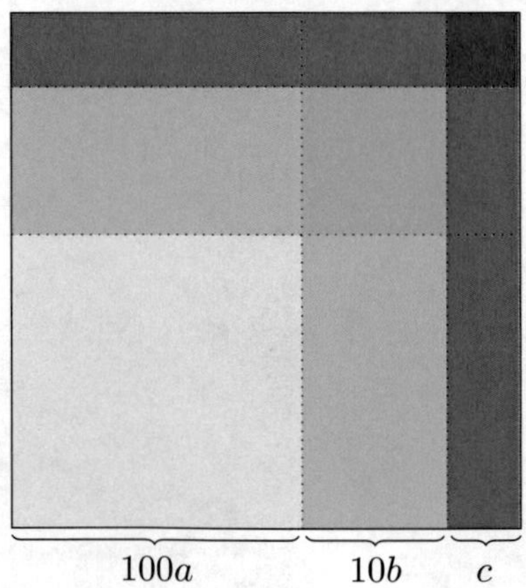

Jetzt gilt $(2 \cdot 100 + 10b)^2 = 40000 + 4000b + 100b^2 < 55225$; vernachlässigen wir den Summanden $100b^2$, muss $4000b < 15225$ und damit $b < 4$ sein. Wählen wir $b = 3$, so haben wir jetzt

$$55225 = (200 + 30 + c)^2 = 40000 + 12000 + 900 + 400c + 60c + c^2,$$

was

$$2325 = 400c + 60c + c^2$$

ergibt. Diese Gleichung führt auf $c = 5$ (die negative Lösung $c = -465$ ist hier nicht von Bedeutung).

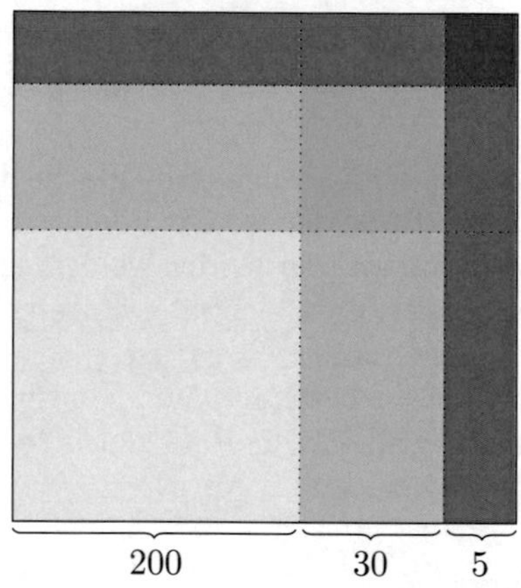

Damit ist also $55\,225 = 235^2$. Prinzipiell kann man dieses Verfahren selbstverständlich auch auf Zahlen mit mehr als drei Stellen ausdehnen.

6.4 Irrationales

Auf ihren Tafeln haben die Babylonier viele Näherungswerte für Quadratwurzeln (etwa $\sqrt{2}$ und $\sqrt{3}$ im Zusammenhang mit Quadraten und gleichseitigen Dreiecken, oder für das Verhältnis π von Umfang und Durchmesser eines Kreises) festgehalten. Die Güte dieser Näherungen war für praktische Anwendungen ausreichend.

Warum also haben die Babylonier sich die Mühe gemacht, eine derart genaue Näherung wie auf der Tafel YBC 7289 auszurechnen? Ein plausibler Grund dafür ist die Frage, ob man eine abbrechende Sexagesimalzahl finden kann, deren Quadrat genau gleich 2 ist. Wir wissen heute, dass es eine solche Zahl nicht gibt; es gibt nicht einmal eine rationale Zahl, deren Quadrat gleich 2 ist:

Satz 6.5. *Die Zahl $\sqrt{2}$ ist irrational.*

Der Beweis ist nicht wirklich schwer. Angenommen, es gäbe natürliche Zahlen p und q mit $\sqrt{2} = \frac{p}{q}$, also mit $2q^2 = p^2$. Unter allen solchen Paaren von Zahlen wählen wir das mit dem kleinsten Zähler.

In der folgenden Figur[1] ist dann p^2 so groß wie die Summe $2q^2$ der beiden kleineren Quadrate.

[1] Der Beweis geht auf Stanley Tennenbaum zurück; siehe [Miller & Montague 2012]. Dort finden sich auch entsprechende Beweise für die Irrationalität von $\sqrt{3}$, $\sqrt{5}$ und $\sqrt{6}$.

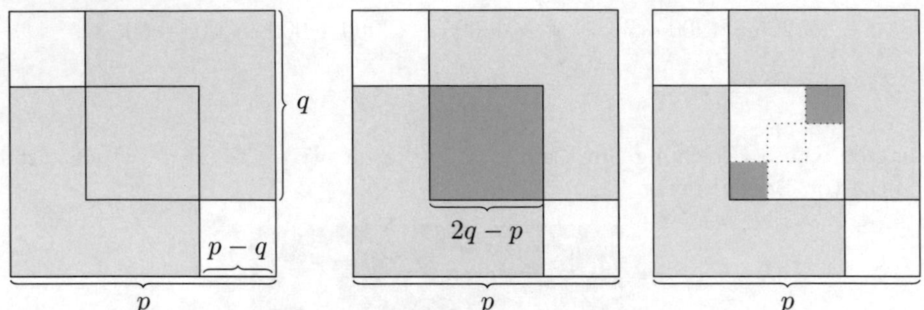

Geometrisch läuft das darauf hinaus, dass die Fläche des überlappenden grünen Quadrats ebenso groß ist wie die beiden weißen Flächen zusammen. Damit ist aber auch das grüne Quadrat die Summe der beiden weißen, und beide Quadrate haben ganzzahlige Seitenflächen. Dies widerspricht aber unserer Annahme, dass (p, q) das kleinste Paar natürlicher Zahlen mit $p^2 = 2q^2$ ist.

Algebraisch sieht die Sache so aus: sind p und q natürliche Zahlen mit $p^2 = 2q^2$, dann ist die Seitenlängen des grünen Quadrats gleich $2q - p$, die der beiden weißen Quadrate gleich $p - q$, und es gilt

$$(2q - p)^2 = 2(p - q)^2.$$

Dies kann man natürlich nachrechnen:

$$\begin{aligned}(2q - p)^2 &= 4q^2 - 4pq + p^2 = 2q^2 + 2q^2 - 4pq + p^2 \\ &= p^2 + 2q^2 - 4pq + p^2 = 2(p^2 - 2pq + q^2) = 2(p - q)^2.\end{aligned}$$

Anders ausgedrückt:

$$\text{Aus} \quad \sqrt{2} = \frac{p}{q} \quad \text{folgt} \quad \sqrt{2} = \frac{2q - p}{p - q}.$$

Diese Formeln zeigen eindrucksvoll, dass $\sqrt{2}$ nicht das Quadrat einer rationalen Zahl sein kann: Könnte man $\sqrt{2} = \frac{p}{q}$ als Bruch mit einer minimalen natürlichen Zahl q als Nenner schreiben, dann auch mit dem kleineren Nenner $p - q$.

Aufgaben

6.1 Bestimme die folgenden Quadratwurzeln aus den Aufgaben von BM 13901:

Aufg.	# 1	# 3	# 6	# 7	# 8	# 9	# 12
bei	𒁹	𒌋𒐉	𒐈 𒁹𒐏	𒁹 𒎙𒁹	𒎙𒐉	𒌋 𒎙𒐉	𒐉𒐏
ist gleich							

6.2 Auf AO 6484 ist die Quadratwurzel aus der Zahl 𒐈 𒈫 𒌋𒐉 zu bestimmen. Bestimme die Wurzel mit dem Faktorisierungsverfahren.

6.3 Auf AO 6484 ist die Quadratwurzel aus der Zahl

33 20 4 37 46 40

(Vorsicht: Hier geht es um 33,20,4,37,46,40) zu bestimmen. Benutze die Faktorisierungsmethode, um die Berechnung dieser Quadratwurzel auf diejenige von 7 12 1 zurückzuführen.

Beachte dann, dass 7 6 40 das Quadrat von 160 ist und berechne mit dem Heronschen Verfahren eine Näherung für die gesuchte Quadratwurzel. Verifiziere das Ergebnis durch Quadrieren der gefundenen Zahl.

6.4 Zeige $\sqrt[3]{1+x} \approx 1 + \frac{x}{3}$ für kleine a

1. mit Hilfe der Identität $(1+x)^3 = 1 + 3x + 3x^2 + x^3$;
2. durch Berechnen der Tangente an $f(x) = \sqrt[3]{1+x}$ in $x = 0$.

6.5 Auf der Tafel IM 54472 ([Friberg 2000]) ist die Kante eines Quadrats mit Fläche 26 15 zu bestimmen. Der erste Schritt besteht in der Berechnung der Quadratwurzel der Einerziffer 15 , was 30 ergibt. Dann wird die Zahl mit dem Quadrat 4 der Reziproken von 30 multipliziert, und man erhält 1 44 1 . Die Quadratwurzel dieser Zahl wird ohne weitere Rechnung mit 1 19 angegeben, danach wird diese Zahl 1 19 mit 30 multipliziert, was das Endergebnis 39 30 ergibt.

Erkläre diese Rechnung (es ist ratsam, zuerst das Ergebnis zu kontrollieren, indem man das Quadrat von 39 30 berechnet), und bestimme die Quadratwurzel von 1 44 1 mit der Methode von Heron unter Beachtung der Tatsache, dass das Quadrat von 1 20 gleich 1 44 40 (binomische Formel!) ist.

6.6 Muroi [Muroi 1999] hat eine Liste von Quadratwurzelberechnungen auf Keilschrifttafeln erstellt, die durch Faktorisieren und anschließendes Wurzelziehen (etwa durch Tabellen, Approximation oder durch Erraten und Verifizieren) zum Ergebnis kommen. Die folgende Tabelle ist dieser Arbeit entnommen; sie gibt die Zahl, aus der die Wurzel zu ziehen ist, die Quadratwurzel, die Primfaktorzerlegung der Quadratwurzel und die Quelle.

Quadrat	Seite	Zerlegung	Tafel
1 21 40	1 10	$2 \cdot 5 \cdot 7$	BM 13901
36 17 46 40	46 40	$2^4 \cdot 5^2 \cdot 7$	BM 13901
9 55	55	$5^2 \cdot 7$	BM 85200 + VAT 6599
27 33 45	5 15	$3^2 \cdot 5 \cdot 7$	BM 85194
11 29 3 45	26 15	$3^2 \cdot 5^2 \cdot 7$	MLC 1354
10 40 16	3 16	$2^2 \cdot 7^2$	UET 5 no. 859
50 25	55	$5 \cdot 11$	BM 85200 + VAT 6599;
3 21 40	1 50	$2 \cdot 5 \cdot 11$	TMS 8
12 36 15	27 30	$2 \cdot 3 \cdot 5^2 \cdot 11$	TMS 11
3 9 3 45	13 45	$3 \cdot 5^2 \cdot 11$	Str 368
22 24 26 40	36 40	$2^3 \cdot 5^2 \cdot 11$	Str 363

6.7 Auf der Tafel IM 54478 findet sich folgende Aufgabe.

So tief wie die Seite eines Quadrats habe ich ausgegraben
Ich habe ein und ein halbes SAR Erde ausgehoben.
Wie habe ich das Quadrat gemacht? Wie tief habe ich gegraben?

Die Lösung ist folgende:

Setze 𒁹𒌍 *und* 𒌋𒐖
Das IGI *von* 𒌋𒐖 *ist* 𒐊
Erhöhe 𒁹𒌍*, die Erde, auf* 𒐊 *: Du siehst* 𒐌𒌍
Was ist die Kubikwurzel von 𒐌𒌍 *?* 𒌍 *ist die Kubikwurzel*
Erhöhe 𒌍 *auf* 𒁹 *: Du siehst* 𒌍
Erhöhe 𒌍 *auf eine weitere* 𒁹 *: Du siehst* 𒌍
Erhöhe 𒌍 *auf* 𒌋𒐖*, und Du siehst* 𒐋
𒌍 *ist die Seite des Quadrats;* 𒐋 *ist die Tiefe.*

In der vorletzten Zeile wird halbes NINDAN in 6 kuš umgerechnet. Erkläre die restliche Rechnung.

6.8 Gäbe es natürliche Zahlen m und n mit $\sqrt{2} = \frac{m}{n}$, dann wäre $m^2 = 2n^2$. Zeige durch Betrachtung der Einerziffern von m und n, dass beide Zahlen auf 0 enden müssen. Folgere daraus einen Widerspruch durch fortgesetztes Kürzen von 10.

6.9 Zeige auf eine ähnliche Art, dass $\sqrt{3}$ irrational ist.

6.10 Zeige, dass $\sqrt{5}$ und $\sqrt{6}$ irrational sind.

6.11 Zeige allgemein, dass $\sqrt{n}$ für jede natürliche Zahl n, die keine Quadratzahl ist, irrational ist.

6.12 Erkläre, warum die folgenden Zeichnungen die Näherung $\sqrt{2} < 1 + \frac{1}{3} + \frac{1}{12} = \frac{17}{12}$ ergeben. Was folgt aus der Zeichnung für den Wert des Fehlers $(\frac{17}{12})^2 - 2$?

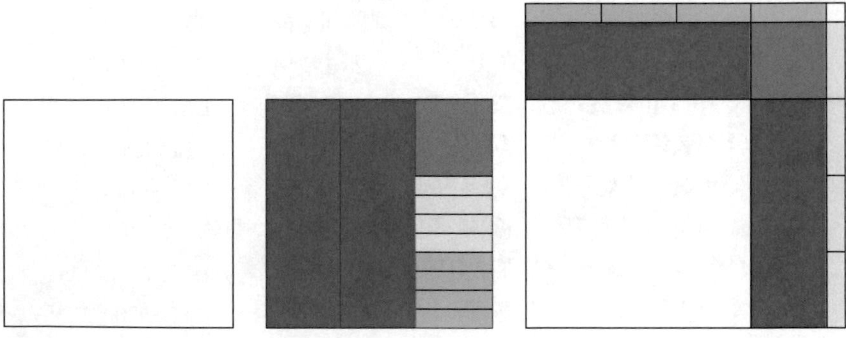

7. Quadratische Ergänzung

Quadratische Gleichungen werden zwar schon seit vielen Jahrtausenden gelöst, aber erst seit einigen Jahrhunderten so aufgeschrieben, wie wir das gewohnt sind. Eine im Wesentlichen auf Diophant zurückgehende Methode besteht darin, der Unbekannten und ihrem Quadrat eigene Bezeichnungen zu geben. Bevor nach Vieta die heute üblichen Bezeichnungen die Oberhand gewannen, schrieb man die Unbekannte etwa als C und deren Quadrat als Q; die Gleichung $x^2 + 2x = 35$ hätte man dann in der Form Q $2C$ ist 35 notiert. Dazu kommt noch, dass auch negative Zahlen sich erst im Zeitalter von Newton durchgesetzt haben und folglich verschiedene Formen quadratischer Gleichungen wie $ax^2+bx = c$ oder $ax^2+c = bx$ (mit *positiven* Koeffizienten a, b, c) getrennt betrachtet werden mussten.

Wir werden quadratische Gleichungen zuerst mit Hilfe der modernen Algebra lösen und dann etwas auf die historische Entwicklung eingehen.

7.1 Die *p*-*q*-Formel

Das wesentliche Hilfsmittel zur Lösung quadratischer Gleichungen ist die quadratische Ergänzung. Wir stellen diese Technik zuerst am Beispiel $x^2 + 2x = 35$ vor. Hier muss man, damit links ein Quadrat (binomische Formel!) steht, auf beiden Seiten 1 addieren:

$$\begin{aligned} x^2 + 2x &= 35 && \mid +1 \\ x^2 + 2x + 1 &= 36 && \mid \text{binomische Formel} \\ (x+1)^2 &= 36 && \mid \sqrt{} \\ x + 1 &= \pm 6 && \mid -1 \\ x_{1,2} &= \pm 6 - 1, \end{aligned}$$

also $x_1 = -7$ und $x_2 = 5$.

F. Lemmermeyer, *Mathematik à la Carte – Babylonische Algebra*,
https://doi.org/10.1007/978-3-662-66287-8_7

Geometrisch (siehe Abb. 7.1) ist die Sache ebenso klar: Ergänzt man die Gnomonfigur, die aus einem Quadrat der Seitenlänge x und zwei Rechtecken mit Seitenlängen x und 1 besteht, um ein Quadrat der Seitenlänge 1, dann erhält man ein Quadrat mit Seitenlänge $x+1$ und Flächeninhalt 36. Also ist $x+1=6$ und damit $x=5$ (negative Lösungen sind im geometrischen Zusammenhang unsinnig). Wir werden in Abschnitt 7.4 genauer auf die geometrische Interpretation der Lösung quadratischer Gleichungen eingehen.

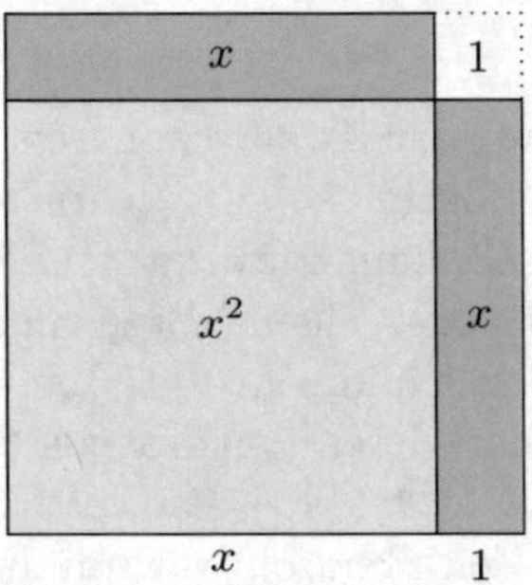

Abb. 7.1. Quadratische Ergänzung bei $x^2+2x=35$

Mit Hilfe der quadratischen Ergänzung können wir die quadratische Gleichung

$$x^2+px+q=0$$

lösen. Dazu ermöglichen wir durch Addition von $\frac{p}{2}\cdot\frac{p}{2}=\frac{p^2}{4}$ die Ergänzung von x^2+px zum Quadrat $x^2+px+\frac{p^2}{4}=(x+\frac{p}{2})^2$:

$$\begin{aligned} x^2+px+q&=0 \\ x^2+px+\frac{p^2}{4}+q&=\frac{p^2}{4} && \Big|\ -q \\ \Big(x+\frac{p}{2}\Big)^2&=\frac{p^2}{4}-q && \Big|\ \sqrt{} \\ x+\frac{p}{2}&=\pm\sqrt{\frac{p^2}{4}-q} && \Big|\ -\frac{p}{2} \\ x&=-\frac{p}{2}\pm\sqrt{\frac{p^2}{4}-q} \end{aligned}$$

Zur Lösung der Gleichung $x^2+4x+3=0$ muss man jetzt nur $p=4$ und $q=3$ einsetzen: wegen $\frac{p}{2}=2$ folgt

$$x_{1,2}=-2\pm\sqrt{4-3}=-2\pm 1,$$

also $x_1=-3$ und $x_2=-1$.

Offenbar lässt sich die Quadratwurzel nur dann ziehen, wenn $\frac{p^2}{4}-q\geq 0$ ist, wenn also $p^2-4q\geq 0$ ist; den Ausdruck p^2-4q nennt man die Diskriminante der quadratischen Gleichung $x^2 + px + q = 0$. Damit die Rechnung in rationalen Zahlen aufgeht, muss darüber hinaus $\frac{p^2}{4} - q$ (und damit auch $p^2 - 4q$) das Quadrat einer rationalen Zahl sein.

Eine zweite Möglichkeit der Herleitung der Lösungsformel läuft so: Sind x_1 und x_2 die Lösungen der quadratischen Gleichung $x^2 + px + q$, so muss

$$x^2 + px + q = (x - x_1)(x - x_2)$$

gelten, also

$$x_1 + x_2 = -p \quad \text{und} \quad x_1 x_2 = q$$

(man kennt diese Gleichungen heute als Satz von Vieta). Damit folgt

$$p^2 - 4q = (x_1 + x_2)^2 - 4x_1x_2 = x_1^2 + 2x_1x_2 + x_2^2 - 4x_1x_2 = x_1^2 - 2x_1x_2 + x_2^2 = (x_1 - x_2)^2,$$

also

$$x_1 - x_2 = \pm\sqrt{p^2 - 4q}.$$

Wegen $x_1 + x_2 = -p$ erhalten wir durch Bilden der Summe bzw. der Differenz der beiden letzten Gleichungen

$$x_1 = \frac{-p + \sqrt{p^2 - 4q}}{2} \quad \text{und} \quad x_2 = \frac{-p - \sqrt{p^2 - 4q}}{2}.$$

7.2 Die a-b-c-Formel

Jetzt lösen wir die Gleichung $ax^2 + bx + c = 0$ mit quadratischer Ergänzung.

Quadratische Ergänzung

Wir gehen vor wie bei der Gleichung $x^2 + px + q$, multiplizieren aber zuerst mit $4a$, um Brüche so lange wie möglich zu vermeiden:

$$\begin{aligned}
ax^2 + bx + c &= 0 && \mid \cdot 4a \\
4a^2x^2 + 4abx + 4ac &= 0 \\
(2ax + b)^2 - b^2 + 4ac &= 0 && \mid + b^2 - 4ac \\
(2ax + b)^2 &= b^2 - 4ac && \mid \sqrt{} \\
2ax + b &= \pm\sqrt{b^2 - 4ac} && \mid - b \\
2ax &= -b \pm \sqrt{b^2 - 4ac} && \mid : 2a \\
x &= \frac{-b \pm \sqrt{b^2 - 4ac}}{2a}
\end{aligned}$$

Die Gleichung $ax^2 + bx + c = 0$ mit $a \neq 0$ kann man auch mit der p-q-Formel lösen, indem man durch a dividiert; man erhält so

$$x^2 + \frac{b}{a}x + \frac{c}{a} = 0,$$

und die p-q-Formel gibt uns die beiden Lösungen

$$x_{1,2} = -\frac{b}{2a} \pm \sqrt{\frac{b^2}{4a^2} - \frac{c}{a}} = \frac{-b \pm \sqrt{b^2 - 4ac}}{2a}.$$

Diese Lösungsformel für die allgemeine quadratische Gleichung ergibt sich also ohne große Mühe aus der spezielleren p-q-Formel. Auch hier muss $b^2 - 4ac \geq 0$ sein, damit eine reelle Lösung existiert. Bekanntlich nennt man $\Delta = b^2 - 4ac$ die *Diskriminante* der quadratischen Gleichung $ax^2 + bx + c = 0$.

7.3 Die vier Ziegel

Aus der folgenden Figur, die man leicht mit vier Ziegeln legen kann, lassen sich erstaunlich viele Folgerungen ziehen. Wir leiten aus ihr im Folgenden die Ungleichung zwischen geometrischem und arithmetischem Mittel, pythagoreische Tripel, den Satz des Pythagoras und die p-q-Formel her.

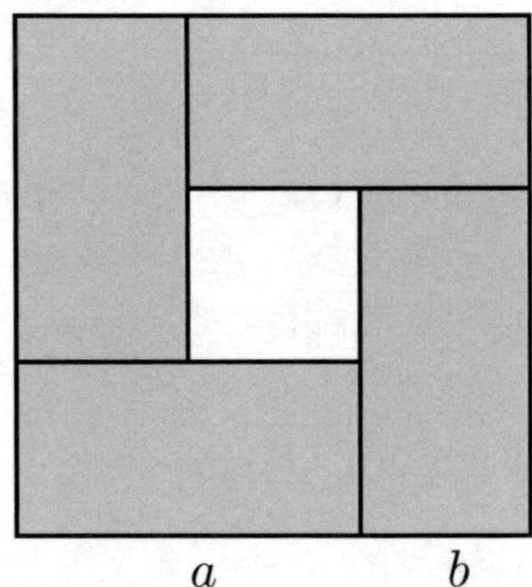

Ungleichung zwischen arithmetischem und geometrischem Mittel

Ganz offensichtlich ist die Fläche des großen Quadrats mindestens so groß wie die der vier Rechtecke zusammen, mit Gleichheit genau dann, wenn das Quadrat in der Mitte verschwindet, was für $a = b$ der Fall ist. Also gilt

$$(a + b)^2 \geq 4ab,$$

oder nach Division durch 4 und Ziehen der Quadratwurzel

Satz 7.1 (Ungleichung vom arithmetischen und geometrischen Mittel). *Für positive reelle Zahlen a und b gilt*

$$\frac{a+b}{2} \geq \sqrt{ab}.$$

Die Zahl $\frac{a+b}{2}$ nennt man dabei das arithmetische Mittel die Zahl $\sqrt{ab}$ das geometrische Mittel von a und b.

Pythagoreische Tripel

Bestimmt man die Fläche der Vier-Ziegel-Figur auf zwei Arten, so sieht man

$$(a-b)^2 + 4ab = (a+b)^2;$$

wegen $(a-b)^2 \geq 0$ folgt daraus, wie gesehen, die Ungleichung $(a+b)^2 \geq 4ab$ und damit Satz 7.1. Setzt man in dieser Gleichung $a = m^2$ und $b = n^2$, so folgt

$$(m^2 - n^2)^2 + (2mn)^2 = (m^2 + n^2). \tag{7.1}$$

Also gilt

Satz 7.2. *Für alle natürlichen Zahlen m und n gilt die Gleichung (7.1). Insbesondere ist*

$$(m^2 - n^2, 2mn, m^2 + n^2)$$

ein pythagoreisches Tripel.

Satz des Pythagoras

Zeichnet man die Diagonalen der Rechtecke ein, ergibt sich ein Quadrat der Seitenlänge c: Die Winkel müssen rechte Winkel sein, weil die Rechtecke jeweils um 90° gegeneinander gedreht sind.

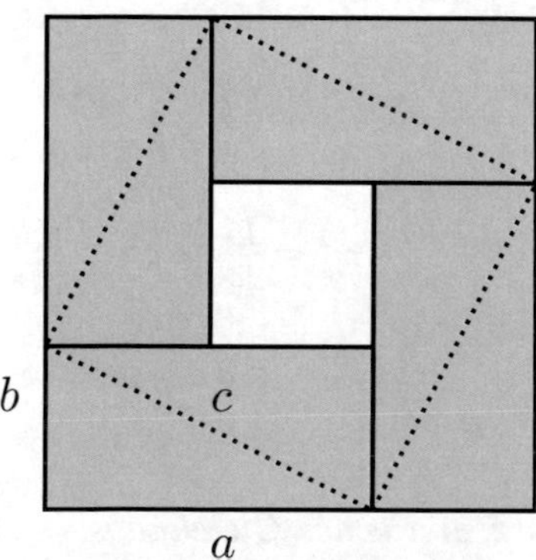

Dessen Fläche ist offenbar gleich

$$c^2 = (a-b)^2 + 2ab = a^2 + b^2,$$

und damit hat man den

Satz 7.3 (Satz des Pythagoras). *In einem rechtwinkligen Dreieck mit den Katheten a und b und der Hypotenuse c gilt*

$$a^2 + b^2 = c^2.$$

p-*q*-Formel

Auch die Lösung der quadratischen Gleichung

$$X^2 - pX + q = 0, \tag{7.2}$$

oder, was nach Vieta dasselbe ist, des Gleichungssystems

$$x + y = p, \quad xy = q,$$

wo $X = x$ und $X = x$ die Lösungen von (7.2) bezeichnen, lässt sich mit den vier Ziegeln veranschaulichen.

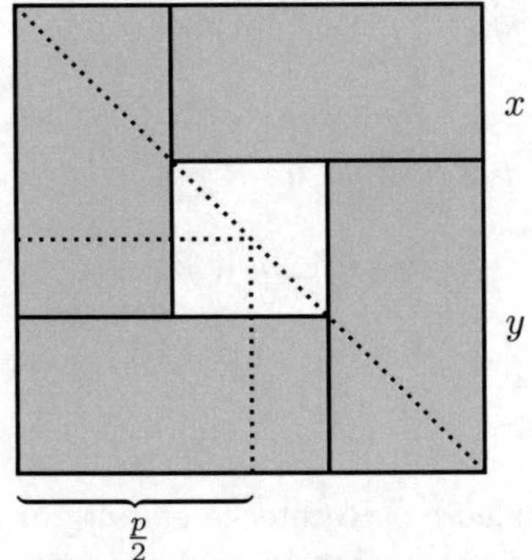

In der obigen Figur ist offenbar

$$\frac{p^2}{4} = xy + v^2,$$

wegen $xy = q$ daher

$$v^2 = \frac{p^2}{4} - q.$$

Andererseits ist

$$x = \frac{p}{2} + v \quad \text{und} \quad y = \frac{p}{2} - v.$$

Damit haben wir den

Satz 7.4. *Die Lösungen x und y des Gleichungssystems*

$$x + y = p, \quad xy = q$$

sind gegeben durch

$$x = \frac{p}{2} + \sqrt{\frac{p^2}{4} - q}, \quad y = \frac{p}{2} - \sqrt{\frac{p^2}{4} - q}.$$

7.4 Geometrische Interpretation

Die geometrische Interpretation der Lösung quadratischer Gleichungen ist aus den heutigen Schulbüchern verschwunden. In der Geschichte der Algebra spielt diese aber eine große Rolle: in den uns erhaltenen Werken der islamischen und byzantinischen Gelehrten in der ersten Hälfte des zweiten Jahrtausends n. Chr. wird diese Interpretation zur Begründung der Rechnungen durchgehend herangezogen.

Zur „geometrischen“ Lösung der quadratischen Gleichung $x^2 + 10x = 39$ benutzten die Araber (siehe z.B. [Wertheim 1896]) zwei verwandte Methoden. Die erste interpretiert die linke Seite der Gleichung als die Summe eines Quadrats der Seitenlänge x und eines Rechtecks mit den Seitenlängen 10 und x.

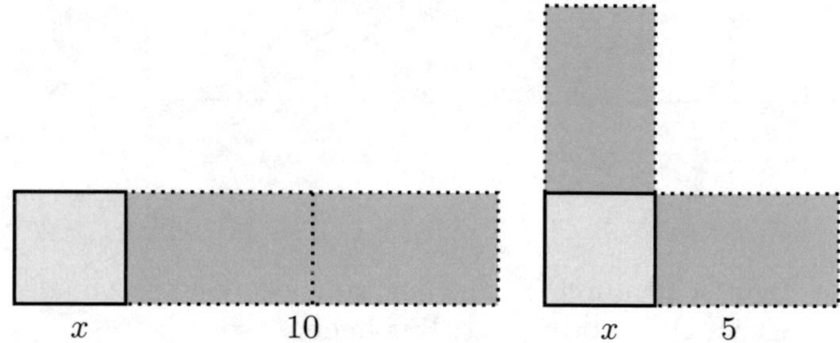

Das Rechteck wird nun in zwei gleich große Teilrechtecke geteilt und am Quadrat angelegt. Das so entstandene Gnomon kann man dann durch Hinzufügen eines Quadrats der Seitenlänge 5 zu einem Quadrat der Seitenlänge $x + 5$ ergänzen. Algebraisch bedeutet dies:

$$x^2 + 10x + 25 = 39 + 25, \quad \text{d.h.} \quad (x + 5)^2 = 64.$$

Zieht man jetzt die Wurzel, erhält man $x + 5 = 8$ (negative Zahlen wurden in Europa erst sehr spät eingeführt und setzten sich erst im Zeitalter von Newton durch) und damit $x = 3$.

Dieselbe Technik funktioniert auch für die allgemeine Gleichung

$$x^2 + px = q.$$

Hier legen wir an das Quadrat der Seitenlänge x zwei Rechtecke mit den Seiten x und $\frac{p}{2}$; die entstehende Figur ergänzen wir durch Hinzufügen eines Quadrats der Seitenlänge $\frac{p}{2}$ zu eingem Quadrat. Algebraisch läuft dies auf

$$x^2 + px + \frac{p^2}{4} = q + \frac{p^2}{4}$$

hinaus. Die linke Seite ist jetzt ein Quadrat, nämlich $(x + \frac{p}{2})^2$; Wurzelziehen ergibt

$$x + \frac{p}{2} = \sqrt{q + \frac{p^2}{4}},$$

woraus man durch Subtraktion von $\frac{p}{2}$ die (positive) Lösung der quadratischen Gleichung erhält.

Die zweite geometrische Lösung, die aber algebraisch im Wesentlichen mit der ersten übereinstimmt, teilt das Rechteck mit den Seiten 10 und x in vier gleich große Rechtecke mit den Seiten $\frac{5}{2} = 2{,}5$ und x auf, die an jeder Seite des Quadrats angelegt werden:

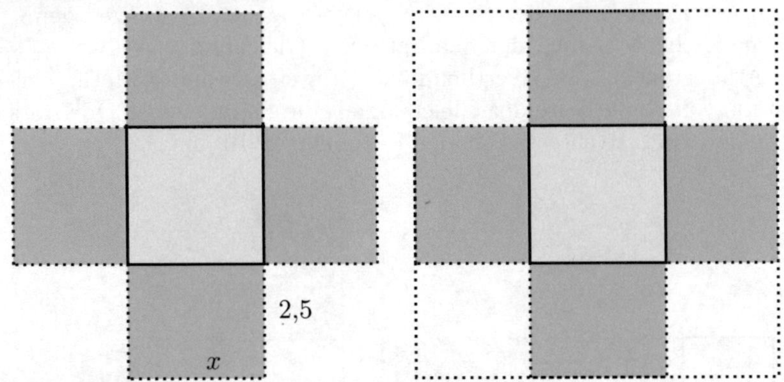

Die linke Figur wird durch Ergänzung von vier kleinen Quadraten der Seitenlänge $\frac{5}{2}$ zu einem Quadrat ergänzt. Wir finden also

$$(x+5)^2 = x^2 + 10x + 4 \cdot 6{,}25 = 39 + 25 = 64$$

und damit $x + 5 = 8$, also $x = 3$.

Im Falle der allgemeinen Gleichung $x^2 + px = q$ wird also vier Mal der Term $(\frac{p}{4})^2$ ergänzt:

$$x^2 + px + 4 \cdot \frac{p^2}{16} = q + 4 \cdot \frac{p^2}{16},$$

was aber zu

$$x^2 + px = \frac{p^2}{4} = q + \frac{p^2}{4}$$

äquivalent ist.

7.5 Elia Misrachi

Das der obigen Gleichung zugrundeliegende Problem formuliert der jüdische Gelehrte Misrachi (siehe [Wertheim 1896, S. 54]) so:

> *Welches ist die Quadratzahl, welche 39 giebt, wenn sie zum 10fachen ihrer Wurzel addiert wird?*

Dieselbe Aufgabe findet sich bereits bei vielen arabischen Autoren (Mohammed ben Musa, Alkharki, al Khayyam), sowie bei Johannes Hispalensis und Leonardo von Pisa (Fibonacci). Übertragen wir diese Aufgabe in eine Gleichung, wäre es vermutlich genauer, wenn wir sie als

$$x + 10\sqrt{x} = 39$$

schreiben würden statt als $x^2 + 10x = 39$.

Misrachi löst diese Aufgabe auf zwei Arten:

- Wir multiplizieren die Zahl der Wurzeln mit sich selbst, das giebt 100. Diese Zahl 100 multiplizieren wir mit 39, da kommt 3900 heraus, und das merken wir uns.

  Dann multiplizieren wir die Hälfte von 100 mit sich selbst, das giebt 2500. Dies addieren wir zu dem, was wir uns gemerkt haben, und erhalten 6400. Daraus ziehen wir die Wurzel, das ist 80. Dies ziehen wir ab von der Zahl, die entsteht, wenn wir 50, d.i. die Hälfte von 100, zu 39 addieren, also von 89. Da bleibt 9 übrig, und das ist die gesuchte Quadratzahl; ihre Wurzel ist 3.

- Oder, wenn dir ein anderer Weg besser gefällt, so nehmen wir die Hälfte der Anzahl der Wurzeln und multiplizieren sie mit sich selbst. Was herauskommt, addieren wir zu der Zahl, welche gleich der Summe der Quadratzahl und ihrer 10fachen Wurzel ist. Aus dem Resultat ziehen wir die Wurzel und subtrahieren von derselben die halbe Anzahl der Wurzeln. Was herauskommt, ist die Wurzel der gesuchten Quadratzahl.

Die erste Lösung stimmt offenbar nicht mit den Methoden überein, die wir oben geometrisch interpretiert haben. Um herauszufinden, was Masrachi hier macht, ist es ratsam, von einer allgemeinen Gleichung

$$x^2 + px = q$$

auszugehen; in Misrachis Beispiel ist $p = 10$ die Anzahl der Wurzeln x, die zum Quadrat x^2 addiert wird, und $q = 39$. Misrachis erster Schritt ist es, p^2 zu bilden und mit q zu multiplizieren. Das Ergebnis p^2q sollen wir uns merken.

Dann multiplizieren wir $\frac{p^2}{2}$ mit sich selbst, das gibt $\frac{p^4}{4}$, und addieren es zu der Zahl p^2q, die wir uns gemerkt haben: das Ergebnis ist $p^2q + \frac{p^4}{4}$. Die Wurzel subtrahieren wir von der Summe aus $\frac{p^2}{2}$ und q, und erhalten das Quadrat x^2. Symbolisch ist also

$$x^2 = q + \frac{p^2}{2} - \sqrt{p^2q + \frac{p^4}{4}}.$$

Herleiten kann man diese Formel auf algebraischem Wege so:

$$\begin{aligned}
x^2 + px &= q && \Big| \cdot p^2 \\
(px)^2 + p^2(px) &= p^2q && \Big| + \frac{p^4}{4} \\
(px)^2 + p^2(px) + \frac{p^4}{4} &= p^2q + \frac{p^4}{4} \\
\left(px + \frac{p^2}{2}\right)^2 &= p^2q + \frac{p^4}{4} && \Big| \sqrt{} \\
px + \frac{p^2}{2} &= \sqrt{p^2q + \frac{p^4}{4}}
\end{aligned}$$

Andererseits ist

$$x^2 + px + \frac{p^2}{2} = q + \frac{p^2}{2},$$

und Subtraktion der beiden letzten Gleichungen voneinander liefert

$$x^2 = q + \frac{p^2}{2} - \sqrt{p^2q + \frac{p^4}{4}}.$$

Alternativ könnte man die Lösung der quadratischen Gleichung auch einfach quadrieren:

$$\begin{aligned} x_1^2 &= \Big(-\frac{p}{2} + \sqrt{\frac{p^2}{4} + q}\Big)^2 = \frac{p^2}{4} + \frac{p^2}{4} + q - p\sqrt{\frac{p^2}{4} + q} \\ &= \frac{p^2}{2} + q - \sqrt{p^2q + \frac{p^4}{4}} \end{aligned}$$

Aufgaben

7.1 Zerlege die folgenden Zahlen N mit der Fermatschen Methode in ihre Primfaktoren. Dazu schreibt man N als Differenz $N = x^2 - y^2$ zweier Quadrate und hat dann die Zerlegung $N = (x - y)(x + y)$.

a) $N = 667$ b) $N = 12827$

c) $N = 2047$ d) $N = 64777$

7.2 Zeige, dass $n = 1$ die einzige natürliche Zahl ist, für welche $n^4 + 4$ prim ist.

7.3 Löse die folgenden quadratischen Gleichungen mit quadratischer Ergänzung.

a) $x^2 + 2x = 15$ b) $x^2 + 4x = 12$ c) $x^2 - 6x = 7$

d) $x^2 + x = \frac{3}{4}$ e) $x^2 - 3x = 10$ f) $4x^2 + 4x = 24$

7.4 Bestimme m und n so, dass $(m^2 - n^2, 2mn, m^2 + n^2)$ die angegebenen pythagoreischen Tripel ergeben.

m	n	a	b	c
		3	4	5
		5	12	13
		5	8	17

7.5 Bestimme alle pythagoreischen Tripel $(m^2 - n^2, 2mn, m^2 + n^2)$, für die $m^2 + n^2 = 2mn + 1$ ist.

7.6 Die Tafel CBS 43 enthält eine Reihe von sehr einfachen quadratischen Problemen. Die beiden ersten sind die folgenden:

1. *Füge* 𒁹 *zur Fläche meines Quadrats hinzu:* 𒁹 𒐏 𒁹
2. *Reiße* 𒁹 *aus der Fläche meines Quadrats heraus:* 𒁹 𒎙

Löse diese beiden Aufgaben.

8. Systeme quadratischer Gleichungen

Die einfachsten Gleichungssysteme mit zwei Unbekannten bestehen aus zwei linearen Gleichungen. Die Babylonier haben Gleichungssysteme gerne auf die Standardform

$$\frac{x+y}{2} = a, \quad \frac{x-y}{2} = b$$

gebracht, aus der sie dann die Unbekannten durch Bilden von Summe und Differenz berechnet haben:

$$x = \frac{x+y}{2} + \frac{x-y}{2} = a+b, \quad y = \frac{x+y}{2} - \frac{x-y}{2} = a-b.$$

8.1 Systeme von Gleichungen

Das einfachste System zweier Gleichungen mit zwei Unbekannten, das auf eine quadratische Gleichung führt, ist

$$x + y = a, \quad xy = b. \tag{8.1}$$

Löst man die erste Gleichung nach y auf und setzt dies in die zweite ein, so folgt $y = a - x$ und damit $x(a-x) = b$, also

$$x^2 - ax + b = 0.$$

Im Wesentlichen steckt hier der Satz von Vieta dahinter. Die Lösungen dieser quadratischen Gleichung sind

$$x_1 = \frac{a + \sqrt{a^2 - 4b}}{2} \quad \text{und} \quad x_2 = \frac{a - \sqrt{a^2 - 4b}}{2}.$$

Offenbar ist entweder $x = x_1$, $y = x_2$ oder $x = x_2$ und $y = x_1$.

Geometrisch lässt sich dieses System, wie wir bereits gezeigt haben, mit der 4-Ziegel-Figur lösen.

F. Lemmermeyer, *Mathematik à la Carte – Babylonische Algebra*,
https://doi.org/10.1007/978-3-662-66287-8_8

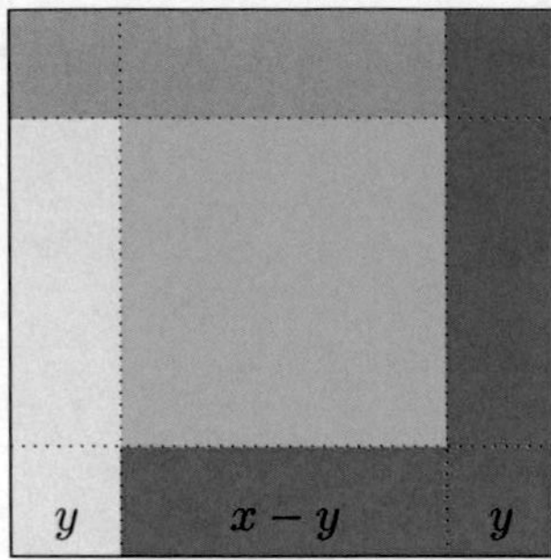

Die Seitenlänge des grünen Quadrats ist $x-y$, die des ganzen Quadrats $x+y = a$, und die vier Rechtecke haben Flächeninhalt $xy = b$. Diese Figur zeigt daher

$$(x+y)^2 - 4xy = (x-y)^2,$$

also nach Halbieren aller Strecken

$$\left(\frac{x+y}{2}\right)^2 - xy = \left(\frac{x-y}{2}\right)^2.$$

Wegen $x + y = a$ und $xy = b$ erhält man daraus

$$\frac{x+y}{2} = \frac{a}{2}, \quad \left(\frac{x-y}{2}\right)^2 = \frac{a^2}{4} - b,$$

und daraus auf dem üblichen Weg

$$x = \frac{a}{2} + \sqrt{\frac{a^2}{4} - b}, \quad y = \frac{a}{2} - \sqrt{\frac{a^2}{4} - b}.$$

Auf dieses System (8.1) wiederum lassen sich die Gleichungssysteme

$$x^2 + y^2 = a, \qquad x + y = b \tag{8.2}$$

und

$$x^2 + y^2 = a, \qquad x - y = b \tag{8.3}$$

zurückführen. Auch hier könnte man natürlich die zweite Gleichung nach y auflösen und in die erste einsetzen; dies liefert

$$x^2 + (b-x)^2 = a \quad \text{bzw.} \quad x^2 + (x-b)^2 = a.$$

Man kann aber auch vorgehen wie folgt: subtrahiert man die erste Gleichung vom Quadrat der zweiten, so folgt

$$b^2 - a = (x+y)^2 - (x^2 + y^2) = 2xy,$$

und dann hat man das System

$$x + y = b, \quad xy = \frac{b^2 - a}{2}.$$

8.2 Summen von Quadraten und ihr Produkt

Gleichungssysteme vom Typ

$$x^2 + y^2 = a, \quad xy = b$$

lassen sich auf verschiedene Arten lösen.

Schulalgebra

Auch hier kann man die Gleichung $xy = b$ nach y auflösen und in die erste Gleichung einsetzen: Dies liefert $y = \frac{b}{x}$ und damit

$$x^2 + \frac{b^2}{x^2} = a,$$

also

$$x^4 - ax^2 + b^2 = 0.$$

Quadratische Ergänzung ergibt

$$(x^2 - \tfrac{a}{2})^2 = \tfrac{a^2}{4} - b^2,$$

also, falls $\frac{a^2}{4} - b^2 \geq 0$ ist,

$$x^2 = \tfrac{a}{2} \pm \sqrt{\tfrac{a^2}{4} - b^2}.$$

Ziehen der Quadratwurzel liefert dann x.

Binomische Formeln

Eine sehr elegante Lösungsmethode der Gleichungssysteme (8.2) und (8.3) besteht darin, den Term x^2+y^2 auf zwei verschiedene Arten zu einem Quadrat zu ergänzen. Es ist nämlich

$$\begin{aligned} x^2 + y^2 + 2xy &= (x+y)^2 \quad \text{und} \\ x^2 + y^2 - 2xy &= (x-y)^2. \end{aligned}$$

Wurzelziehen liefert $x+y$ und $x-y$, woraus man (nach Halbieren) durch Addition bzw. Subtraktion die Werte von x und y erhält.

Ist etwa das Gleichungssystem

$$x^2 + y^2 = 1300, \quad xy = 600$$

gegeben, so rechnen wir

$$\begin{aligned} (x-y)^2 &= 1300 - 2 \cdot 600 = 100, \\ (x+y)^2 &= 1300 + 2 \cdot 600 = 2500, \end{aligned}$$

was uns $x - y = 10$ und $x + y = 50$ gibt. Daraus folgt aber sofort $x = 30$ und $y = 20$.

Sei etwas allgemeiner

$$x^2 + y^2 = a \quad \text{und} \quad xy = b.$$

Dann folgt

$$\begin{aligned} (x+y)^2 &= x^2 + y^2 + 2xy = a + 2b, \\ (x-y)^2 &= x^2 + y^2 - 2xy = a - 2b, \quad \text{also} \\ x &= \frac{1}{2}\Big(\sqrt{a+2b} + \sqrt{a-2b}\Big), \\ y &= \frac{1}{2}\Big(\sqrt{a+2b} - \sqrt{a-2b}\Big). \end{aligned}$$

Dies ist mit der oben hergeleiteten Formel kompatibel:

$$\begin{aligned} x^2 &= \frac{1}{4}\Big(a + 2b + 2\sqrt{a^2 - 4b^2} + a - 2b\Big) \\ &= \frac{1}{2}\Big(a + \sqrt{a^2 - 4b^2}\Big) = \frac{a}{2} + \sqrt{\frac{a^2}{4} - b^2}. \end{aligned}$$

Papyrus 259

In griechischen und römischen Quellen gibt es nur ganz wenige Probleme, die auf quadratische Gleichungen hinauslaufen. Einige von ihnen wollen wir hier besprechen. Wir beginnen mit einer Aufgabe vom Papyrus 259, welches wohl um das zweite Jahrhundert n. Chr. herum verfasst worden ist[1].

> *In einem rechtwinkligen Dreieck sind Höhe und Hypotenuse zusammen 8 Fuß lang, die Grundseite 4 Fuß. Wir suchen die Höhe und die Hypotenuse getrennt.*

Die auf dem Papyrus angegebene Lösung ist knapp: $4 \cdot 4 = 16$, $16 : 8 = 2$; $8 - 2 = 6$; $\frac{6}{2} = 3$ ist die Höhe, $8 - 3 = 5$ ist die Hypotenuse.

Algebraisch sieht die Sache so aus: wir haben ein rechtwinkliges Dreieck mit den Katheten a und $b = 4$ und Hypotenuse c, wobei $a + c = 8$ gegeben ist. Nun ist

$$4^2 = b^2 = c^2 - a^2 = (c+a)(c-a) = 8(c-a),$$

woraus sofort $c - a = \frac{4^2}{8} = 2$ und damit $a = 3$ und $c = 5$ folgt. Geometrisch wird die Differenz der Quadrate $c^2 - a^2 = 4^2$ in ein flächengleiches Rechteck mit den Seiten $c + a = 8$ und $c - a$ verwandelt.

[1] Die Aufgaben in diesem und dem nächsten Abschnitt sind [Sesiano 1999] entnommen.

Römische Feldmesser

Der folgende Text stammt aus einem Handbuch für römische Feldmesser. Es bildet insofern eine Ausnahme in dieser Sammlung, als es im Gegensatz zu den anderen Aufgaben ziemlich komplex ist.

> *In einem rechtwinkligen Dreieck ist die Hypotenuse 25 Fuß lang, die Fläche beträgt 150 [Quadrat-] Fuß. Sag uns die Höhe und die Grundseite getrennt.*

Weil der Text viele griechische Fachausdrücke benutzt, nimmt man an, dass er auf ein griechisches Original zurückgeht.

Die Lösung verläuft so, dass zuerst die 4-fache Fläche zum Quadrat der Hypotenuse addiert wird und die Seite des so entstandenen Quadrats bestimmt wird:

$$\sqrt{25^2 + 4 \cdot 150} = \sqrt{1225} = 35.$$

Danach wird die 4-fache Fläche subtrahiert und die Seite des kleineren Quadrats bestimmt:

$$\sqrt{25^2 - 4 \cdot 150} = \sqrt{25} = 5.$$

Die beiden Seiten des rechtwinkligen Dreiecks sind dann $\frac{35+5}{2} = 20$ und $\frac{35-5}{2} = 15$.

Auch hier steht eine klare geometrische Konstruktion hinter der Rechnung.

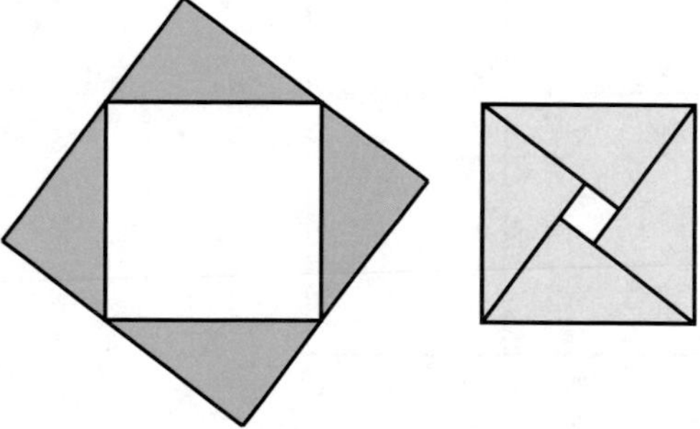

Legt man vier Dreiecke an das Quadrat mit der Seite 25, so entsteht ein großes Quadrat mit Seitenlänge $35 = a + b$; legt man sie ins Innere des Quadrats, entsteht ein kleines Quadrat mit Seitenlänge $5 = a - b$. Daraus erhält man dann wie angegeben $a = 20$ und $b = 15$.

Es ist nicht schwer zu sehen, dass hinter dieser Aufgabe die Vier-Ziegel-Figur steckt:

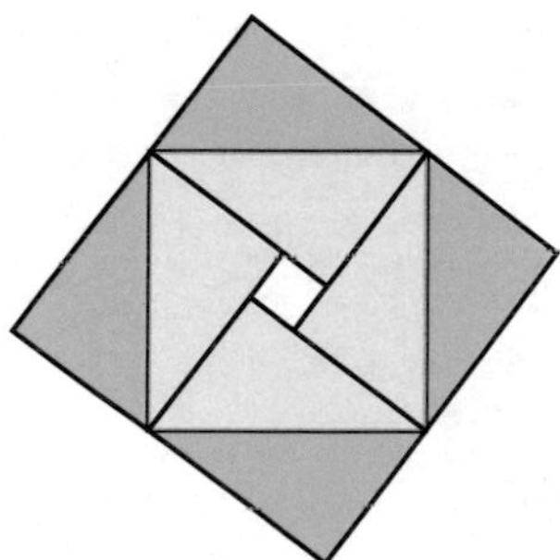

8.3 Geometrische Algebra in alten Schulbüchern

Die geometrische Interpretation quadratischer Gleichungssysteme ist, wohl wegen der Leistungsfähigkeit der modernen Algebra, schon seit langem aus den Schulbüchern verschwunden. In älteren Büchern, etwa in [Schüller 1891, § 112], findet man folgende Bemerkung[2]:

> *Die zeichnerische Darstellung setzt uns instand, eingekleidete Aufgaben, deren Lösung auf ein System Gleichungen zweiten Grades mit zwei Unbekannten führt, elementar zu lösen, also eine Auflösung zu schaffen, zu deren Verständnis keinerlei algebraische Kenntnisse erforderlich sind.*

Von den Beispielen, die dort gegeben werden, präsentieren wir zwei. Die erste Aufgabe lautet:

> *Die Differenz zweier Zahlen beträgt* 4, *die Summe ihrer Quadrate* 136. *Welches sind die Zahlen?*

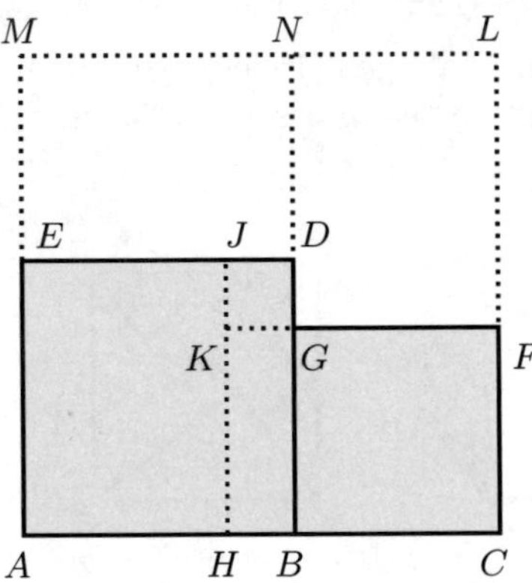

Abb. 8.1. Schüllers geometrische Lösung

Die zeichnerische Lösung beginnt mit der Darstellung der beiden Quadrate ABDE und BCFG (siehe Abb. 8.1). Dann wird das Rechteck CFKH so konstruiert, dass AB = HC ist, und dann zur 4-Ziegel-Figur ergänzt. Damit ist GK gleich der Differenz 4 der Zahlen, folglich haben zwei Rechtecke die Fläche $136 - 4^2 = 120$. Das gesamte Quadrat hat damit Fläche $136 + 120 = 256$, folglich ist die Summe der beiden Zahlen gleich $\sqrt{256} = 16$. Damit sind die beiden Zahlen

$$\frac{16-4}{2} = 6 \quad \text{und} \quad \frac{16+4}{2} = 10.$$

Die zweite Aufgabe lautet:

[2] Schüller löst die Gleichung $x^2 + 10x = 39$ nach den „Methoden von Mohammed ben Musa“ und gibt zahlreiche geometrische Begründungen für Identitäten wie etwa den binomischen formeln.

Wie muss man 16 teilen, daß das Produkt der beiden Teile, zu ihren Quadraten addiert, die Summe 208 giebt?

Hier ist also das Gleichungssystem

$$x + y = 16, \quad x^2 + y^2 + xy = 208$$

zu lösen. Wir bilden die folgende Figur und ergänzen sie zur 4-Ziegel-Figur.

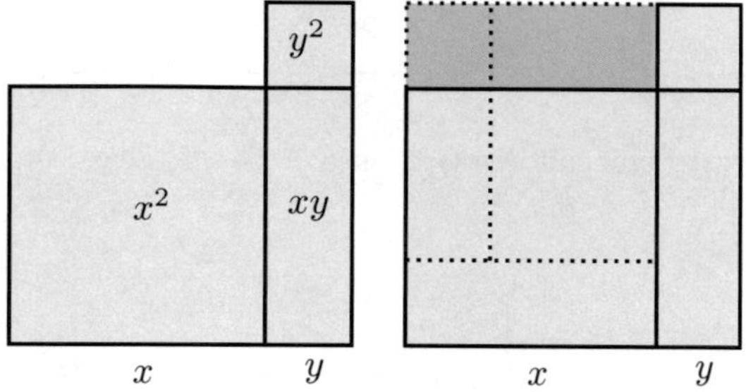

Das große Quadrat hat Flächeninhalt $16^2 = 256$, folglich hat das grüne Rechteck links oben Inhalt $256 - 208 = 48$.

Also hat das Quadrat in der Mitte Flächeninhalt $256 - 4 \cdot 48 = 64 = 8^2$, und somit ist $x - y = 8$. Zusammen mit $x + y = 16$ folgt dann $x = 12$ und $y = 4$.

8.4 Klassifikation der Aufgaben

In diesem Abschnitt besprechen wir nacheinander die möglichen Aufgaben, die sich daraus ergeben, dass man die Länge und die Breite eines Rechtecks aus zwei der Größen

$$S = L + B, \quad D = L - B, \quad P = LB, \quad \Sigma = L^2 + B^2, \quad \Delta = L^2 - B^2$$

bestimmen soll. Ausgangsfigur ist in allen Fällen die Vier-Ziegel-Figur[3].

Die erste Figur veranschaulicht die Identität $(L + B)^2 = (L - B)^2 + 4LB$, die zweite die erste binomische Formel $(L + B)^2 = L^2 + 2LB + B^2$ und auch die zweite binomische formel $L^2 + B^2 - 2LB = (L - B)^2$; legt man in der letzten Figur das gelbe Rechteck um, so erkennt man die dritte binomische Formel $L^2 - B^2 = (L - B)(L + B)$.

Ziel der babylonischen Schreiber bei all diesen Problemen ist die Berechnung von $\frac{L+B}{2}$ und $\frac{L-B}{2}$, woraus sich L und B dann durch Addition bzw. Subtraktion ergeben. Wir gehen jetzt die einzelnen Möglichkeiten der Reihe nach durch.

[3] Wir folgen hier dem Artikel von [Bidwell 1986].

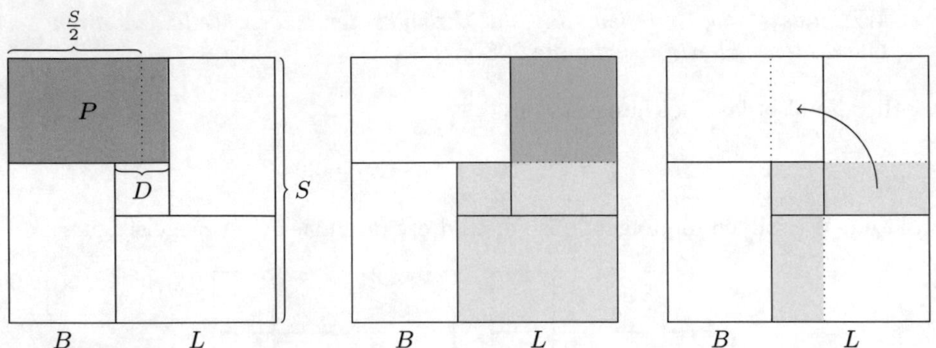

Abb. 8.2. Vier-Ziegel-Figur mit den Größen $S = L + B$, $D = L - B$ und $P = LB$, bzw. $\Sigma = L^2 + B^2$ und $\Delta = L^2 - B^2$.

Aufgabe (S, P)

Es sei also die Summe $S = L + B$ und das Produkt $P = LB$ von Länge und Breite eines Rechtecks gegeben. Weil wir $\frac{S}{2}$ bereits kennen, müssen wir $\frac{D}{2}$ ausrechnen. Dies geschieht mit der Identität

$$\left(\frac{L+B}{2}\right)^2 - LB = \left(\frac{L-B}{2}\right)^2. \tag{8.4}$$

Die einzelnen Schritte des babylonischen Verfahrens sind daher die folgenden:

Schritt	Operation	Ergebnis
(a)	Halbiere S	$\frac{S}{2}$
(b)	Bilde das Quadrat	$(\frac{S}{2})^2$
(c)	Subtrahiere P	$(\frac{S}{2})^2 - P$
(d)	Ziehe die Wurzel	$\sqrt{(\frac{S}{2})^2 - P} = \frac{D}{2}$
(e)	Berechne L und B	$L = \frac{S}{2} + \frac{D}{2}$, $B = \frac{S}{2} - \frac{D}{2}$.

Die Schritte (a) bis (e) in der Lösung des (S, P)-Problems haben folgende geometrische Bedeutung:

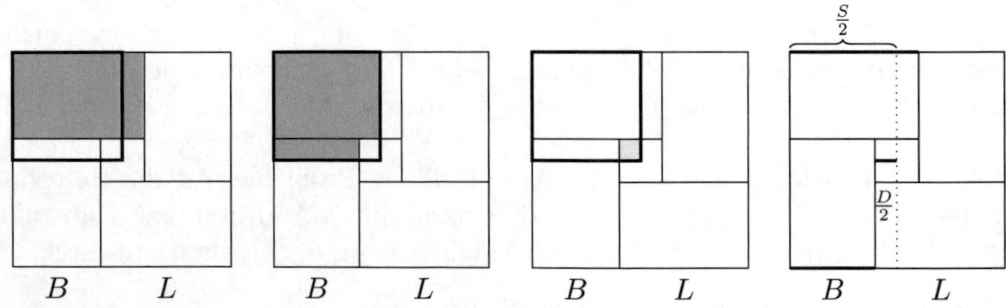

Zuerst wird $\frac{S}{2}$ gebildet, dann das Quadrat über $\frac{S}{2}$. Durch Umlegen eines kleinen Rechtecks wird klar, dass $(\frac{S}{2})^2 - P$ gleich der Fläche des gelben Quadrats ist; Wurzelziehen liefert die Seitenlänge $\frac{D}{2}$. Endlich ist $\frac{S}{2} + \frac{D}{2} = L$ und $\frac{S}{2} - \frac{D}{2} = B$.

Aufgabe (D, P)

Hier ist die Differenz $D = \frac{L-B}{2}$ der Seitenlängen und der Flächeninhalt $P = LB$ gegeben. Dieses Mal wird mit der Identität (8.4) $\frac{S}{2}$ aus $P = LB$ und $\frac{D}{2}$ bestimmt. Die einzelnen Schritte des babylonischen Verfahrens sind die folgenden:

Schritt	Operation	Ergebnis
(a)	Halbiere D	$\frac{D}{2}$
(b)	Bilde das Quadrat	$(\frac{D}{2})^2$
(c)	Addiere P	$(\frac{D}{2})^2 + P$
(d)	Ziehe die Wurzel	$\sqrt{(\frac{D}{2})^2 + P} = \frac{S}{2}$
(e)	Berechne L und B	$L = \frac{S}{2} + \frac{D}{2},\ B = \frac{S}{2} - \frac{D}{2}.$

Geometrisch sieht das Ganze so aus:

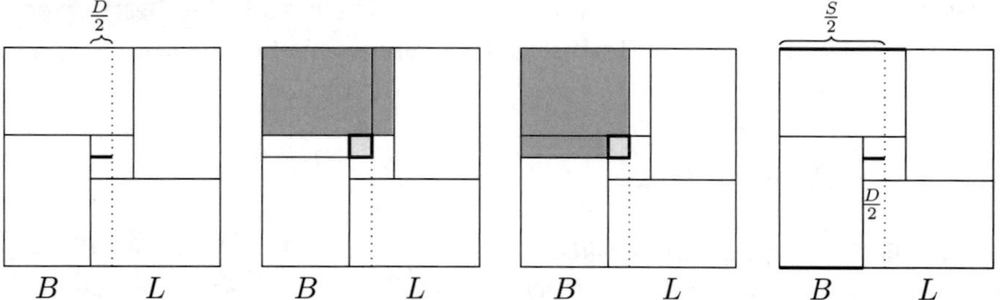

Hier wird zuerst $\frac{D}{2}$ gebildet und das Quadrat auf dieser Seite errichtet; Addition von P nebst Umlegen eines „Flügels“ zeigt, dass $(\frac{D}{2})^2 + P = (\frac{S}{2})^2$ ist. Wurzelziehen liefert $\frac{S}{2}$ und damit L und B wie oben.

Aufgabe (S, Σ) und (D, Σ)

Sei nun $S = L + B$ und $\Sigma = L^2 + B^2$ gegeben; Ziel ist die Berechnung von $\frac{D}{2}$.

Schritt	Operation	Ergebnis
(a)	Halbiere Σ	$\frac{\Sigma}{2}$
(b)	Halbiere S	$\frac{S}{2}$
(c)	Bilde das Quadrat	$(\frac{S}{2})^2$
(d)	Subtrahiere dies von $\frac{\Sigma}{2}$	$\frac{\Sigma}{2} - (\frac{S}{2})^2$
(e)	Ziehe die Wurzel	$\sqrt{(\frac{\Sigma}{2})^2 - (\frac{S}{2})^2} = \frac{D}{2}$
(f)	Berechne L und B	$L = \frac{S}{2} + \frac{D}{2},\ B = \frac{S}{2} - \frac{D}{2}.$

Zur Halbierung von $\Sigma = L^2 + B^2$ wird die Summe der beiden Quadrate etwas umgelegt. Um $(\frac{S}{2})^2$ subtrahieren zu können, muss noch einmal umgelegt werden:

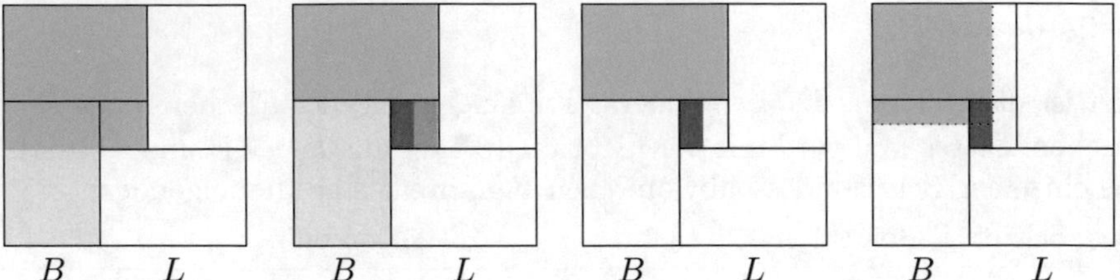

Diese Folge von Figuren zeigt also, dass

$$\left(\frac{L+B}{2}\right)^2 - \frac{L^2+B^2}{2} = \left(\frac{L-B}{2}\right)^2. \tag{8.5}$$

Wurzelziehen liefert dann $\frac{L-B}{2} = \frac{D}{2}$, und der Rest ist klar.

Ist $D = L - B$ und $\Sigma = L^2 + B^2$ gegeben, so muss man $\frac{S}{2}$ bestimmen. Dies funktioniert wie eben: aus der Identität (8.5) kann man ebenso leicht $\frac{D}{2}$ aus $\frac{S}{2}$ und $\frac{\Sigma}{2}$ bestimmen wie man $\frac{S}{2}$ aus $\frac{D}{2}$ und $\frac{\Sigma}{2}$ bestimmen kann.

Aufgabe (S, Δ) und (D, Δ)

Hier ist die Lösung algebraisch klar: wegen $\frac{L^2-B^2}{L+B} = L - B$ ist die Berechnung von D kein Problem. Die babylonischen Schreiber hätten selbstverständlich mit Reziproken gerechnet:

Schritt	Operation	Ergebnis
(a)	Bilde das Reziproke von S	$\frac{1}{S}$
(b)	Multipliziere dies mit Δ	$D = \frac{\Delta}{S}$
(c)	Halbiere S und D	$\frac{S}{2}$, $\frac{D}{2}$
(d)	Berechne L und B	$L = \frac{S}{2} + \frac{D}{2}$, $B = \frac{S}{2} - \frac{D}{2}$.

Aufgaben

Die folgenden Aufgaben entstammen der Aufgabensammlung von Holtmann.

8.1 Löse das Gleichungssystem $L + 2B = 70$, $L \cdot B = 600$ durch Multiplikation der zweiten Gleichung mit 2:

$$L + 2B = 70, \quad L \cdot 2B = 1200.$$

Jetzt wende die Methode (D,P) an.

Verallgemeinerung?

8.2 Löse die folgenden Gleichungssysteme.

a) $\begin{aligned} x^2+y^2 &= 5 \\ xy &= 2 \end{aligned}$ b) $\begin{aligned} x^2+y^2 &= 25 \\ xy &= 12 \end{aligned}$

c) $\begin{aligned} x^2+y^2 &= 29 \\ xy &= 10 \end{aligned}$ d) $\begin{aligned} x^2+y^2 &= 100 \\ xy &= 48 \end{aligned}$

e) $\begin{aligned} x^2+y^2 &= 61 \\ xy &= 30 \end{aligned}$ f) $\begin{aligned} x^2+y^2 &= 53 \\ xy &= 14 \end{aligned}$

8.3 Löse die folgenden Gleichungssysteme.

a) $\begin{aligned} x^2+y^2 &= 3{,}13 \\ xy &= 1{,}56 \end{aligned}$ b) $\begin{aligned} x^2+y^2 &= 1 \\ xy &= 0{,}48 \end{aligned}$

c) $\begin{aligned} x^2+y^2 &= 3{,}4 \\ xy &= 1{,}68 \end{aligned}$ d) $\begin{aligned} x^2+y^2 &= 2{,}89 \\ xy &= 1{,}2 \end{aligned}$

e) $\begin{aligned} x^2+y^2 &= m \\ xy &= n \end{aligned}$ f) $\begin{aligned} x^2+y^2 &= a^2 \\ xy &= b^2 \end{aligned}$

8.4 Löse die folgenden Gleichungssysteme.

a) $\begin{aligned} (x+y)^2+(x-y)^2 &= 18 \\ xy &= 6 \end{aligned}$ b) $\begin{aligned} x^2+y^2 &= 1 \\ xy &= 0{,}48 \end{aligned}$

c) $\begin{aligned} x^2+xy+y^2 &= 31 \\ x^2-xy+y^2 &= 21 \end{aligned}$ d) $\begin{aligned} x^2+y^2 &= 2{,}89 \\ xy &= 1{,}2 \end{aligned}$

e) $\begin{aligned} x^2+2xy+y^2 &= 16 \\ x^2-3xy+y^2 &= 1 \end{aligned}$ f) $\begin{aligned} x^2+y^2 &= a^2 \\ xy &= b^2 \end{aligned}$

8.5 Löse die folgenden Gleichungssysteme.

a) $\begin{aligned} x+y &= 5 \\ xy &= 6 \end{aligned}$ b) $\begin{aligned} x+y &= 12 \\ xy &= 35 \end{aligned}$

c) $\begin{aligned} x+y &= 5 \\ xy &= 24 \end{aligned}$ d) $\begin{aligned} x-y &= 3 \\ xy &= 10 \end{aligned}$

e) $\begin{aligned} x-y &= 2 \\ xy &= 0{,}48 \end{aligned}$ f) $\begin{aligned} x-y &= 11 \\ xy &= -24 \end{aligned}$

8.6 Löse die folgenden Gleichungssysteme.

a) $\begin{aligned} x+y &= 2{,}5 \\ xy &= 1{,}56 \end{aligned}$ b) $\begin{aligned} x-y &= 0{,}2 \\ xy &= 0{,}48 \end{aligned}$

c) $\begin{aligned} x-y &= 0{,}3 \\ 3xy &= 0{,}12 \end{aligned}$ d) $\begin{aligned} 2(x-y) &= 0{,}6 \\ 2xy &= 0{,}2 \end{aligned}$

e) $\begin{aligned} x-y &= 0{,}4 \\ xy &= 9{,}6 \end{aligned}$ f) $\begin{aligned} x-y &= 0{,}3 \\ 3xy &= 0{,}12 \end{aligned}$

8.7 Löse die folgenden Gleichungssysteme.

a) $\begin{aligned} x+y &= a \\ xy &= b \end{aligned}$ b) $\begin{aligned} x-y &= m \\ 3xy &= n \end{aligned}$

c) $\begin{aligned} x+y &= 2c \\ xy &= c^2 \end{aligned}$ d) $\begin{aligned} x+xy+y &= 15 \\ x-xy+y &= 1 \end{aligned}$

e) $\begin{aligned} x-xy &= 1-y \\ x+xy &= 19-y \end{aligned}$ f) $\begin{aligned} 2x+xy+2y &= 44 \\ 2x-xy+2y &= -4 \end{aligned}$

8.8 Löse die folgenden Gleichungssysteme.

a) $\begin{aligned} x^2+y^2 &= 25 \\ x+y &= 7 \end{aligned}$ b) $\begin{aligned} x^2+y^2 &= 100 \\ x+y &= 14 \end{aligned}$

c) $\begin{aligned} x^2+y^2 &= 100 \\ x-y &= -2 \end{aligned}$ d) $\begin{aligned} x^2+y^2 &= 125 \\ x-y &= 5 \end{aligned}$

e) $\begin{aligned} x^2+y^2 &= 181 \\ x-y &= 1 \end{aligned}$ f) $\begin{aligned} x^2+y^2 &= 313 \\ x-y &= 25 \end{aligned}$

8.9 (Tafel AO 6484 # 5) In einem Rechteck mit der Länge L, der Breite B und der Diagonale D ist $L+B+D=40$ und $L \cdot B = 120$. Bestimme L, B und D.

8.10 Hier ist ein Problem von der Tafel VAT 8390 mit einer etwas überraschenden Lösung.

> *Länge und Breite habe ich enthalten lassen:* 𒌋 *die Fläche.*
> *Die Länge mit sich selbst habe ich enthalten lassen und eine Fläche gemacht.*
> *So viel wie die Länge über die Breite hinausgeht habe ich enthalten lassen.*
> 𒐊 *mal habe ich wiederholt: so viel wie die Fläche, welche die Länge mit sich selbst enthält.*
> *Die Länge und die Breite: was?*

Übersetze die Aufgabe in moderne algebraische Schreibweise und löse sie.

8.11 Das folgende Problem ist in der arabischen mathematischen Kultur sehr verbreitet gewesen; insbesondere al-Kharki und al-Biruni haben sich damit beschäftigt.

Zwei Vögel sitzen auf zwei Palmen, die an den beiden Ufern eines Flusses der Breite a stehen und die Höhen p und q besitzen. Sie stürzen sich gleichzeitig auf einen Vogel, der von ihnen die Entfernung z hat.

Welche Entfernung x (bzw. $a-x$) hat der Fisch von den beiden Ufern, und wie groß ist z?

8.12 Die folgende Aufgabe stammt aus dem Ladies' Diary (ca. 1711):

> *Find two fractions whose sum is* $\frac{1}{7}$, *and product* $\frac{4}{847}$.

8.13 Löse die folgende Aufgabe.

> *In einem rechtwinkligen Dreieck ist die Hypotenuse 26 Fuß lang, die Fläche beträgt 120 [Quadrat-] Fuß. Sag uns die Höhe und die Grundseite getrennt.*

9. BM 13901: Der Text

Nach diesen Vorbereitungen sind wir jetzt so weit, dass wir uns die einzelnen Aufgaben der Sammlung BM 13901 genauer anschauen können. Bei der Transkription gehen wir von der Übersetzung durch Jens Høyrup [Høyrup 1992] aus; wenn sich die Lücken in den Texten rekonstruieren lassen (beispielsweise sind von den Aufgaben # 4 und # 19 nur Bruchstücke erhalten), wurden die Ergänzungen nicht gekennzeichnet.

9.1 Übersetzung von BM 13901

Vorderseite I.

———————————— # 1 ————————————

1. Die Fläche und meine Gegenseite habe ich angehäuft: 𒐏 𒐊 ist es. 𒁹, die Herausragende
2. setzt Du. Das Halbe von 𒁹 brich ab, 𒌍 und 𒌍 lässt Du enthalten.
3. 𒌋𒐊 zu 𒐏 𒐊 fügst Du hinzu: bei 𒁹, 𒁹 ist gleich. 𒌍, welche Du enthalten lassen hast,
4. aus dem Inneren von 𒁹 reiße heraus: 𒌍 ist die Gegenseite.

———————————— # 2 ————————————

5. Meine Gegenseite aus der Fläche habe ich herausgerissen: 𒌋𒐉 𒌍 ist es. 𒁹, die Herausragende,
6. setzt Du. Das Halbe von 𒁹 brichst Du, 𒌍 und 𒌍 lässt Du enthalten,
7. 𒌋𒐊 zu 𒌋𒐉 𒌍 fügst Du hinzu: bei 𒌋𒐉 𒌍 𒌋𒐊, 𒎙𒐍 𒌍 ist gleich.
8. 𒌍, welche Du enthalten lassen hast, zu 𒎙𒐍 𒌍 fügst Du hinzu: 𒌍 die Gegenseite.

F. Lemmermeyer, *Mathematik à la Carte – Babylonische Algebra*,
https://doi.org/10.1007/978-3-662-66287-8_9

3

9. Ein Drittel der Fläche habe ich herausgerissen; ein Drittel der Gegenseite zur
10. Fläche habe ich hinzugefügt: 𒎙 ist es. 𒁹, die Herausragende, setze.
11. Ein Drittel von 𒁹, der Herausragenden, 𒎙 reiße heraus; 𒐏 auf 𒎙 erhöhe, 𒌋𒐈 𒎙 schreibe ein.
12. Das Halbe von 𒎙, dem Drittel, das Du herausgerissen hast,
13. brichst Du ab. 𒌋 und 𒌋 lasse enthalten. 𒁹𒐏 zu 𒌋𒐈 𒎙 füge hinzu.
14. Bei 𒌋𒐊, 𒌍 ist gleich. 𒌋, was Du enthalten lassen hast, aus 𒌍 reiße heraus; 𒎙 ist es.
15. Das IGI von 𒐏 𒁹 𒌍 auf 𒎙 erhöhe: 𒌍, die Gegenseite.

4

16. Ein Drittel der Fläche habe ich herausgerissen; die Fläche zur Gegenseite
17. habe ich hinzugefügt: 𒐉𒐏 𒐋𒐏 ist es. 𒁹, die Herausragende, setze.
18. Ein Drittel von 𒁹, der Herausragenden, 𒎙 reiße heraus; 𒐏 auf 𒐉 𒐏𒐋 𒐏 erhöhe,
19. 𒐈 𒌋𒁹 𒐋 𒐏 schreibe ein. Das Halbe von 𒁹, der Herausragenden,
20. lasse enthalten. 𒌋𒐊 zu 𒐈 𒌋𒁹 𒐋 𒐏 füge hinzu.
21. Bei 𒐈 𒌋𒁹 𒎙𒁹 𒐏, 𒌋𒐈 𒐐 ist gleich. 𒌍, was Du enthalten lassen hast,
22. aus 𒌋𒐈 𒐐 reiße heraus; 𒌋𒐈 𒎙 ist es. Das IGI von 𒐏, 𒁹𒌍, auf 𒌋𒐈 𒎙 erhöhe.
23. 𒎙, die Gegenseite.

5

24. Die Fläche und die Gegenseite und ein Drittel der Gegenseite
25. habe ich angehäuft: 𒐐 𒐊 ist es. 𒁹, die Herausragende, setze. Ein Drittel
26. von 𒁹, der Herausragenden, 𒎙, zu 𒁹 füge hinzu: 𒁹𒎙. Sein Halbes, 𒐏
27. und 𒐏 lasse enthalten. 𒎙𒐋 𒐏 zu 𒐐 𒐊 füge hinzu.
28. Bei 𒁹 𒎙𒁹 𒐏, 𒁹𒌋 ist gleich. 𒐏, das Du enthalten lassen hast, aus 𒁹𒌋
29. reiße heraus. 𒌍, die Gegenseite.

6

30. Die Fläche und zwei Drittel meiner Gegenseite

31. habe ich angehäuft, 𒌍𒐊 ist es. 𒁹 die Herausragende setzt Du. Zwei Drittel

32. von 𒁹, der Herausragenden, 𒐏 . Sein Halbes, 𒎙 und 𒎙 lass enthalten.

33. 𒐋 𒐏 zu 𒌍𒐊 füge hinzu: bei 𒐏 𒁹𒐏 , 𒐐 ist gleich.

34. 𒎙, die Du halten lassen hast, aus dem Innern von 𒐐 reiße heraus, 𒌍 die Gegenseite.

7

35. Meine Gegenseite bis sieben und die Fläche bis elf

36. habe ich angehäuft: 𒐋 𒌋𒐊. 𒑂 und 𒌋𒁹 schreibe ein. 𒌋𒁹 auf 𒐋 𒌋𒐊

37. erhöhe: 𒁹 𒐍 𒐏 𒐊. Das Halbe von 𒑂 brich ab. 𒐈 𒌍 und 𒐈 𒌍

38. lass enthalten, 𒌋𒈫 𒌋𒐊 zu 𒁹 𒐍 𒐏 𒐊 füge hinzu.

39. bei 𒁹 𒎙𒁹, 𒐎 ist gleich.
𒐈𒌍, das Du halten lassen hast, aus dem Innern von 𒐎

40. reiße heraus; 𒐊 𒌍 schreibe ein. Das IGI von 𒌋𒁹 ist nicht abgespalten.

41. Was zu 𒌋𒁹 soll ich setzen das mir 𒐊 𒌍 gibt?

42. 𒌍 ist sein *bandûm*. 𒌍 die Gegenseite.

8

43. Die Flächen meiner beiden Gegenseiten habe ich angehäuft: 𒎙𒁹 𒐏

44. Meine Gegenseiten habe ich angehäuft: 𒐐 . Das Halbe von 𒎙𒁹 𒐏 brich ab,

45. 𒌋𒐐 schreibe ein. Das Halbe von 𒐐 brich ab, 𒎙𒐊 und 𒎙𒐊 lass enthalten,

46. 𒌋 𒎙𒐊 aus dem Inneren von 𒌋 𒐐 reiße heraus: bei 𒎙𒐊, 𒐊 ist gleich.

Rückseite I.

1. 𒐊 zu den ersten 𒎙𒐊 füge hinzu: 𒌍 die erste Gegenseite.

2. 𒐊 aus den zweiten 𒎙𒐊 reiße heraus: 𒎙 die zweite Gegenseite.

9

3. Die Flächen meiner beiden Gegenseiten habe ich angehäuft: 𒎙𒁹𒐏
4. Gegenseite über Gegenseite, 𒌋 ging sie hinaus.
5. Das Halbe von 𒎙𒁹 𒐏 brich ab; 𒌋𒐐 schreibe ein.
6. Das Halbe von 𒌋 brich ab, 𒐊 und 𒐊 lass enthalten,
7. 𒎙𒐊 aus dem Innern von 𒌋𒐐 reiße heraus: bei 𒌋 𒎙𒐊, 𒎙𒐊 ist gleich.
8. 𒎙𒐊 schreibe zwei Mal ein. 𒐊, was Du enthalten lassen hast,
9. zur ersten 𒎙𒐊 füge hinzu: 𒌍, die erste Gegenseite.
10. 𒐊 aus dem Innern der zweiten 𒎙𒐊 reiße heraus: 𒎙, die zweite Gegenseite.

10

11. Die Flächen meiner beiden Gegenseiten habe ich angehäuft: 𒎙𒁹 𒌋𒐊.
12. Gegenseite von Gegenseite, ein Siebtel ist es kleiner geworden.
13. 𒑂 und 𒐋 beschreibst Du ein. 𒑂 und 𒑂 lasse enthalten, 𒐏𒑆 .
14. 𒐋 und 𒐋 lasse enthalten, 𒌍𒐋 und 𒐏𒑆 häufe an:
15. 𒁹𒎙𒐊. Das IGI von 𒁹𒎙𒐊 ist nicht abgespalten. Was zu 𒁹𒎙𒐊
16. soll ich setzen das mir 𒎙𒁹 𒌋𒐊 gibt? Bei 𒌋𒐊, 𒌍 ist gleich.
17. 𒌍 auf 𒑂 erhöhst Du: 𒐈𒌍 die erste Gegenseite.
18. 𒌍 auf 𒐋 erhöhst Du: 𒐈 die zweite Gegenseite.

11

19. Die Flächen meiner beiden Gegenseiten habe ich angehäuft: 𒎙𒑄 𒌋𒐊
20. Gegenseite über Gegenseite, ein Siebtel geht es hinaus.
21. 𒑂 und 𒑄 schreibe ein. 𒑄 und 𒑄 lass enthalten, 𒁹𒐉
22. 𒑂 und 𒑂 lass enthalten, 𒐏𒑆 und 𒁹𒐉 häufe an, 𒁹𒐐 𒐈.
23. Das IGI von 𒁹 𒐐 𒐈 ist nicht abgespalten. Was zu 𒁹 𒐐 𒐈
24. soll ich setzen, das mir 𒎙𒑄 𒌋𒐊 gibt? Bei 𒌋𒐊, 𒌍 ist gleich.
25. 𒌍 auf 𒑄 erhöhe, 𒐉 die erste Gegenseite.
26. 𒌍 auf 𒑂 erhöhe, 𒐈𒌍 die zweite Gegenseite.

———————— # 12 ————————

27. Die Flächen meiner beiden Gegenseiten habe ich angehäuft: 𒎙𒁹 𒐏.

28. Meine Gegenseiten habe ich enthalten lassen: 𒌋.

29. Das Halbe meiner 𒎙𒁹 𒐏 brich ab: 𒌋 𒐐 und 𒌋𒐐 lasse enthalten,

30. 𒁹 𒐐 𒐌 𒎙𒁹 𒐏 ist es. 𒌋 und 𒌋 lasse enthalten, 𒁹 𒐏

31. aus 𒁹 𒐐 𒐌 𒎙𒁹 𒐏 reißt Du heraus: bei 𒁹 𒌋𒐌 𒎙𒁹 𒐏 , 𒐉 𒌋 ist gleich.

32. 𒐉 𒌋 zum einen 𒌋 𒐐 fügst Du hinzu: bei 𒌋𒐊, 𒌍 ist gleich.

33. 𒌍 die erste Gegenseite.

34. 𒐉 𒌋 aus dem zweiten 𒌋 𒐐 reißt Du heraus: bei 𒐋𒐏 , 𒎙 ist gleich.

35. 𒎙 die zweite Gegenseite.

———————— # 13 ————————

36. Die Flächen meiner beiden Gegenseiten habe ich angehäuft: 𒎙𒐌 𒎙.

37. Die Gegenseite, ein Viertel der Gegenseite.

38. 𒐉 und 𒁹 schreibe ein. 𒐉 und 𒐉 lass enthalten, 𒌋𒐋.

39. 𒁹 und 𒁹 lass enthalten, 𒁹 und 𒌋𒐋 häufe an, 𒌋𒐌.

40. Das IGI von 𒌋𒐌 ist nicht abgespalten. Was zu 𒌋𒐌 soll ich setzen

41. das mir 𒎙𒐌 𒎙 gibt? Bei 𒁹𒐏 , 𒌋 ist gleich.

42. 𒌋 auf 𒐉 erhöhe; 𒐏 die erste Gegenseite.

43. 𒌋 auf 𒁹 erhöhe; 𒌋 die zweite Gegenseite.

———————— # 14 ————————

44. Die Flächen meiner beiden Gegenseiten habe ich angehäuft: 𒎙𒐊𒎙𒐊.

45. Die andere Gegenseite, zwei Drittel der Gegenseite und 𒐊 NINDAN.

46. 𒁹 und 𒐏 und 𒐊 die über 𒐏 hinausgehen, beschreibe ein.

47. 𒐊 und 𒐊 lasse enthalten, 𒎙𒐊 aus 𒎙𒐊𒎙𒐊 reißt Du heraus:

Vorderseite II.

1. 𒎙𒐊 beschreibst Du ein. 𒁹 und 𒁹 lässt Du enthalten: 𒁹. 𒐏 und 𒐏 lässt Du enthalten,
2. 𒎙𒐋 𒐏 zu 𒁹 fügst Du hinzu: 𒁹 𒎙𒐋 𒐏 auf 𒎙𒐊 erhöhst Du:
3. 𒌍𒐋 𒐋 𒐏 beschreibst Du ein. 𒐊 auf 𒐏 erhöhst Du: 𒐈𒎙
4. und 𒐈 𒎙 lässt Du enthalten, 𒌋𒁹 𒐋 𒐏 zu 𒌍𒐋 𒐋 𒐏 fügst Du hinzu:
5. bei 𒐏𒐋 𒌋𒐍 𒐏 𒐋 𒐏, 𒐏 𒐋 𒐏 ist gleich. 𒐈𒎙, welches Du enthalten lassen hast,
6. aus 𒐏 𒐋 𒐏 reißt Du heraus: 𒐏 𒐈 𒎙 beschreibst Du ein.
7. Das IGI von 𒁹 𒎙𒐋 𒐏 ist nicht abgespalten. Was zu 𒁹 𒎙𒐋 𒐏
8. soll ich setzen das mir 𒐏 𒐈 𒎙 gibt? 𒌍 ist sein *bandûm*.
9. 𒌍 auf 𒁹 erhöhst Du: 𒌍 die erste Gegenseite.
10. 𒌍 auf 𒐏 erhöhst Du: 𒎙 zu 𒌋𒐊 fügst Du hinzu:
11. 𒎙𒐊 die zweite Gegenseite.

—————————— # 15 ——————————

12. Die Fläche meiner vier Gegenseiten habe ich angehäuft: 𒎙𒐌 𒐊.
13. Die Gegenseite, zwei Drittel, das Halbe, das Drittel der Gegenseite.
14. 𒁹 und 𒐏 und 𒌍 und 𒎙 schreibe ein. 𒁹 und 𒁹 lass enthalten, 𒁹.
15. 𒐏 und 𒐏 lass enthalten, 𒎙𒐋 𒐏 ist es. 𒌍 und 𒌍 lass enthalten, 𒌋𒐊.
16. 𒎙 und 𒎙 lass enthalten, 𒐋𒐏 und 𒌋𒐊 und 𒎙𒐋 𒐏 und 𒁹
17. häufe an; das IGI von 𒁹 𒐏 𒐍 𒎙 ist nicht abgespalten.
18. Was zu 𒁹 𒐏 𒐍 𒎙 soll ich setzen, was mir 𒎙𒐌 𒐊 gibt?
19. Bei 𒌋𒐊, 𒌍 ist gleich. 𒌍 auf 𒁹 erhöhe: 𒌍 die erste Gegenseite.
20. 𒌍 auf 𒐏 erhöhe: 𒎙 die zweite Gegenseite.
21. 𒌍 auf 𒌍 erhöhe: 𒌋𒐊 die dritte Gegenseite.
22. 𒌍 auf 𒎙 erhöhe: 𒌋 die vierte Gegenseite.

———————— # 16 ————————

23. Das Drittel der Gegenseite aus dem Innern der Fläche habe ich herausgerissen: 𒐊

24. 𒁹, die Herausragende, setze. Das Drittel von 𒁹, der Herausragenden, 𒎙.

25. Das Halbe von 𒁹, der Herausragenden, brich ab.

26. 𒌍 auf 𒎙 erhöhe, 𒌋.

27. 𒌋 und 𒌋 lass enthalten; 𒁹𒐏 zu 𒐊 füge hinzu.

28. Bei 𒐋𒐏 , 𒎙 ist gleich. 𒌋, das Du halten lassen hast, zu 𒎙 füge hinzu.

29. 𒌍 die Gegenseite.

———————— # 17 ————————

30. Die Flächen meiner drei Gegenseiten habe ich angehäuft: 𒌋 𒌋𒈫 𒐏𒐊.

31. Die Gegenseite das Siebtel der Gegenseite

32. 𒐏𒑆 und 𒑂 und 𒁹 setze. 𒐏𒑆 und 𒐏𒑆 lass enthalten, 𒐏 𒁹.

33. 𒑂 und 𒑂 lass enthalten, 𒐏𒑆 . 𒁹 und 𒁹 lass enthalten, 𒁹.

34. 𒐏 𒁹 und 𒐏𒑆 und 𒁹 häufe an: 𒐏 𒐐𒁹. Das IGI von 𒐏 𒐐𒁹

35. ist nicht abgespalten. Was zu 𒐏 𒐐𒁹 soll ich setzen,

36. was mir 𒌋 𒌋𒈫 𒐏𒐊 gibt? 𒌋𒐊 ist sein *bandûm*. Bei 𒌋𒐊, 𒌍 ist gleich.

37. 𒌍 auf 𒐏𒑆 erhöhe; 𒎙𒐉 𒌍 die erste Gegenseite.

38. 𒌍 auf 𒑂 erhöhe; 𒐈𒌍 die zweite Gegenseite.

39. 𒌍 auf 𒁹 erhöhe; 𒌍 die dritte Gegenseite.

———————— # 18 ————————

40. Die Flächen meiner drei Gegenseiten habe ich angehäuft: 𒎙𒐈 𒎙.

41. Gegenseite über Gegenseite, 𒌋 geht es hinaus.

42. 𒌋, welche es darüber hinausgeht, auf 𒁹 erhöhe, 𒌋 auf 𒈫 erhöhe, 𒎙 und 𒎙

43. lass enthalten, 𒐋𒐏 ist es. 𒌋 und 𒌋 lass enthalten, 𒁹𒐏 zu 𒐋𒐏 füge hinzu, 𒑄𒎙

44. aus dem Innern von 𒎙𒐈 𒎙 reiße heraus;
𒌋𒐊 auf 𒐈, die Gegenseite, erhöhe, 𒐏 𒐊 schreibe ein; 𒌋 und 𒎙 häufe an,

45. 𒌍 und 𒌍 lass enthalten; 𒌋𒐊 zu 𒐏 𒐊 füge hinzu:

46. Bei 𒁹, 𒁹 ist gleich. 𒌍, die Du halten lassen hast, reiße heraus. 𒌍 schreibe ein;

47. das IGI von 𒐈, von der Gegenseite, 𒎙 auf 𒌍 erhöhe, 𒌋 die Gegenseite

48. 𒌋 zu 𒌋 füge hinzu, 𒎙 die zweite Gegenseite. 𒌋 zu 𒎙

49. füge hinzu: 𒌍 die dritte Gegenseite.

——————————— # 19 ———————————

50. Meine Gegenseiten habe ich enthalten lassen. Die Fläche habe ich angehäuft.

51. So viel wie die Gegenseite über die Gegenseite hinausgeht

52. habe ich zusammen mit sich selbst enthalten lassen, zum Innern der Fläche

53. hinzugefügt: 𒎙𒐈 𒎙. Meine Gegenseiten habe ich angehäuft: 𒐐 .

54. 𒎙𒐈 𒎙 bis 𒈫 wiederhole, 𒐏 𒐋 𒐏 schreibe ein.

55. 𒐐 und 𒐐 lass enthalten, 𒐏 𒁹 𒐏 aus dem Innern von 𒐏 𒐋 𒐏 reiße heraus:

56. 𒐊. Das IGI von 𒌋𒈫 ist 𒐊. Auf 𒐊 erhöhe, bei 𒎙𒐊,

57. 𒐊 ist gleich. Das Halbe von 𒐐 brich ab.

58. 𒎙𒐊 zu 𒐊 füge hinzu: 𒌍 die erste Gegenseite.

59. 𒐊 aus 𒎙𒐊 reiße heraus: 𒎙 die zweite Gegenseite.

Rückseite II. ——————————— # 23 ———————————

1. Über eine Fläche; die vier Breiten und die Fläche habe ich angehäuft, 𒐏 𒁹 𒐏 .

2. 𒐉, die vier Breiten, schreibe ein. Das IGI von 𒐉 ist 𒌋𒐊.

3. 𒌋𒐊 auf 𒐏 𒁹 𒐏 erhöhe: 𒌋 𒎙𒐊 schreibe ein.

4. 𒁹, die Herausragende, füge hinzu: bei 𒁹 𒌋 𒎙𒐊, 𒁹𒐊 ist gleich.

5. 𒁹, die Herausragenden, welche Du hinzugefügt hast, reiße heraus: 𒐊 bis 𒈫

6. wiederhole: 𒌋 NINDAN steht sich gegenüber.

24 korrigierte Version[1]

7. Die Fläche meiner drei Gegenseiten habe ich angehäuft, 𒎙𒐝 𒌋.
8. Die Gegenseite, zwei Drittel der Gegenseite und 𒐙 NINDAN,
9. die halbe Gegenseite und 𒐖𒌍 NINDAN, 𒐕 und 𒐏 und 𒎙,
10. 𒐙 über 𒐏 hinausgehend, schreibe ein, 𒐖𒌍 über 𒎙 hinausgehend, schreibe ein.
11. Das Halbe von 𒐙 brich ab, 𒐖 𒌍 zu 𒐖 𒌍 füge hinzu, 𒐙 und 𒐙
12. lass enthalten, 𒎙𒐙 schreibe ein. 𒐙 und 𒐙 lass enthalten,
13. 𒎙𒐙 zu 𒎙𒐙 füge hinzu, 𒐐 aus dem Innern von 𒎙𒐝 𒌋 reiße heraus[2].
14. 𒎙𒐜 𒎙 schreibe ein. 𒐕 und 𒐕 lass enthalten, 𒐕. 𒐏 und 𒐏 lass enthalten,
15. 𒎙𒐚 𒐏. 𒎙 und 𒎙 lass enthalten, 𒐚𒐏 und 𒎙𒐚 𒐏 und 𒐕
16. häufe an, 𒐕 𒌍𒐗 𒎙 auf 𒎙𒐜 𒎙 erhöhe, 𒐏 𒐘𒐘𒎙𒐚𒐏.
17. 𒐙 und 𒐙 lass enthalten, 𒎙𒐙 zu 𒐏 𒐘𒐘𒎙𒐚𒐏 füge hinzu;
18. bei 𒐏 𒐘𒎙𒐜 𒎙𒐚𒐏, 𒐐 𒐕 𒐏 gleich.
19. 𒐙, das Du enthalten lassen hast, aus dem Innern von 𒐐 𒐕 𒐏 reiße heraus.
20. Was zu 𒐕 𒌍𒐗 𒎙 muss ich setzen, das mir 𒐐 𒐕 𒐏 gibt?
21. 𒌍 muss ich setzen. 𒌍 auf 𒐕 erhöhe, 𒌍 die erste Gegenseite. 𒌍 auf 𒐏 erhöhe, 𒎙 zu 𒐙 füge hinzu:
22. 𒎙𒐙 die zweite Gegenseite. Das Halbe von 𒎙𒐙 brich ab, 𒌋𒐖 𒌍 zu 𒐖𒌍 füge hinzu
23. 𒌋𒐙 die dritte Gegenseite.

[1] Die hier vorgestellte Version der Aufgabe findet sich nicht in dieser Form auf der Tafel. Wir haben den Text, angefangen mit einem Rechenfehler in Zeile 13, korrigiert. Den Originaltext findet man etwa bei [Høyrup 1992].

[2] Im Text steht fälschlich 𒎙𒐙 𒎙𒐙 statt 𒐐. Dies führt ab Zeile 16 zu weiteren notwendigen Änderungen, die wir hier auch vorgenommen haben.

9.2 Die Gleichungen von BM 13901

Als nächstes übertragen wir die Aufgabenstellungen in moderne algebraische Gleichungen. Dabei gibt es ein offensichtliches Problem: die sexagesimale Schreibweise der Koeffizienten legt diese nicht eindeutig fest. Das Problem, wonach das Doppelte einer Zahl gleich 𒁹 sein soll, kann man mit $2x = 1$ oder auch mit $2x = 60$ transkribieren; in diesem Fall wird die Lösung $x = \frac{1}{2}$ und $x = 30$ aber beidesmal durch 𒌍 repräsentiert. Bei quadratischen Gleichungen dagegen sind nicht alle Lesarten möglich: Wenn das Quadrat von 𒈫 gleich 𒐉 ist, dann ist entweder $2^2 = 4$ oder $(2 \cdot 60)^2 = 4 \cdot 60^2$ etc., aber die 𒐉 kann nicht für $4 \cdot 60$ stehen.

Die Aufgaben drehen sich um Quadrate, und zwar um Flächen und deren „Gegenseiten“: Die Vorstellung dabei ist, dass ein Quadrat festgelegt wird durch zwei gleich lange Seiten, die sich „gegenüberstehen“. Der Ausdruck

Die Fläche und meine Gegenseite habe ich angehäuft

steht also für $x^2 + x$, wenn wir die Seitenlänge des Quadrats mit x bezeichnen. Dass es um ein Quadrat und nicht um ein Rechteck geht, schließt man aus der Tatsache, dass die Fläche von der Gegenseite allein festgelegt ist. Die Summe $x^2 + x$ ist nun gleich 𒐏𒐊, und die angegebene Lösung ist $x =$ 𒌍. Offenbar kann nicht $x = 30$ sein, denn dann wäre $x^2 + x = 930$, also 𒌋𒐊 𒌍; dagegen funktioniert $x = \frac{30}{60} = \frac{1}{2}$, weil damit $x^2 + x = \frac{3}{4} = \frac{45}{60}$ ist. Das Problem # 1 verlangt also die Lösung der Gleichung $x^2 + x = \frac{3}{4}$.

Analog können wir die anderen Probleme in Gleichungen verwandeln; das Ergebnis ist in den Tabellen 9.1 und 9.2 festgehalten. Man beachte, dass die Aufgabenstellung durchgehend in der ersten Person formuliert sind („ich habe angehäuft“), die Lösungen dagegen in der zweiten Person.

Aufgaben

9.1 Übertrage die folgende (konstruierte) Aufgabe in moderne Symbolsprache und löse sie mit den Mitteln der heutigen Algebra.

> Über eine Fläche.
>
> Die vier Breiten und die Fläche habe ich angehäuft, 𒈫 𒌋𒐊
>
> 𒐉, die vier Breiten, schreibe ein. Das IGI von 𒐉 ist 𒌋𒐊.
>
> 𒌋𒐊 auf 𒈫 𒌋𒐊 erhöhe: 𒌍𒐈 𒐏𒐊 schreibe ein.
>
> 𒁹, die Herausragende, füge hinzu: bei 𒁹𒌍𒐈 𒐏𒐊, 𒁹 𒌋𒐊 ist gleich.
>
> 𒁹, die Herausragende, welche Du hinzugefügt hast, reiße heraus:
>
> 𒌋𒐊 bis 𒈫 wiederhole: 𒌍 NINDAN steht sich gegenüber.

9.2 Löse alle Aufgaben der Tafel BM 13901 (siehe Tab. 9.3) mit den Mitteln der heutigen Schulmathematik.

#	Text	Gleichung
# 1	Die Fläche und meine Gegenseite habe ich angehäuft: 𒌋𒌋𒌋𒌋 𒁹𒁹𒁹𒁹𒁹 ist es.	$x^2 + x = \frac{3}{4}$
# 2	Meine Gegenseite aus der Fläche habe ich herausgerissen: 𒌋𒁹𒁹𒁹𒁹 𒌋𒌋𒌋 ist es.	$x^2 - x = 870$
# 3	Ein Drittel der Fläche habe ich herausgerissen; ein Drittel der Gegenseite zur Fläche habe ich hinzugefügt: 𒌋𒌋 ist es.	$x^2 - \frac{1}{3}x^2 + \frac{1}{3}x = \frac{1}{3}$
# 4	Ein Drittel der Fläche habe ich herausgerissen; die Fläche zur Gegenseite habe habe ich hinzugefügt: 𒁹𒁹𒁹𒁹𒌋𒌋𒌋𒌋 𒁹𒁹𒁹𒁹𒁹𒁹𒌋𒌋𒌋𒌋 ist es.	$x^2 - \frac{1}{3}x^2 + x = 286\frac{2}{3}$
# 5	Die Fläche und die Gegenseite und ein Drittel der Gegenseite habe ich angehäuft: 𒌋𒌋𒌋𒌋𒌋 𒁹𒁹𒁹𒁹𒁹 ist es.	$x^2 + x + \frac{1}{3}x = \frac{11}{12}$
# 6	Die Fläche und zwei Drittel meiner Gegenseite habe ich angehäuft, 𒌋𒌋𒌋𒁹𒁹𒁹𒁹𒁹 ist es.	$x^2 + \frac{2}{3}x = \frac{7}{12}$
# 7	Meine Gegenseite bis sieben und die Fläche bis elf habe ich angehäuft: 𒁹𒁹𒁹𒁹𒁹𒁹𒌋𒁹𒁹𒁹𒁹𒁹.	$7x + 11x^2 = 6\frac{1}{4}$
# 8	Die Flächen meiner beiden Gegenseiten habe ich angehäuft: 𒌋𒌋𒁹𒌋𒌋𒌋𒌋	$x^2 + y^2 = 1300$
	und meine Gegenseiten habe ich angehäuft: 𒌋𒌋𒌋𒌋𒌋	$x + y = 50$
# 9	Die Flächen meiner beiden Gegenseiten habe ich angehäuft: 𒌋𒌋𒁹𒌋𒌋𒌋𒌋	$x^2 + y^2 = 1300$
	Gegenseite über Gegenseite, 𒌋 ging sie hinaus.	$x - y = 10$
# 10	Die Flächen meiner beiden Gegenseiten habe ich angehäuft: 𒌋𒌋𒁹 𒌋𒁹𒁹𒁹𒁹𒁹.	$x^2 + y^2 = 21\frac{1}{4}$
	Gegenseite von Gegenseite, ein Siebtel ist es kleiner geworden.	$x - y = \frac{x}{7}$
# 11	Die Flächen meiner beiden Gegenseiten habe ich angehäuft: 𒌋𒌋𒁹𒁹𒁹𒁹𒁹𒁹𒁹𒁹 𒌋𒁹𒁹𒁹𒁹𒁹	$x^2 + y^2 = 1695$
	Gegenseite über Gegenseite, ein Siebtel geht es hinaus.	$x - y = \frac{y}{7}$
# 12	Die Flächen meiner beiden Gegenseiten habe ich angehäuft: 𒌋𒌋𒁹𒌋𒌋𒌋𒌋 .	$x^2 + y^2 = 21\frac{1}{4}$
	Meine Gegenseiten habe ich enthalten lassen: 𒌋.	$xy = 10$

Tafel 9.1. BM 13901

# 13	Die Flächen meiner beiden Gegenseiten habe ich angehäuft: 𒎙𒐍𒎙.	$x^2+y^2=1700$
	Die Gegenseite, ein Viertel der Gegenseite.	$y=\frac{x}{4}$
# 14	Die Flächen meiner beiden Gegenseiten habe ich angehäuft: 𒎙𒐊𒎙𒐊.	$x^2+y^2=1525$
	Die andere Gegenseite, zwei Drittel der Gegenseite und 𒐊 NINDAN.	$y=\frac{2}{3}x+5$
# 15	Die Flächen meiner vier Gegenseiten habe ich angehäuft: 𒎙𒐌 𒐊.	$x^2+y^2+z^2+w^2=1625$
	Die Gegenseite, zwei Drittel, das Halbe, das Drittel der Gegenseite.	$y=\frac{2}{3}x,\ z=\frac{1}{2}x,\ w=\frac{1}{3}x$
# 16	Das Drittel der Gegenseite der Gegenseite aus dem Innern der Fläche habe ich herausgerissen: 𒐊	$x^2-\frac{x}{3}=\frac{1}{12}$
# 17	Die Flächen meiner drei Gegenseiten habe ich angehäuft: 𒌋 𒌋𒈫 𒐏𒐊.	$x^2+y^2+z^2=612\frac{3}{4}$
	Die Gegenseite das Siebtel der Gegenseite	$y=\frac{x}{7},\quad z=\frac{y}{7}$
# 18	Die Flächen meiner drei Gegenseiten habe ich angehäuft: 𒎙𒐈 𒎙.	$x^2+y^2+z^2=1400$
	Gegenseite über Gegenseite, 𒌋 geht es hinaus.	$z-y=y-x=10$
# 19	Meine Gegenseiten habe ich enthalten lassen. Die Flächen habe ich angehäuft.	x^2+y^2
	So viel wie die Gegenseite über die Gegenseite hinausgeht habe ich zusammen mit sich selbst enthalten lassen, zum Innern der Fläche hinzugefügt: 𒎙𒐈 𒎙.	$x^2+y^2+(x-y)^2=1400$
	Meine Gegenseiten habe ich angehäuft: 𒐐.	$x+y=50$
# 23	Über eine Fläche; die vier Breiten und die Fläche habe ich angehäuft, 𒐏 𒁹 𒐏.	$x^2+4x=\frac{25}{36}$
# 24	Die Flächen meiner drei Gegenseiten habe ich angehäuft, 𒎙𒐎 𒌋.	$x^2+y^2+z^2=\frac{35}{72}$
	Die Gegenseite, zwei Drittel der Gegenseite und 𒐊 NINDAN,	$y=\frac{2}{3}x+\frac{1}{12}$
	die halbe Gegenseite und 𒈫𒌍 NINDAN,	$z=\frac{1}{2}y+\frac{1}{24}$

Tafel 9.2. BM 13901

Nr.	Problem
#1	$x^2 + x = \frac{3}{4}$
#2	$x^2 - x = 870$
#3	$x^2 - \frac{1}{3}x^2 + \frac{1}{3}x = \frac{1}{3}$
#4	$x^2 - \frac{1}{3}x^2 + x = 286\frac{2}{3}$
#5	$x^2 + x + \frac{1}{3}x = \frac{11}{12}$
#6	$x^2 + \frac{2}{3}x = \frac{7}{12}$
#7	$11x^2 + 7x = 6\frac{1}{4}$
#8	$x^2 + y^2 = 1300, \quad x + y = 50$
#9	$x^2 + y^2 = 1300, \quad x - y = 10$
#10	$x^2 + y^2 = 21\frac{1}{4}, \quad x - y = \frac{x}{7}$
#11	$x^2 + y^2 = 28\frac{1}{4}, \quad x - y = \frac{y}{7}$
#12	$x^2 + y^2 = 21\frac{1}{4}, \quad xy = 10$
#13	$x^2 + y^2 = 1700, \quad y = \frac{x}{4}$

Nr.	Problem
#14	$x^2 + y^2 = 1525, \quad y = \frac{2}{3}x + 5$
#15	$x^2 + y^2 + z^2 + w^2 = 1625,$
	$y = \frac{2}{3}x, \quad z = \frac{1}{2}x, w = \frac{1}{3}x$
#16	$x^2 - \frac{x}{3} = \frac{1}{12}$
#17	$x^2 + y^2 + z^2 = 612\frac{3}{4},$
	$y = \frac{x}{7}, z = \frac{y}{7}$
#18	$x^2 + y^2 + z^2 = 1400,$
	$z - y = y - x = 10$
#19	$x^2 + y^2 + (x - y)^2 = 1400,$
	$x + y = 50$
#23	$x^2 + 4x = \frac{25}{36}$
#24	$x^2 + y^2 + z^2 = \frac{35}{72},$
	$y = \frac{2}{3}x + \frac{1}{12}, z = \frac{1}{2}y + \frac{1}{24}$

Tafel 9.3. Die Probleme auf BM 13901 in moderner Symbolik

9.3 In der Sammlung BM 13901 fehlen Aufgaben, in welchen $x^2 - y^2$ gegeben ist. Vielleicht haben die babylonischen Schreiber diese als zu trivial angesehen. Löse die folgenden Aufgaben:

a) $x^2 - y^2 = 500$, $x + y = 50$
b) $x^2 - y^2 = 500$, $x - y = 10$
c) $x^2 - y^2 = 500$, $y = \frac{2}{3}x$

9.4 Löse das Gleichungssystem $x^2 - y^2 = 500$, $xy = 600$

9.5 Um weitere Beispielaufgaben vom Typ # 23 zu erhalten, benutzen wir pythagoreische Tripel (a, b, c). Auf welche Gleichungen führen die einfachsten solchen Tripel, also $(3, 4, 5)$, $(5, 12, 13)$, $(7, 24, 25)$, $(9, 40, 41)$, auf welche das allgemeine Tripel $(2m + 1, 2m^2 + 2m, 2m^2 + 2m + 1)$?

9.6 Löse die folgenden Gleichungssysteme.

a) $x^2 + 2y^2 = 1700, x + y = 50$
b) $x^2 + 2y^2 = 1700, x - y = 10$
c) $2x^2 + 3y^2 = 3000, x + y = 50$
d) $2x^2 + 3y^2 = 3000, x - y = 10$

10. BM 13901: Eine erste Approximation

Im vorigen Kapitel haben wir die Aufgaben der Sammlung BM 13901 mit heutiger Schulalgebra gelöst. Wir haben dort zwar die auf der Tafel BM 13901 angegebenen Lösungen erhalten, aber unsere Rechenwege weichen teilweise deutlich von denen auf der Tafel ab.

In diesem Kapitel werden wir den Text noch einmal mit der heutigen Algebra untersuchen, wollen uns dabei aber den Lösungswegen auf der Tafel nähern und uns fragen, auf welchem Weg die babylonischen Schreiber zu ihren Lösungen gekommen sind.

1

Betrachten wir etwas allgemeiner die Gleichung $x^2 + ax = b$; im vorliegenden Fall ist $a = 1$ und $b = \frac{3}{4}$. Wir gehen die Vorschriften auf der Tafel durch und ersetzen die Zahlen durch Buchstaben, um zu sehen, wie die Lösung erhalten wird.

Operation	Gleichung
Das Halbe von 1 brich ab: $\frac{1}{2}$	betrachte $\frac{a}{2}$.
$\frac{1}{2}$ und $\frac{1}{2}$ lasse enthalten: $\frac{1}{4}$	bilde $\frac{a}{2} \cdot \frac{a}{2} = \frac{a^2}{4}$
$\frac{1}{4}$ zu $\frac{3}{4}$ füge hinzu: 1	$b + \frac{a^2}{4}$
bei 1, 1 ist gleich	$\sqrt{b + \frac{a^2}{4}}$
$\frac{1}{2}$ aus 1 reiße heraus	$\sqrt{b + \frac{a^2}{4}} - \frac{a}{2}$

Die Lösung der Gleichung $x^2 + ax = b$ für positive Zahlen a und b ist daher

$$x = \sqrt{b + \frac{a^2}{4}} - \frac{a}{2}.$$

Die zweite Lösung der Gleichung ist negativ.

Die Rechnungen im Sexagesimalsystem sind leicht nachzuvollziehen: Die Hälfte der 1 ist $0;30 = \frac{30}{60} = \frac{1}{2}$, das Quadrat von $0;30$ ist $0;30 \cdot 0;30 = 0;15$ wegen $\frac{1}{2} \cdot \frac{1}{2} = \frac{1}{4} = \frac{15}{60}$. Ebenso klar ist $0;15 + 0;45 = \frac{1}{4} + \frac{3}{4} = 1$, und die Quadratwurzel aus 1 ist natürlich ebenfalls 1.

F. Lemmermeyer, *Mathematik à la Carte – Babylonische Algebra*,
https://doi.org/10.1007/978-3-662-66287-8_10

Wir haben damit verstanden, wie man das Problem $x^2 + x = \frac{3}{4}$ löst; unklar ist bei dieser Lösung, warum man die Hälfte von 1 abbricht, oder eine Zahl aus dem Innern einer andern herausreißt. Dies wird erst verständlich werden, wenn wir im nächsten Kapitel den geometrischen Hintergrund der Lösung erklären.

2

Die algebraische Lösung ist völlig analog zu der von # 1, weil wir ja lediglich a durch $-a$ zu ersetzen brauchen:

Operation	Gleichung
Das Halbe von 1 brich ab: $\frac{1}{2}$.	betrachte $\frac{a}{2}$.
$\frac{1}{2}$ und $\frac{1}{2}$ lasse enthalten: $\frac{1}{4}$	bilde $\frac{a}{2} \cdot \frac{a}{2} = \frac{a^2}{4}$
$\frac{1}{4}$ zu 870 füge hinzu	$b + \frac{a^2}{4}$
bei $870\frac{1}{4}$, $29\frac{1}{2}$ ist gleich	$\sqrt{b + \frac{a^2}{4}}$
$\frac{1}{2}$ zu $29\frac{1}{2}$ füge hinzu	$\sqrt{b + \frac{a^2}{4}} + \frac{a}{2}$

3

Um herauszufinden, was der babylonische Schreiber gemacht hat, gehen wir von der allgemeinen Gleichung $x^2 - ax^2 + bx = A$ aus; im Original ist $a = \frac{1}{3}$, $b = \frac{1}{3}$ und $A = \frac{1}{3}$.

Der Verlauf der Rechnungen ist dann folgender:

Operation	Gleichung
Ein Drittel von 1 reiße heraus: $\frac{2}{3}$	$1 - a$
$\frac{2}{3}$ auf $\frac{1}{3}$ erhöhe: $\frac{2}{9}$	$(1 - a)A$
Das Halbe vom Drittel brich ab: $\frac{1}{6}$	$\frac{b}{2}$
$\frac{1}{6}$ und $\frac{1}{6}$ lass enthalten: $\frac{1}{36}$	$\frac{b}{2} \cdot \frac{b}{2}$
$\frac{1}{36}$ zu $\frac{2}{9}$ füge hinzu: $\frac{1}{4}$	$(1 - a)A + \frac{b^2}{4}$
bei $\frac{1}{4}$, $\frac{1}{2}$ ist gleich	$\sqrt{(1 - a)A + \frac{b^2}{4}}$
$\frac{1}{6}$ aus $\frac{1}{2}$ reiße heraus: $\frac{1}{3}$	$\sqrt{(1 - a)A + \frac{b^2}{4}} - \frac{b}{2}$
Erhöhe auf das IGI von $\frac{2}{3}$: $\frac{1}{3} \cdot \frac{3}{2} = \frac{1}{2}$	$\frac{\sqrt{(1-a)A + \frac{b^2}{4}} - \frac{b}{2}}{1-a}$

Man beachte, dass in Zeile 12 nicht (wie angegeben) a, sondern b halbiert werden muss; im Text sind beide Zahlen gleich $\frac{1}{3}$.

Algebraisch verläuft die Lösung so:

$$
\begin{aligned}
(1-a)x^2 + bx &= A && \mid \cdot (1-a) \\
(1-a)^2x^2 + b(1-a)x &= (1-a)A && \mid z = (1-a)x \\
z^2 + bz &= (1-a)A && \mid + \tfrac{b^2}{4} \\
(z + \tfrac{b}{2})^2 &= (1-a)A + \tfrac{b^2}{4} && \mid \surd \\
z + \tfrac{b}{2} &= \sqrt{(1-a)A + \tfrac{b^2}{4}} && \mid - \tfrac{b}{2} \\
z &= \sqrt{(1-a)A + \tfrac{b^2}{4}} - \tfrac{b}{2} && \mid : (1-a) \\
x &= \frac{\sqrt{(1-a)A + \frac{b^2}{4}} - \frac{b}{2}}{1-a}
\end{aligned}
$$

4

Wir betrachten die Gleichung $x^2 - ax^2 + x = A$. Im Text ist $a = \frac{1}{3}$ und $A = 286\frac{2}{3}$.

Operation	Gleichung
Ein Drittel von 1 reiße heraus	$1-a$
$\frac{2}{3}$ auf $286\frac{2}{3}$ erhöhe	$(1-a)A$
Das Halbe von 1 brich ab	$\frac{1}{2}$
$\frac{1}{2}$ und $\frac{1}{2}$ lass enthalten	$\frac{1}{2} \cdot \frac{1}{2}$
$\frac{1}{4}$ zu $191\frac{1}{9}$ füge hinzu	$(1-a)A + \frac{1}{4}$
bei $\frac{6889}{36}$, $\frac{83}{6}$ ist gleich	$\sqrt{(1-a)A + \frac{1}{4}}$
$\frac{1}{2}$ aus $\frac{83}{6}$ reiße heraus: $\frac{40}{3}$	$\sqrt{(1-a)A + \frac{1}{4}} - \frac{1}{2}$
Erhöhe auf das IGI von $\frac{2}{3}$: 20	$\frac{\sqrt{(1-a)A+\frac{1}{4}}-\frac{1}{2}}{1-a}$

$$
\begin{aligned}
(1-a)x^2 + x &= A && \mid \cdot (1-a) \\
[(1-a)x]^2 + (1-a)x &= (1-a)A && \mid + \frac{1}{4} \\
[(1-a)x]^2 + (1-a)x + \frac{1}{4} &= (1-a)A + \frac{1}{4} \\
(1-a)x + \frac{1}{2} &= \sqrt{(1-a)A + \frac{1}{4}} && \mid - \frac{1}{2} \\
(1-a)x &= \sqrt{(1-a)A + \frac{1}{4}} - \frac{1}{2} && \mid : (1-a) \\
x &= \frac{\sqrt{(1-a)A + \frac{1}{4}} - \frac{1}{2}}{1-a}
\end{aligned}
$$

Die Berechnung der Quadratwurzel ist nicht einfach: Multiplikation der Zahl 3,11; 21,40 mit 3 ergibt 9,34; 05, nochmalige Multiplikation mit 3 liefert 28,42; 15. Multiplikation mit 4 ergibt jetzt 1,54,49; den Standardtabellen kann man allerdings nicht entnehmen, dass dies das Quadrat von 83 ist. Die Näherungsformel $\sqrt{1+2a} < 1 + a$ liefert im vorliegenden Falle, dass die Quadratwurzel kleiner als 1,27 ist, und weil die Sexagesimalziffer der Wurzel auf 3 oder 7 enden muss, ist 1,23 der erste Kandidat für die Quadratwurzel, was sich dann direkt bestätigen lässt. Die Wurzel aus der ursprünglichen Zahl ist daher $\frac{83}{6}$, sexagesimal also 13; 50.

Alternativ: die in 3,11; 21,40 enthaltene ganze Zahl ist $3 \cdot 60 + 11 = 191$, also muss die Quadratwurzel zwischen 13 und 14 liegen. Der Ansatz $(14-x)^2 = 191\frac{13}{36}$ liefert $x^2 - 28x + 4\frac{23}{36} = 0$. Multiplikation mit 36 ergibt $36x^2 - 28 \cdot 36x + 167 = 0$, also $(6x)^2 - 28 \cdot 6 \cdot (6x) + 167 = 0$. Diese Gleichung hat die offensichtliche Lösung $6x = 1$.

5

Wir betrachten wieder allgemeiner die Gleichung $x^2 + x + ax = A$. Im Text ist $a = \frac{1}{3}$ und $A = \frac{11}{12}$.

Operation	Gleichung
Ein Drittel zu 1 füge hinzu	$1 + a$
Sein Halbes mit sich lass enthalten	$\frac{1+a}{2} \cdot \frac{1+a}{2}$
$\frac{4}{9}$ zu $\frac{11}{12}$ füge hinzu	$A + \frac{(1+a)^2}{4}$
Bei $\frac{49}{36}$, $\frac{7}{6}$ ist gleich	$\sqrt{A + \frac{(1+a)^2}{4}}$
$\frac{2}{3}$ aus $\frac{7}{6}$ reiße heraus: $\frac{1}{2}$	$\sqrt{A + \frac{(1+a)^2}{4}} - \frac{1+a}{2}$

Das Verfahren zur Lösung funktioniert also wie folgt:

$$x^2 + (1+a)x = A \qquad \Big| + \frac{(1+a)^2}{4}$$

$$x^2 + (1+a)x + \frac{(1+a)^2}{4} = A + \frac{(1+a)^2}{4}$$

$$x + \frac{1+a}{2} = \sqrt{A + \frac{(1+a)^2}{4}} \qquad \Big| - \frac{1+a}{2}$$

$$x = \sqrt{A + \frac{(1+a)^2}{4}} - \frac{1+a}{2}$$

6

Hier liegt eine normalisierte Gleichung $x^2 + ax = A$ vor, die mit quadratischer Ergänzung gelöst wird. Im Text ist $a = \frac{2}{3}$ und $A = \frac{35}{60}$.

Operation	Gleichung
Das Halbe von zwei Drittel von Eins	$\frac{a}{2}$
$\frac{1}{3}$ und $\frac{1}{3}$ lass enthalten: $\frac{1}{9}$	$\frac{a}{2} \cdot \frac{a}{2}$
$\frac{1}{9}$ zu $\frac{35}{60}$ füge hinzu: $\frac{25}{36}$	$A + \frac{a^2}{4}$
Bei $\frac{25}{36}$, $\frac{5}{6}$ ist gleich	$\sqrt{A + \frac{a^2}{4}}$
$\frac{1}{3}$ aus $\frac{5}{6}$ reiße heraus: $\frac{1}{2}$	$\sqrt{A + \frac{a^2}{4}} - \frac{a}{2}$

7

Hier liegt eine quadratische Gleichung der Form $ax^2 + bx = A$ vor; im Text ist $a = 11$, $b = 7$ und $A = 6\frac{1}{4}$.

Operation	Gleichung
11 auf $6\frac{1}{4}$ erhöhe: $\frac{275}{4}$	$a \cdot A$
Das Halbe von 7 brich ab: $\frac{7}{2}$	$\frac{b}{2}$
$\frac{7}{2}$ und $\frac{7}{2}$ lass enthalten: $\frac{49}{4}$	$\frac{b^2}{4}$
$\frac{49}{4}$ zu $\frac{275}{4}$ füge hinzu: 81	$aA + \frac{b^2}{4}$
Bei 81, 9 ist gleich	$\sqrt{aA + \frac{b^2}{4}}$
$\frac{7}{2}$ aus 9 reiße heraus: $\frac{11}{2}$	$\sqrt{aA + \frac{b^2}{4}} - \frac{b}{2}$
11 mal wieviel ist $\frac{11}{2}$? $\frac{1}{2}$	$\frac{\sqrt{aA+\frac{b^2}{4}} - \frac{b}{2}}{a}$

Das Verfahren verläuft also so:

$$ax^2 + bx = A \qquad \Big| \cdot a$$

$$(ax)^2 + b(ax) = aA \qquad \Big| + \frac{b^2}{4}$$

$$(ax)^2 + b(ax) + \frac{b^2}{4} = aA + \frac{b^2}{4}$$

$$ax + \frac{b}{2} = \sqrt{aA + \frac{b^2}{4}} \qquad \Big| - \frac{b}{2}$$

$$ax = \sqrt{aA + \frac{b^2}{4}} - \frac{b}{2} \qquad \Big| : a$$

$$x = \frac{\sqrt{aA + \frac{b^2}{4}} - \frac{b}{2}}{a}$$

8

Hier geht es um Gleichungssysteme der Form

$$x^2 + y^2 = A, \quad x + y = B.$$

Im Original ist $A = 1300$ und $B = 50$; die Lösung verläuft wie folgt.

Operation	Gleichung
Das Halbe von 1300 brich ab: 650	$\frac{A}{2}$
Das Halbe von 50 brich ab: 25	$\frac{B}{2}$
25 und 25 lass enthalten: 625	$\frac{B^2}{4}$
625 aus 650 reiße heraus: 25	$\frac{A}{2} - \frac{B^2}{4}$
Bei 25, 5 ist gleich	$\sqrt{\frac{A}{2} - \frac{B^2}{4}}$
5 zu 25 füge hinzu: 30	$\frac{B}{2} + \sqrt{\frac{A}{2} - \frac{B^2}{4}}$
5 aus 25 reiße heraus: 20	$\frac{B}{2} - \sqrt{\frac{A}{2} - \frac{B^2}{4}}$

Algebraisch verläuft das Verfahren so: Man bildet $\frac{x+y}{2}$ und $\frac{x^2+y^2}{2}$ und berechnet dann

$$\frac{x^2 + y^2}{2} - \Big(\frac{x+y}{2}\Big)^2 = \Big(\frac{x-y}{2}\Big)^2.$$

Wurzelziehen gibt dann $\frac{x-y}{2}$, und jetzt erhält man x und y, indem man

$$x = \frac{x+y}{2} + \frac{x-y}{2} \quad \text{bzw.} \quad y = \frac{x+y}{2} - \frac{x-y}{2}$$

bildet.

9

Hier soll $x^2 + y^2 = 1300$ und $x - y = 10$ sein. Bis auf das Vorzeichen von y stimmt alles mit dem vorhergehenden Problem überein; algebraisch ist die Lösung daher dieselbe. Wir betrachten wieder $x^2 + y^2 = A$ und $x - y = B$ und gehen vor wie oben:

Operation	Gleichung
Das Halbe von 1300 brich ab: 650	$\frac{A}{2}$
Das Halbe von 10 brich ab: 5	$\frac{B}{2}$
5 und 5 lass enthalten: 25	$\frac{B^2}{4}$
25 aus 650 reiße heraus: 625	$\frac{A}{2} - \frac{B^2}{4}$
Bei 625, 25 ist gleich	$\sqrt{\frac{A}{2} - \frac{B^2}{4}}$
5 zu 25 füge hinzu: 30	$\frac{B}{2} + \sqrt{\frac{A}{2} - \frac{B^2}{4}}$
5 aus 25 reiße heraus: 20	$\frac{B}{2} - \sqrt{\frac{A}{2} - \frac{B^2}{4}}$

10

Wir gehen aus vom Gleichungssystem

$$x^2 + y^2 = A, \quad x - y = bx.$$

Im Text der Aufgabe ist $A = 21\frac{1}{4}$ und $b = \frac{1}{7}$.

Wir würden diese Aufgabe so lösen: mit $y = x(1-b)$ wird

$$A = x^2 + y^2 = x^2 + x^2(1-b)^2 = x^2[1 + (1-b)^2],$$

also ist

$$x = \sqrt{\frac{A}{1 + (1-b)^2}} \quad \text{und} \quad y = (1-b) \cdot \sqrt{\frac{A}{1 + (1-b)^2}}.$$

Das babylonische Verfahren beginnt damit, die Quadrate von 7 und 6 zu berechnen. Diese Zahlen tauchen im Text der Aufgabe nicht auf, sind also gewählt. Tatsächlich liegt ein falscher Ansatz mit $x = 7$ vor, der $y = 6$ liefert.

Mit dem falschen Ansatz $x = a$ und $y = (1-b)a$ erhalten wir:

Operation	Gleichung
7 und 7 lass enthalten: 49	a^2
6 und 6 lass enthalten: 36	$(1-b)^2a^2$
49 und 36 häufe an: 85	$a^2 + (1-b)^2a^2$
85 mal wie viel ist $21\frac{1}{4}$? $\frac{1}{4}$	$\frac{A}{a^2+(1-b)^2a^2}$
Bei $\frac{1}{4}$, $\frac{1}{2}$ ist gleich	$\sqrt{\frac{A}{a^2+(1-b)^2a^2}}$
$\frac{1}{2}$ auf 7 erhöhst Du: $3\frac{1}{2}$	$a \cdot \sqrt{\frac{A}{a^2+(1-b)^2a^2}}$
$\frac{1}{2}$ auf 6 erhöhst Du: 3	$a(1-b) \cdot \sqrt{\frac{A}{a^2+(1-b)^2a^2}}$

11

Auch hier beginnt das Verfahren mit einem falschen Ansatz, nämlich $y = 7$ und damit $x = 8$. Weil die Fläche nur ein Viertel von $x^2 + y^2 = 113$ ist, muss man die angenommenen Seitenlängen halbieren und findet $x = 4$ und $y = 3\frac{1}{2}$.

Ist allgemein $x^2 + y^2 = A$ und $x - y = by$, so liefert der falsche Ansatz $y = a$ den Wert $x = (1+b)a$.

Operation	Gleichung
8 und 8 lass enthalten: 64	a^2
7 und 7 lass enthalten: 49	$a^2(1+b)^2$
64 und 49 häufe an: 113	$a^2+a^2(1+b)^2$
113 mal wie viel ergibt $268\frac{1}{4}$? Es ist $\frac{1}{4}$	$\frac{A}{a^2+a^2(1+b)^2}$
Bei $\frac{1}{4}$, $\frac{1}{2}$ ist gleich	$\sqrt{\frac{A}{a^2+a^2(1+b)^2}}$
$\frac{1}{2}$ auf 8 erhöhe: 4	$a\cdot\sqrt{\frac{A}{a^2+a^2(1+b)^2}}$
$\frac{1}{2}$ auf 7 erhöhe: $3\frac{1}{2}$	$a(1-b)\cdot\sqrt{\frac{A}{a^2+a^2(1+b)^2}}$

12

Wir betrachten das Gleichungssystem $x^2+y^2=A$, $xy=B$. Im Text ist $A=\frac{13}{36}$ und $B=\frac{1}{6}$. Ergänzt man x^2+y^2 zu binomischen Formeln, so folgt

$$(x+y)^2 = x^2+y^2+2xy = A+2B,$$
$$(x-y)^2 = x^2+y^2-2xy = A-2B,$$

woraus man $x+y=\sqrt{A+2B}$ und $x-y=\sqrt{A-2B}$ erhält und schließlich

$$x=\frac{\sqrt{A+2B}+\sqrt{A-2B}}{2},\quad y=\frac{\sqrt{A+2B}-\sqrt{A-2B}}{2}.$$

Die Babylonier haben, wann immer sie konnten, die Unbekannten nicht aus $x+y$ und $x-y$ bestimmt, sondern aus deren Hälften, also aus $\frac{x+y}{2}$ und $\frac{x-y}{2}$, nämlich durch Summen- und Differenzbildung: $x=\frac{x+y}{2}+\frac{x-y}{2}$, $y=\frac{x+y}{2}-\frac{x-y}{2}$. Dies erfordert eine Division durch 2 an einer Stelle, wo wir sie nicht ausführen würden:

Operation	Gleichung
Das Halbe von $\frac{13}{36}$ brich ab: $\frac{13}{72}$	$\frac{A}{2}$
$\frac{13}{72}$ und $\frac{13}{72}$ lass enthalten: $\frac{169}{5184}$	$\frac{A}{2}\cdot\frac{A}{2}$
$\frac{1}{6}$ und $\frac{1}{6}$ lass enthalten: $\frac{1}{36}$	B^2
$\frac{1}{36}$ aus $\frac{169}{5184}$ reiße heraus: $\frac{25}{5184}$	$\frac{A^2}{4}-B^2$
Bei $\frac{25}{5184}$, $\frac{5}{72}$ ist gleich	$\sqrt{\frac{A^2}{4}-B^2}$
$\frac{5}{72}$ zu $\frac{13}{72}$ füge hinzu: $\frac{1}{4}$	$\sqrt{\frac{A^2}{4}-B^2}+\frac{A}{2}$
Bei $\frac{1}{4}$, $\frac{1}{2}$ ist gleich	$\sqrt{\sqrt{\frac{A^2}{4}-B^2}+\frac{A}{2}}$
$\frac{5}{72}$ aus $\frac{13}{72}$ reiße heraus: $\frac{1}{9}$	$\sqrt{\frac{A^2}{4}-B^2}-\frac{A}{2}$
Bei $\frac{1}{9}$, $\frac{1}{3}$ ist gleich	$\sqrt{\sqrt{\frac{A^2}{4}-B^2}-\frac{A}{2}}$

Dass beide Formeln übereinstimmen, kann man nachrechnen:

$$\begin{aligned} x^2 &= \Big(\frac{\sqrt{A+2B}+\sqrt{A-2B}}{2}\Big)^2 = \frac{A+2B+2\sqrt{A^2-4B^2}+A-2B}{4} \\ &= \frac{A+\sqrt{A^2-4B^2}}{2} = \frac{A}{2}+\sqrt{\frac{A^2}{4}-B^2}. \end{aligned}$$

Entsprechende Formeln gelten natürlich für y^2.

13

Ein falscher Ansatz mit $x = 4$ führt auf $y = 1$ und $x^2 + y^2 = 17$. Die wahren Seiten müssen also 10-mal so groß sein, d.h. $x = 40$ und $y = 10$.

Betrachten wir allgemeiner das Gleichungssystem

$$x^2 + y^2 = A, \quad y = \frac{x}{b}.$$

Der falsche Ansatz $x = b$ ergibt $y = 1$, also $x^2 + y^2 = b^2 + 1$. Damit dies A ergibt, müssen wir x und y mit $\sqrt{\frac{A}{b^2+1}}$ multiplizieren und erhalten $x = b \cdot \sqrt{\frac{A}{b^2+1}}$ und $y = \sqrt{\frac{A}{b^2+1}}$. Das Verfahren auf der Tafel folgt dieser Rechnung:

Operation	Gleichung
4 und 4 lass enthalten: 16	$x^2 = b^2$
1 und 1 lass enthalten: 1	$y^2 = 1^2$
16 und 1 häufe an: 17	$b^2 + 1^2$
Wie viel mal 17 gibt 1700? Es ist 100	$\frac{A}{b^2+1}$
Bei 100, 10 ist gleich	$\sqrt{\frac{A}{b^2+1}}$
10 auf 4 erhöhe: 40	$b \cdot \sqrt{\frac{A}{b^2+1}}$
10 auf 1 erhöhe: 10	$1 \cdot \sqrt{\frac{A}{b^2+1}}$

14

Wir betrachten allgemeiner das Gleichungssystem

$$x^2 + y^2 = A, \quad y = mx + b. \tag{10.1}$$

Wenn wir dieses Gleichungssystem durch Einsetzen der zweiten in die erste Gleichung lösen, erhalten wir:

$$\begin{aligned}
x^2 + (mx+b)^2 &= A \\
(1+m^2)x^2 + 2bmx + b^2 &= A && \Big| \cdot (1+m^2) \\
(1+m^2)^2x^2 + 2bm(1+m^2)x + b^2(1+m^2) &= A(1+m^2) && \Big| - b^2 \\
\big((1+m^2)x + bm\big)^2 &= A(1+m^2) - b^2 \\
(1+m^2)x + bm &= \sqrt{A(1+m^2)-b^2} && \Big| - bm \\
(1+m^2)x &= \sqrt{A(1+m^2)-b^2} - bm && \Big| : (1+m^2) \\
x &= \frac{\sqrt{A(1+m^2)-b^2} - bm}{1+m^2}
\end{aligned}$$

Wir verfolgen jetzt die Rechnungen auf BM 13901 #14; dazu betrachten wir (10.1) mit $A = 0;25{,}25$, $m = 0;40$ und $b = 0;05$.

Operation	Gleichung
$0;05 \cdot 0;05 = 0;00{,}25$	$b \cdot b = b^2$
$0;25{,}25 - 0;00{,}25 = 0;25$	$A - b^2$
$1 \cdot 1 = 1,\ 0;40 \cdot 0;40 = 0;26{,}40$	$m \cdot m = m^2$
$1 + 0;26{,}40 = 1;26{,}40$	$1 + m^2$
$1;26{,}40 \cdot 0;25 = 0;36{,}06{,}40$	$(1+m^2)(A-b^2)$
$0;05 \cdot 0;40 = 0;03{,}20$	bm
$0;03{,}20 \cdot 0;03{,}20 = 0;00{,}11{,}06{,}40$	b^2m^2
$0;00{,}11{,}06{,}40 + 0;36{,}06{,}40 = 0;36{,}17{,}46{,}40$	$b^2m^2 + (1+m^2)(A-b^2)$
$\sqrt{0;36{,}17{,}46{,}40} = 0;46{,}40$	$\sqrt{b^2m^2 + (1+m^2)(A-b^2)}$
$0;46{,}40 - 0;03{,}20 = 0;43{,}20$	$\sqrt{b^2m^2 + (1+m^2)(A-b^2)} - bm$
$0;43{,}20/1;26{,}40 = 0;30$	$\frac{\sqrt{b^2m^2+(1+m^2)(A-b^2)}-bm}{1+m^2}$
$0;30 \cdot 1 = 0;30$	
$0;30 \cdot 0;40 + 0;05 = 0;25$	$m \cdot \frac{\sqrt{b^2m^2+(1+m^2)(A-b^2)}-bm}{1+m^2} + b$

15

Wir betrachten das Gleichungssystem

$$x^2 + y^2 + z^2 + w^2 = A, \quad y = ax,\ z = by,\ w = cz;$$

im Text ist $a = \frac{2}{3}$, $b = \frac{1}{2}$, $c = \frac{1}{3}$ und $A = 1625$. Weil die linearen Gleichungen homogen sind, ist hier der falsche Ansatz möglich. Mit $x = 1$ folgt nacheinander

$$y = a,\ z = b,\ w = c$$

und damit

$$x^2 + y^2 + z^2 + w^2 = 1 + a^2 + b^2 + c^2.$$

Also muss man $x = 1$ mit dem Faktor

$$\sqrt{\frac{A}{1 + a^2 + b^2 + c^2}}$$

multiplizieren und erhält

$$x = \sqrt{\frac{A}{1 + a^2 + b^2 + c^2}}.$$

Operation	Gleichung
1 und 1 lass enthalten: 1	1^2
$\frac{2}{3}$ und $\frac{2}{3}$ lass enthalten: $\frac{4}{9}$	a^2
$\frac{1}{2}$ und $\frac{1}{2}$ lass enthalten: $\frac{1}{4}$	b^2
$\frac{1}{3}$ und $\frac{1}{3}$ lass enthalten: $\frac{1}{9}$	c^2
$\frac{1}{9}$, $\frac{1}{4}$, $\frac{4}{9}$ und 1 häufe an: $\frac{65}{36}$	$1 + a^2 + b^2 + c^2$
Wie viel mal $\frac{65}{36}$ ergibt 1625? 900	$\frac{A}{1+a^2+b^2+c^2}$
Bei 900, 30 ist gleich	$\sqrt{\frac{A}{1+a^2+b^2+c^2}}$
30 auf 1 erhöhe: 30	$x = \sqrt{\frac{A}{1+a^2+b^2+c^2}}$
30 auf $\frac{2}{3}$ erhöhe: 20	$y = a \cdot \sqrt{\frac{A}{1+a^2+b^2+c^2}}$
30 auf $\frac{1}{2}$ erhöhe: 15	$z = b \cdot \sqrt{\frac{A}{1+a^2+b^2+c^2}}$
30 auf $\frac{1}{3}$ erhöhe: 10	$z = c \cdot \sqrt{\frac{A}{1+a^2+b^2+c^2}}$

16

Hier liegt eine Gleichung der Form $x^2 - ax = b$ mit $a = \frac{1}{3}$ und $b = \frac{1}{12}$ vor.

Operation	Gleichung
Das Drittel von 1: $\frac{1}{3}$	a
Das Halbe von 1 brich ab: $\frac{1}{2}$	$\frac{1}{2}$
$\frac{1}{3}$ auf $\frac{1}{2}$ erhöhe: $\frac{1}{6}$	$\frac{a}{2}$
$\frac{1}{6}$ und $\frac{1}{6}$ lass enthalten: $\frac{1}{36}$	$\frac{a}{2} \cdot \frac{a}{2}$
$\frac{1}{36}$ zu $\frac{1}{12}$ füge hinzu:	$\frac{a^2}{4} + b$
Bei $\frac{1}{9}$, $\frac{1}{3}$ ist gleich	$\sqrt{\frac{a^2}{4} + b}$
$\frac{1}{6}$ zu $\frac{1}{3}$ füge hinzu: $\frac{1}{2}$	$\frac{a}{2} + \sqrt{\frac{a^2}{4} + b}$

17

Ein falscher Ansatz mit $x = 49$ (weil wir zwei Mal durch 7 teilen müssen) liefert $x = 7$, $z = 1$, und $x^2 + y^2 + z^2 = 2451$. Dies ist das 4-fache des gewünschten Ergebnisses, also müssen wir die Seiten halbieren; damit erhalten wir $x = 24\frac{1}{2}$, $y = 3\frac{1}{2}$ und $z = \frac{1}{2}$.

Das allgemeine System lautet

$$x^2 + y^2 + z^2 = A, \; y = \frac{x}{a}, \quad z = \frac{y}{a}.$$

Im Text ist $A = 612\frac{3}{4}$ und $a = 7$. Die Lösung beginnt mit dem falschen Ansatz $x = a^2$, $y = a$ und $z = 1$.

Operation	Gleichung
49 und 49 lass enthalten: 2401	a^4
7 und 7 lass enthalten	a^2
1 und 1 lass enthalten	1^2
2401, 49 und 1 häufe an: 2451	$(a^2)^2 + a^2 + 1^2$
Wieviel mal 2451 ergibt $612\frac{3}{4}$? $\frac{1}{4}$	$\frac{A}{(a^2)^2+a^2+1^2}$
Bei $\frac{1}{4}$, $\frac{1}{2}$ ist gleich	$\sqrt{\frac{A}{(a^2)^2+a^2+1^2}}$
$\frac{1}{2}$ auf 49 erhöhe	$a^2 \cdot \sqrt{\frac{A}{(a^2)^2+a^2+1^2}}$
$\frac{1}{2}$ auf 7 erhöhe	$a \cdot \sqrt{\frac{A}{(a^2)^2+a^2+1^2}}$
$\frac{1}{2}$ auf 1 erhöhe	$1 \cdot \sqrt{\frac{A}{(a^2)^2+a^2+1^2}}$

18

Wir betrachten das Gleichungssystem

$$x^2 + y^2 + z^2 = A, \; z - y = y - x = b.$$

Im Text ist $A = 1400$ und $b = 10$.

Wir würden dieses Gleichungssystem wie folgt lösen: mit $y = b + x$ und $z = b + y = 2b + x$ folgt

$$\begin{aligned}
x^2 + (x+b)^2 + (x+2b)^2 &= A \\
3x^2 + 6bx + 5b^2 &= A && \mid \cdot 3 \\
(3x)^2 + 6b \cdot 3x + 15b^2 &= 3A && \mid -6b^2 \\
(3x+3b)^2 &= 3A - 6b^2 \\
3x + 3b &= \sqrt{3A - 6b^2} && \mid -3b \\
3x &= \sqrt{3A - 6b^2} - 3b && \mid :3 \\
x &= \frac{\sqrt{3A - 6b^2} - 3b}{3}
\end{aligned}$$

Daraus erhält man dann $y = x + b$ und $z = y + b$.

Operation	Gleichung
10 auf 1 erhöhe: 10	$1 \cdot b$
10 auf 2 erhöhe: 20	$2 \cdot b$
20 und 20 lass enthalten: 400	$4b^2$
10 und 10 lass enthalten: 100	b^2
100 zu 400 füge hinzu: 500	$b^2 + 4b^2 = 5b^2$
500 aus 1400 reiße heraus: 900	$A - 5b^2$
900 auf 3 erhöhe: 2700	$3(A - 5b^2)$
10 und 20 häufe an: 30	$b + 2b = 3b$
30 und 30 lass enthalten: 900	$(3b)^2 = 9b^2$
900 zu 2700 füge hinzu: 3600	$3(A - 5b^2) + 9b^2$
Bei 3600, 60 ist gleich	$\sqrt{3(A - 5b^2) + 9b^2}$
30 aus 60 reiße heraus: 30	$\sqrt{3(A - 5b^2) + 9b^2} - 3b$
Das IGI von 3, $\frac{1}{3}$	$\frac{1}{3}$
$\frac{1}{3}$ auf 30 erhöhe: 10	$\frac{\sqrt{3(A-5b^2)+9b^2}-3b}{3}$
10 zu 10 füge hinzu: 20	$\frac{\sqrt{3(A-5b^2)+9b^2}-3b}{3} + b$
10 zu 20 füge hinzu: 30	$\frac{\sqrt{3(A-5b^2)+9b^2}-3b}{3} + 2b$

 # 19

Wir betrachten das System der Gleichungen

$$x^2 + y^2 + (x - y)^2 = A, \quad x + y = b.$$

Im Text ist $A = 1400$ und $b = 50$.

Operation	Gleichung
1400 bis 2 wiederhole: 2800	$2A$
50 und 50 lass enthalten: 2500	b^2
2500 aus 2800 reiße heraus: 300	$2A - b^2$
Erhöhe 300 auf das IGI von 12: 25	$\frac{2A-b^2}{12}$
Bei 25, 5 ist gleich	$\sqrt{\frac{2A-b^2A}{12}}$
Das Halbe von 50 brich ab	$\frac{b}{2}$
25 zu 5 füge hinzu: 30	$\sqrt{\frac{2A-b^2}{12}} + \frac{b}{2}$
5 aus 25 reiße heraus: 20	$\sqrt{\frac{2A-b^2}{12}} + \frac{b}{2}$

 # 23

Wir gehen aus von der allgemeineren Gleichung $x^2 + 4x = A$. Erstaunlicherweise wird diese Gleichung nicht durch sofortige quadratische Ergänzung mit 4 gelöst:

Operation	Gleichung
Das IGI von 4 ist $\frac{1}{4}$	Bilde $\frac{1}{4}$
$\frac{1}{4}$ auf $\frac{25}{36}$ erhöhe: $\frac{25}{144}$	$\frac{1}{4} \cdot A$
1 füge hinzu: $\frac{169}{144}$	$\frac{A}{4} + 1$
Bei $\frac{169}{144}$, $\frac{13}{12}$ ist gleich	$\sqrt{\frac{A}{4} + 1}$
1 aus $\frac{13}{12}$ reiße heraus: $\frac{1}{12}$	$\sqrt{\frac{A}{4} + 1} - 1$
$\frac{1}{12}$ bis 2 wiederhole: $\frac{1}{6}$	$2 \cdot \left(\sqrt{\frac{A}{4} + 1} - 1\right)$

Damit liegt folgendes Verfahren vor:

$$
\begin{aligned}
x^2 + 4x &= A && \Big| \cdot \frac{1}{4} \\
\frac{1}{4}x^2 + x &= \frac{A}{4} && \Big| +1 \\
\frac{1}{4}x^2 + x + 1 &= \frac{A}{4} + 1 && \\
\frac{1}{2}x + 1 &= \sqrt{\frac{A}{4} + 1} && \Big| -1 \\
\frac{1}{2}x &= \sqrt{\frac{A}{4} + 1} - 1 && \Big| \cdot 2 \\
x &= 2\left(\sqrt{\frac{A}{4} + 1} - 1\right)
\end{aligned}
$$

Algebraisch macht die Division durch 4 im ersten und die Multiplikation mit 2 im letzten Schritt keinen Sinn. Die Erklärung für diese seltsame Art der Lösung wird sich erst ergeben, wenn wir das Verfahren im nächsten Kapitel geometrisch interpretieren.

24

Gegeben ist das Gleichungssystem

$$x^2 + y^2 + z^2 = A, \quad y = ax + b, \; z = cy + d$$

mit $A = \frac{35}{72}$, $a = \frac{2}{3}$, $b = \frac{1}{12}$, $c = \frac{1}{2}$ und $d = \frac{1}{24}$.

Wir lösen hier den speziellen Fall

$$x^2 + y^2 + z^2 = \frac{35}{72}, \quad y = \frac{2}{3}x + \frac{1}{12}, \; z = \frac{1}{2}y + \frac{1}{24}.$$

Wir bestimmen zuerst z und finden

$$z = \frac{1}{2}\left(\frac{2}{3}x + \frac{1}{12}\right) + \frac{1}{24} = \frac{1}{3}x + \frac{1}{2} \cdot \frac{1}{12} + \frac{1}{24} = \frac{1}{3}x + \frac{1}{12}.$$

Jetzt folgt durch Einsetzen

$$\begin{aligned}
x^2 + \left(\frac{2}{3}x + \frac{1}{12}\right)^2 + \left(\frac{1}{3}x + \frac{1}{12}\right)^2 &= \frac{35}{72} \\
x^2\left(1^2 + \frac{4}{9} + \frac{1}{9}\right) + \left(2 \cdot \frac{2}{3} \cdot \frac{1}{12} + 2 \cdot \frac{1}{3} \cdot \frac{1}{12}\right) & \\
+\frac{1}{12} \cdot \frac{1}{12} + \frac{1}{12} \cdot \frac{1}{12} &= \frac{35}{72} \\
\frac{14}{9}x^2 + \frac{1}{6}x + \frac{1}{72} &= \frac{35}{72} && \Big| -\frac{1}{72} \\
\frac{14}{9}x^2 + \frac{1}{6}x &= \frac{17}{36} && \Big| \cdot \frac{14}{9} \\
\left(\frac{14}{9}x\right)^2 + \frac{1}{6}\left(\frac{14}{9}x\right) &= \frac{119}{162} && \Big| + \frac{1}{144} \\
\left(\frac{14}{9}x + \frac{1}{12}\right)^2 &= \frac{961}{1296} \\
\frac{14}{9}x + \frac{1}{12} &= \frac{31}{36} && \Big| -\frac{1}{12} \\
\frac{14}{9}x &= \frac{7}{9} && \frac{14}{9} \\
x &= \frac{1}{2} \\
y &= \frac{2}{3}x + \frac{1}{2} = \frac{5}{12} \\
z &= \frac{1}{2} \cdot \frac{5}{12} + \frac{1}{24} = \frac{1}{4}
\end{aligned}$$

11. BM 13901: Babylonische Algebra

Im letzten Kapitel haben wir die Formeln hergeleitet, nach denen, wie sich Neugebauer auszudrücken pflegte, die Babylonier die Aufgaben auf BM 13901 gelöst haben. Allerdings sind einige Frage offen geblieben: Da die Babylonier keine algebraische Schreibweise kannten, müssen sie andere Hilfsmittel gehabt haben, um diese Methoden zu entdecken und sich von ihrer Richtigkeit zu überzeugen.

In diesem Kapitel werden wir die Aufgaben der Sammlung BM 13901 noch einmal lösen, und zwar mit denjenigen Methoden, welche der Originaltext nahe legt, insbesondere unter Vermeidung moderner Algebra. Es wird sich herausstellen, dass die babylonischen Techniken mit denjenigen verwandt sind, welche die arabischen Mathematiker zu Beginn des ersten Jahrtausends noch benutzt haben.

Die ersten Übersetzungen der Keilschrifttafeln, etwa durch François Thureau-Dangin (1872–1944) und Otto Neugebauer (1899–1990), waren nahe an dem, was wir im letzten Kapitel präsentiert haben. Die Übersetzungen und Interpretationen in diesem Kapitel gehen im Wesentlichen auf Jens Høyrup zurück.

Die hier verwendete Technik samt der geometrischen Interpretation stimmt mit derjenigen überein, welche die arabischen und byzantinischen Mathematiker bis zum Aufkommen des Buchstabenrechnens nach Vieta ebenfalls benutzt haben. Dies ist kein Zufall; es sprechen gute Gründe dafür, dass die Griechen diese Technik von Mesopotamien (auf welchem Weg auch immer) übernommen haben.

Die Lösungsmethode wird hierbei als „Algorithmus“ formuliert; folgt man dem Schema der Lösung, kann man ähnliche Probleme mit anderen Zahlen lösen. Das Wort Algorithmus ist eine Verballhornung des Namens al Khwarismi; der Name deutet an, dass er aus Choresmien stammte, einer Gegend in der Nähe des Aralsees. Al Khwarismi verfasste im 9. Jahrhundert Werke über Algebra und das Rechnen mit indischen Ziffern.

F. Lemmermeyer, *Mathematik à la Carte – Babylonische Algebra*,
https://doi.org/10.1007/978-3-662-66287-8_11

11.1 Die Aufgaben auf BM 13901

1

Wir gehen den Text der Aufgabe Zeile für Zeile durch.

Die Fläche und meine Gegenseite habe ich angehäuft: 𒐏 𒐊 *ist es*

Es geht um das Problem, dass die Summe aus Flächeninhalt und Seitenlänge eines Quadrats gleich $\frac{3}{4}$ ist. Weil man Flächen x^2 und Seiten x nicht addieren kann, verwandeln die Babylonier die Seitenlänge x in ein Rechteck mit den Seiten 1 und x und nennen dabei 1 die „hinausragende Seite" oder kurz die Hinausragende; Høyrup benutzt dafür den Ausdruck *Projektion.*

𒁹*, die Hinausragende setzt Du*

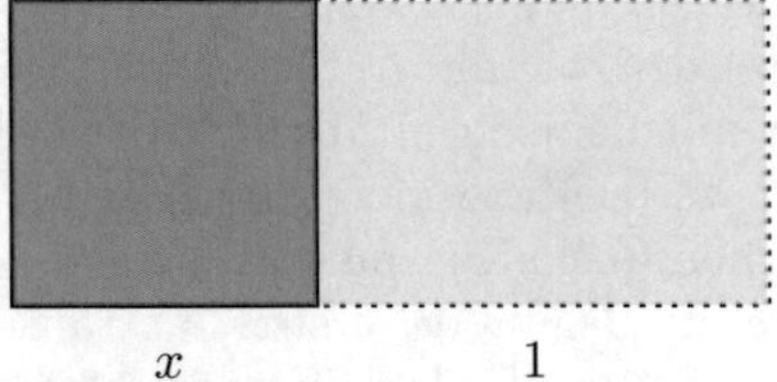

Algebraisch wurde also der Ausdruck $x^2 + x$, in welchem eine Fläche und eine Seite addiert wird, durch die Summe zweier Flächen $x \cdot x + x \cdot 1$ ersetzt.

Das Halbe von 𒁹 *brich ab*

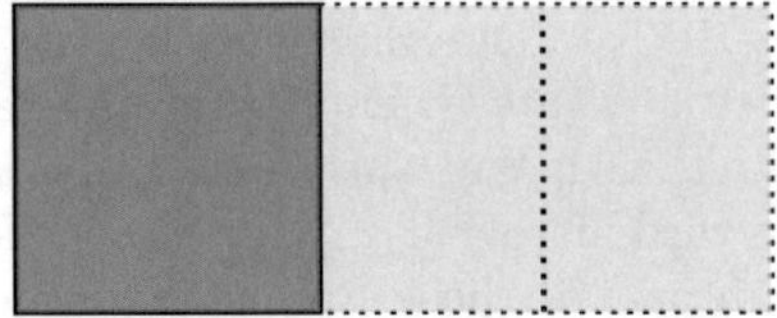

Jetzt wird die Hälfte des angelegten Rechtecks abgebrochen; die Rechtecke mit den Seiten x und $\frac{1}{2}$ werden so an das Quadrat angelegt, dass ein *Gnomon* entsteht. Das Verschieben des halben Rechtecks wird auf der Tafel nicht vermerkt.

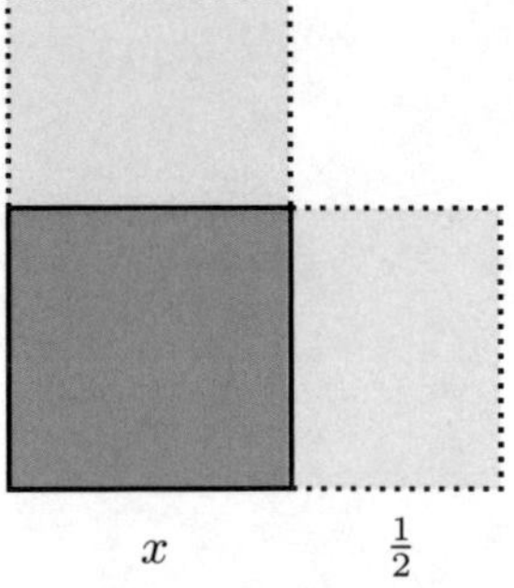

Als nächstes wird ein Quadrat erzeugt, welches das Gnomon später zum Quadrat ergänzt:

> 𒌍 *und* 𒌍 *lässt Du enthalten*

Dies bedeutet, dass ein Rechteck (hier ein Quadrat) mit den Seiten $\frac{1}{2}$ und $\frac{1}{2}$ gebildet wird. Das Ergebnis $\frac{1}{4} = \frac{15}{60}$ wird anschließend zu den $\frac{45}{60}$ der rechten Seite addiert; der Begriff „hinzufügen" steht dabei für die Addition zweier gleichartiger Größen, nämlich zweier Flächen; die Addition zweier ungleichartiger Größen wie der Fläche und seiner Gegenseite wird als „Anhäufen" bezeichnet.

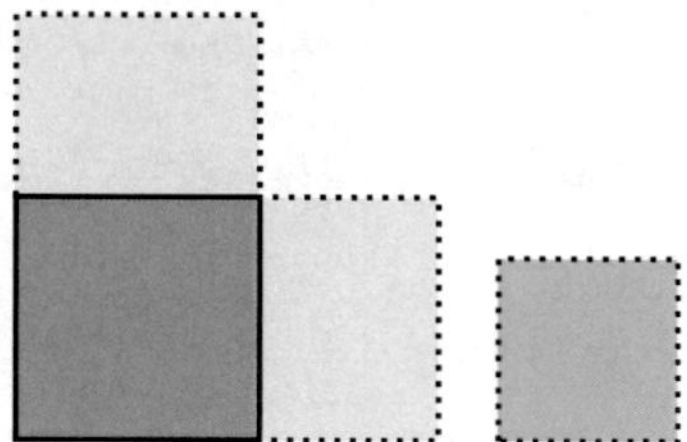

Das Gnomon wird nun durch Anlegen des kleinen Quadrats zu einem großen Quadrat mit der Fläche $\frac{1}{4} + \frac{3}{4} = 1$ ergänzt:

> 𒌋𒐊 *zu* 𒐏𒐊 *fügst Du hinzu*

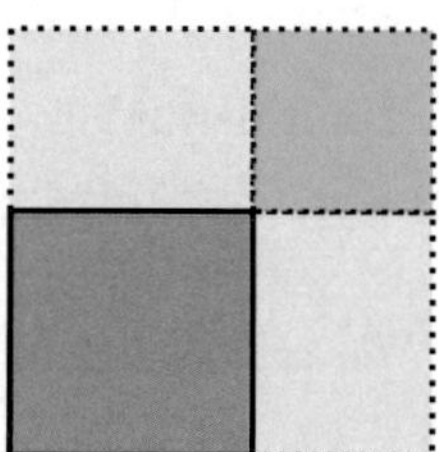

Fügt man also dem Gnomon $x^2 + x$ das Quadrat mit der Fläche $\frac{1}{4}$ hinzu, erhält man ein Quadrat mit der Fläche $1 = \frac{3}{4} + \frac{1}{4} = x^2 + x + \frac{1}{4} = (x + \frac{1}{2})^2$ und der Seitenlänge $x + \frac{1}{2}$. Aus der Fläche 1 zieht man jetzt die Wurzel, was durch

> *bei* 𒁹, 𒁹 *ist gleich.*

angedeutet wird. Also ist $x + \frac{1}{2} = 1$, und man erhält die Seitenlänge x, indem man $\frac{1}{2}$ subtrahiert:

> 𒌍, *welche Du enthalten lassen hast, aus dem Inneren von* 𒁹 *reiße heraus:*
> 𒌍 *ist die Gegenseite.*

In Tab. 11.1 gehen wir dieses Rezept noch einmal in aller Ausführlichkeit durch. Es ist ratsam, sich die notwendigen Zeichnung anhand dieser Tabelle daneben zu zeichnen, um sich an diese Methode zu gewöhnen. Man mache sich auch klar, dass die Begriffe „abbrechen" und „herausreißen" eine ganz konkrete geometrische Bedeutung haben und keine Operationen mit abstrakten Zahlen sind.

Die Fläche und meine Gegenseite habe ich angehäuft: 𒐏 𒐊 ist es	Die Summe aus der Fläche x^2 und der Seite x ist $\frac{45}{60}$
𒁹, die Hinausragende setzt Du	An das Quadrat mit der Seite x wird ein Rechteck mit der Seite x und der Hinausragenden 1 angelegt.
Das Halbe von 𒁹 brich ab	Die Hälfte des angelegten Rechtecks wird abgebrochen und an eine andere Stelle geschoben.
𒌍 und 𒌍 lässt Du enthalten: 𒌋𒐊	Ein kleines Quadrat der Seitenlänge $\frac{1}{2}$ mit Fläche $\frac{1}{4}$ ergänzt die Figur zu einem Quadrat.
𒌋𒐊 zu 𒐏 𒐊 fügst Du hinzu: 𒁹	Das große Quadrat hat eine Fläche $\frac{15}{60} + \frac{45}{60} = 1$.
bei 𒁹, 𒁹 ist gleich	Die Seitenlänge des Quadrats mit Fläche 1 ist $\sqrt{1} = 1$.
𒌍, welche Du enthalten lassen hast, aus dem Inneren von 𒁹 reiße heraus	Die Seite der Länge $\frac{1}{2}$ des kleinen Quadrats, das man ergänzt hat, subtrahiert man von der Seite 1 des großen Quadrats.
𒌍 ist die Gegenseite	Die Seitenlänge des Quadrats ist $\frac{1}{2}$.

Tafel 11.1. BM 13901 # 1

2

Dieses Mal wird aus dem Quadrat mit der unbekannten Seitenlänge x ein Rechteck mit den Seiten x und 1 entfernt; das entstehende Rechteck mit den Seiten x und $x - 1$ hat Fläche 870:

Meine Gegenseite aus der Fläche habe ich herausgerissen: 𒌋𒐉 𒌍 *ist es.*

Damit man Flächen und Seiten subtrahieren kann, wird die Seite der Länge x in ein Rechteck mit der Seite x und der Länge 1 der Hinausragenden verwandelt:

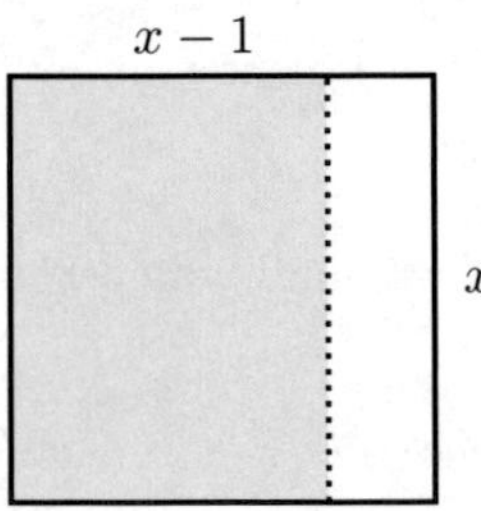

Aus dem Quadrat mit Seitenlänge x wird also ein Rechteck der Form $x \cdot 1$ herausgerissen. Die Lösung beginnt damit, die Hälfte der Hinausragenden abzubrechen und an einer anderen Stelle wieder hinzuzufügen:

Das Halbe von 𒁹 *brichst Du ab.*

An dieser Stelle muss man sich das gelbe Rechteck vorstellen als Quadrat der Kantenlänge $x-1$ mit einer Hinausragenden der Länge 1:

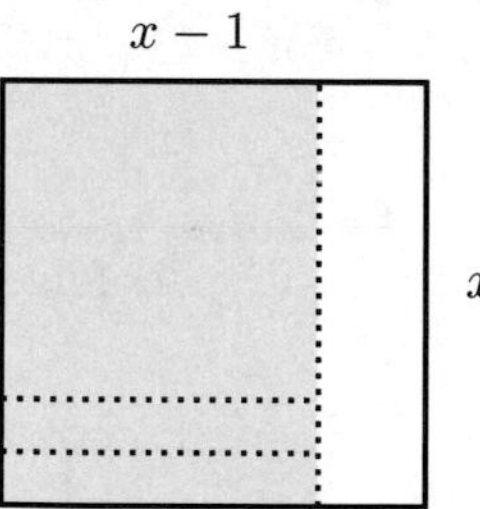

Von der unteren Fläche wird jetzt die Hälfte abgebrochen und so verschoben, dass ein Gnomon entsteht:

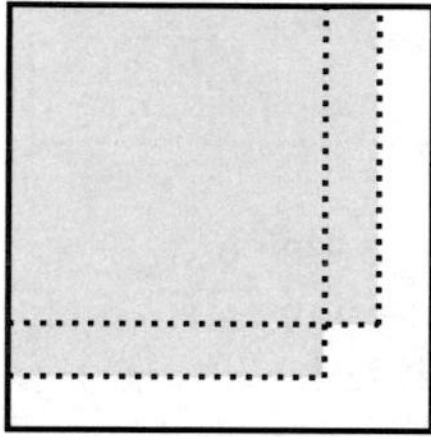

Jetzt ist ein Gnomon entstanden, das durch Ergänzen mit einem Quadrat der Seitenlänge $\frac{1}{2}$ zu einem Quadrat wird:

𒌍 *und* 𒌍 *lässt Du enthalten*

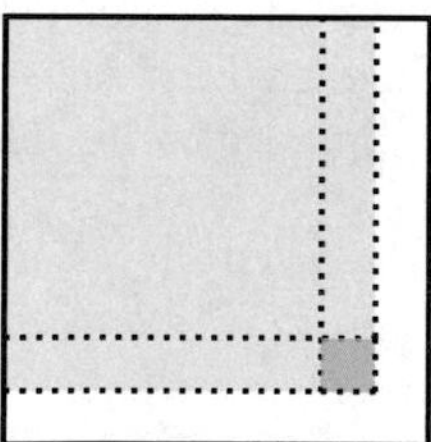

Damit ist ein Quadrat der Seitenlänge $x-\frac{1}{2}$ entstanden, dessen Fläche sich durch Addition von 870 mit $\frac{1}{4}$ ergibt:

𒌋𒐊 *zu* 𒌋𒐉 𒌍 *fügst Du hinzu*

Jetzt zieht man aus der Summe $870+\frac{1}{4}$ die Wurzel:

bei 𒌋𒐉 𒌍 𒌋𒐊, 𒎙𒐎 𒌍 *ist gleich*

Das Ergebnis ist $x-\frac{1}{2}=29\frac{1}{2}$; Addition von $\frac{1}{2}$ liefert die Seitenlänge $x=30$:

𒌍, *welches Du enthalten lassen hast, fügst Du zu* 𒎙𒐎 𒌍 *hinzu:*
𒌍 *die Gegenseite.*

Wir geben jetzt eine zweite geometrische Interpretation derselben Rechnung, vor allem um zu zeigen, dass die geometrische Interpretation einer solchen Lösung nicht eindeutig sein muss. Grundlage der zweiten Lösung ist die Beobachtung, dass sich die Gleichung $x^2 - x = A$ in die Form $x^2 + x = B$ bringen lässt; es ist nämlich

$$x^2 - x = (x-1)^2 + (x-1).$$

Geometrisch steckt hinter dieser Identität die folgende Figur:

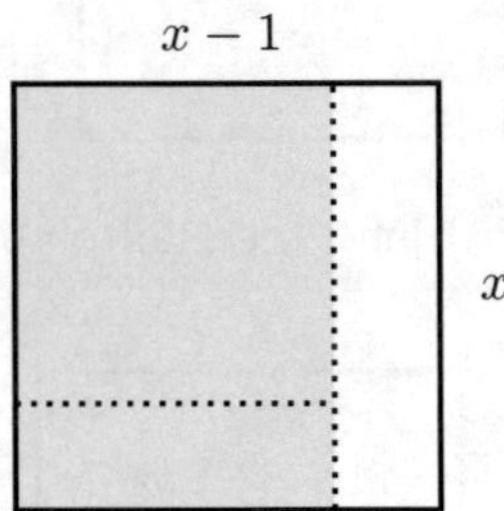

Die gelbe Fläche ist einerseits gleich $x^2 - x \cdot 1$, auf der anderen Seite besteht sie aus einem Quadrat der Kantenlänge $x-1$ und einem Rechteck mit den Seiten $x-1$ und 1, hat also Flächeninhalt $(x-1)^2 + (x-1) \cdot 1$. Ab hier verläuft die Lösung dann ganz genau so wie die in Aufgabe # 1.

3

Die Lösung dieser Aufgabe verläuft in ähnlichen Bahnen wie bei den ersten beiden Aufgaben, mit einem zusätzlichen Trick, um eine nicht normalisierte Gleichung (also eine, bei welcher der Koeffizient von x^2 kein Quadrat ist) in eine normalisierte zu verwandeln, welche dann mit quadratischer Ergänzung gelöst werden kann.

Ein Drittel der Fläche habe ich herausgerissen;
ein Drittel der Gegenseite zur Fläche habe ich hinzugefügt: 𒌋𒌋 *ist es.*
𒁹*, die Projektion, setze.*

Auch hier wird, nachdem ein Drittel eines Quadrats entfernt worden ist, ein Drittel der Seitenlänge hinzugefügt; erstaunlich ist hier, dass die Seite hinzugefügt und nicht wie sonst angehäuft wird.

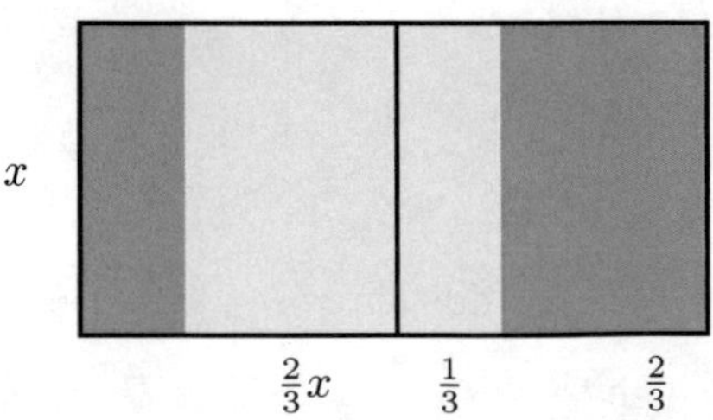

Man setzt die Hinausragende 1 an die Seite des Quadrats mit Seitenlänge x, und entfernt $\frac{1}{3}$ des Quadrats und $\frac{2}{3}$ der Hinausragenden; übrig bleibt die gelbe Fläche. Jetzt ist es aber nicht möglich, den rechten Teil der gelben Fläche in zwei Hälften zu teilen und so dem linken Teil hinzuzufügen, dass ein Gnomon entsteht: Dies liegt daran, dass das Rechteck Höhe x, der Rest des Quadrats aber Breite $\frac{2}{3}x$ hat. Um diesen Vorgang zu ermöglichen, benutzt der babylonische Schreiber einen Trick:

> $\frac{2}{3}$ *auf* $\frac{1}{3}$ *erhöhe,* $\frac{2}{9}$ *schreibe ein.*

Geometrisch wird die Figur mit dem Faktor $\frac{2}{3}$ vertikal gestreckt, d.h. alle Höhen werden mit $\frac{2}{3}$ multipliziert:

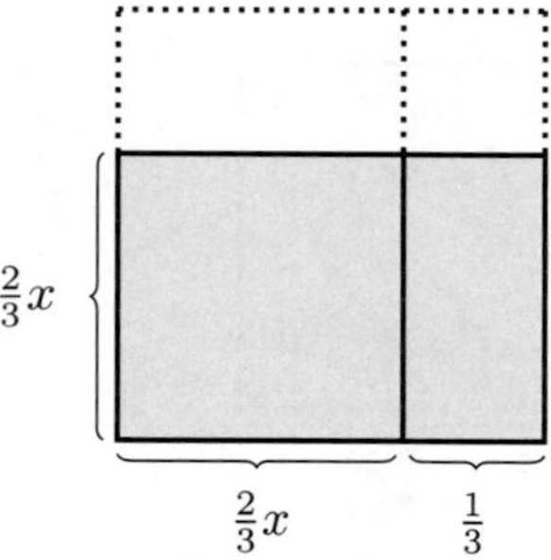

Jetzt funktioniert die übliche quadratische Ergänzung:

> *Das Halbe von* $\frac{1}{3}$*, welches Du herausgerissen hast, brichst Du ab.*
> $\frac{1}{6}$ *und* $\frac{1}{6}$ *lasse enthalten.*
> $\frac{1}{36}$ *zu* $\frac{2}{9}$ *füge hinzu.*

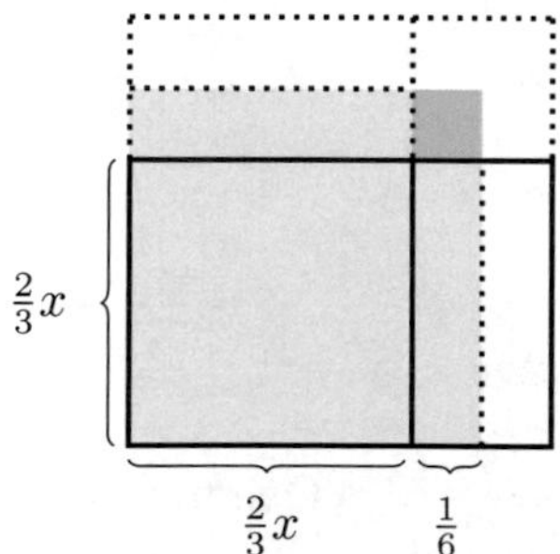

Damit haben wir $(\frac{2}{3}x + \frac{1}{6})^2 = \frac{2}{9} + \frac{1}{36} = \frac{1}{4}$. Ziehen der Wurzel und Subtraktion von $\frac{1}{6}$ ergibt $\frac{2}{3}x = \frac{1}{3}$. Um die Seite des ursprünglichen Quadrats zu erhalten, muss man am Ende mit dem Reziproken von $\frac{2}{3}$ multiplizieren; also wird $x = \frac{3}{2} \cdot \frac{1}{3} = \frac{1}{2}$:

> *Bei* $\frac{1}{4}$*,* $\frac{1}{2}$ *ist gleich.*
> $\frac{1}{6}$*, was Du enthalten lassen hast, aus* $\frac{1}{2}$ *reiße heraus;* $\frac{1}{3}$ *ist es.*
> *Das IGI von* $\frac{2}{3}$ *auf* $\frac{1}{3}$ *erhöhe:* $\frac{1}{2}$*, die Gegenseite.*

4

Die Aufgabe ist vom selben Typ wie # 3:

Ein Drittel der Fläche habe ich herausgerissen;
die Fläche zur Gegenseite habe ich hinzugefügt: 𒐉𒐏 𒐋𒐏 *ist es.*

Auch hier werden jetzt die vertikalen Seiten um den Faktor $\frac{2}{3}$ verkürzt, um danach eine quadratische Ergänzung vornehmen zu können; insbesondere ist $\frac{2}{3}$ von $286\frac{2}{3}$ gleich $\frac{1720}{9}$, sexagesimal 𒐈 𒌋𒁹 𒐋 𒐏.

𒁹, *die Projektion, setze.*
Ein Drittel von 𒁹, *der Projektion,* 𒎙 *reiße heraus;*
𒐏 *auf* 𒐉 𒐏𒐋 𒐏 *erhöhe,* 𒐈 𒌋𒁹 𒐋 𒐏 *schreibe ein.*

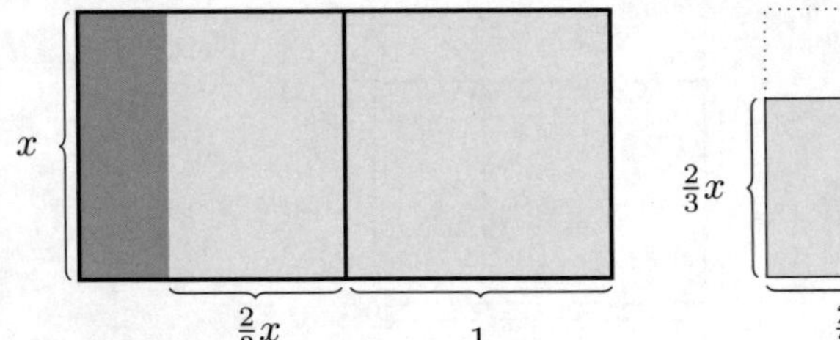

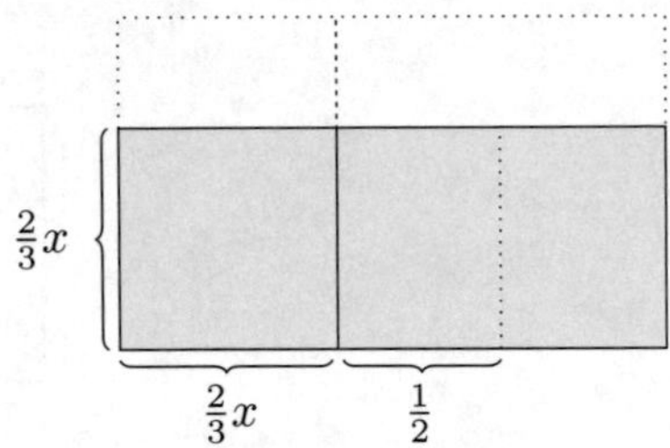

Jetzt wird die quadratische Ergänzung vorgenommen; Addition von $\frac{1}{2} \cdot \frac{1}{2} = \frac{1}{4}$ zu $\frac{1720}{9}$ ergibt $\frac{6889}{36}$:

Das Halbe von 𒁹, *der Projektion, lasse enthalten.*
𒌋𒐊 *zu* 𒐈 𒌋𒁹 𒐋 𒐏 *füge hinzu.*

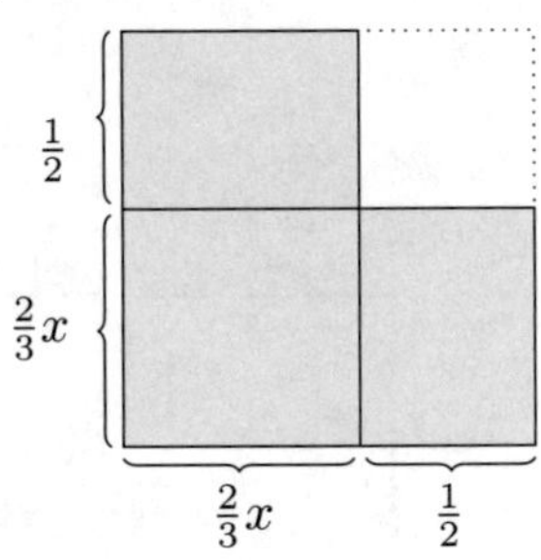

Wurzelziehen zeigt, dass $\frac{6889}{36}$ das Quadrat von $\frac{83}{6}$ ist:

Bei 𒐈 𒌋𒁹 𒎙𒁹 𒐏, 𒌋𒐈 𒐐 *ist gleich.*

Danach wird $\frac{1}{2}$ subtrahiert und das Ergebnis mit $\frac{3}{2}$ multipliziert, um die unbekannte Seitenlänge zu erhalten:

𒌍, *was Du enthalten lassen hast, aus* 𒌋𒐈 𒐐 *reiße heraus;*
𒌋𒐈 𒎙 *ist es.*

Das IGI *von* 𒐏 *nämlich* 𒁹 𒌍, *auf* 𒌋𒐈 𒎙 *erhöhe.*
𒎙, *die Gegenseite.*

 # 5

Die Fläche und die Gegenseite und ein Drittel der Gegenseite habe ich angehäuft: 𒐐 𒐊 *ist es.*

Dieses Problem wird mit einer gewöhnlichen quadratischen Ergänzung gelöst.

𒁹*, die Projektion, setze.*
Ein Drittel von 𒁹*, der Projektion,* 𒎙*, zu* 𒁹 *füge hinzu:* 𒁹𒎙.

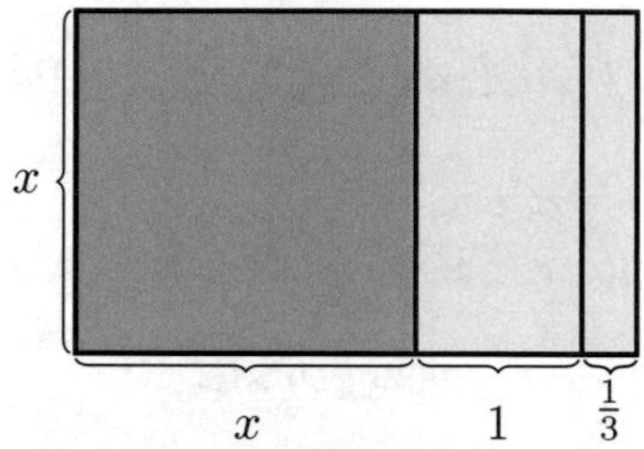

Jetzt wird die Hälfte des gelben Rechtecks abgebrochen und verschoben:

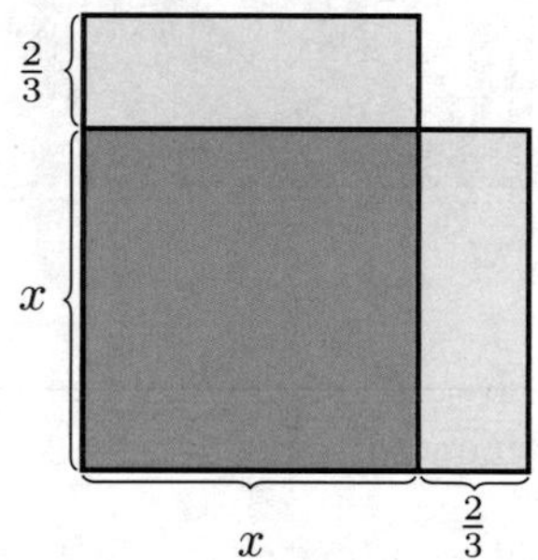

Anschließend folgt eine quadratische Ergänzung nebst dem Ziehen der Quadratwurzel:

Sein Halbes, 𒐏 *und* 𒐏 *lasse enthalten.*
𒎙𒐋 𒐏 *zu* 𒐐 𒐊 *füge hinzu.*
Bei 𒁹 𒎙𒁹 𒐏 , 𒁹 𒌋 *ist gleich.*

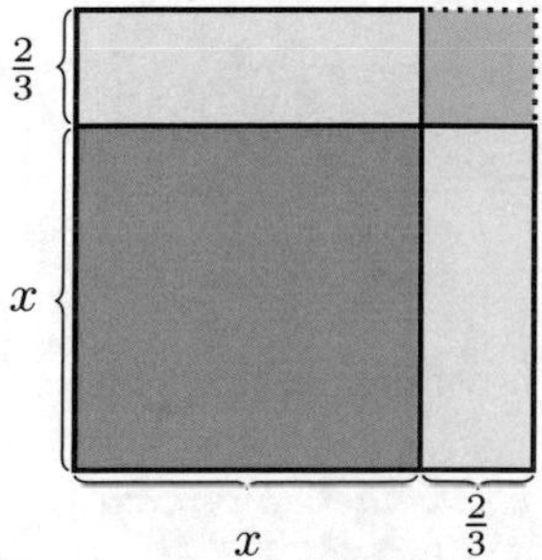

Schließlich wird die Gegenseite berechnet:

> 𒐏 *, das Du enthalten lassen hast, aus* 𒁹𒌋 *reiße heraus.*
> 𒌍 *, die Gegenseite.*

6

Das vorliegende Problem dreht sich um eine normalisierte quadratische „Gleichung“:

> *Die Fläche und zwei Drittel meiner Gegenseite habe ich angehäuft*
> 𒌍𒐊 *ist es.*
> 𒁹 *die Hinausragende setzt Du.*
> *Zwei Drittel von* 𒁹 *, der Hinausragenden,* 𒐏 *.*

Der Lösung liegt folgende Figur zugrunde:

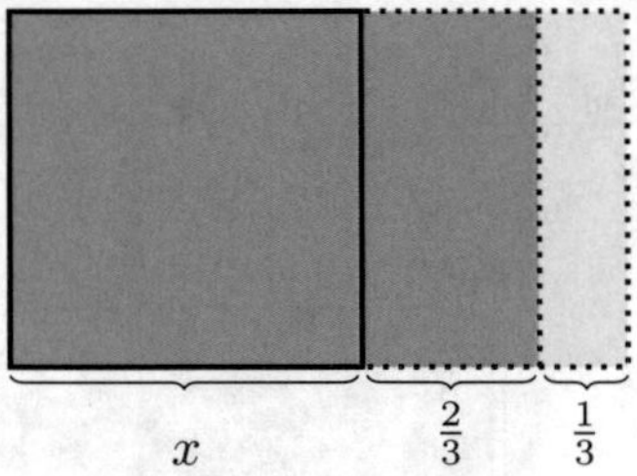

Jetzt wird die Hälfte des Rechtecks abgebrochen und verschoben, um eine quadratische Ergänzung vornehmen zu können:

> *Sein Halbes,* 𒎙 *und* 𒎙 *lass enthalten.*
> 𒐋𒐏 *zu* 𒌍𒐊 *füge hinzu*
> *Bei* 𒐏𒁹 𒐏 *,* 𒐐 *ist gleich.*

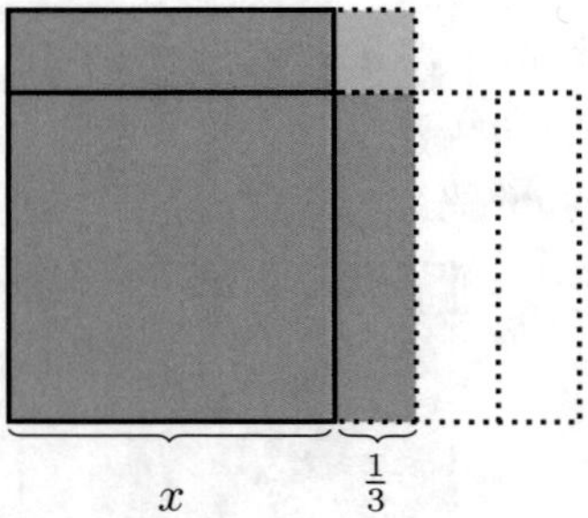

Also ist $x + \frac{1}{3} = \frac{5}{6}$, und Subtraktion von $\frac{1}{3}$ liefert die Seitenlänge des Quadrats:

> 𒎙 *, die Du enthalten lassen hast, aus dem Innern von* 𒐐 *reiße heraus,*
> 𒌍 *die Gegenseite.*

7

Meine Gegenseite bis sieben und die Fläche bis elf habe ich angehäuft: 𒐋 𒌋𒐊.

Hier sind die Seiten eines Quadrats zu finden, für welches die Summe aus der 11-fachen Fläche und der 7-fachen Seite gleich $6\frac{1}{4}$ ist.

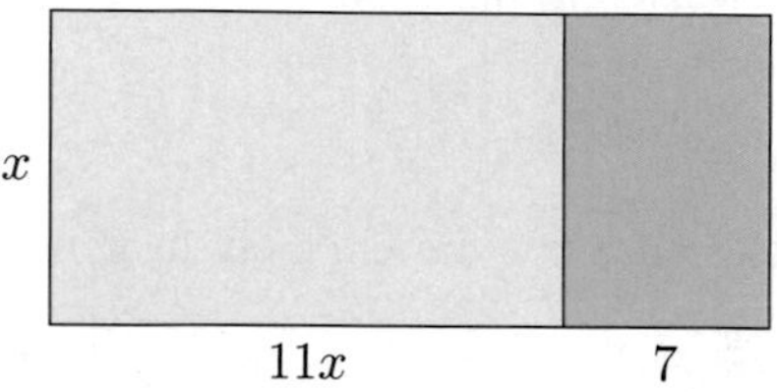

Um eine quadratische Ergänzung zu ermöglichen, wird die vertikale Seite mit dem Faktor 11 gestreckt:

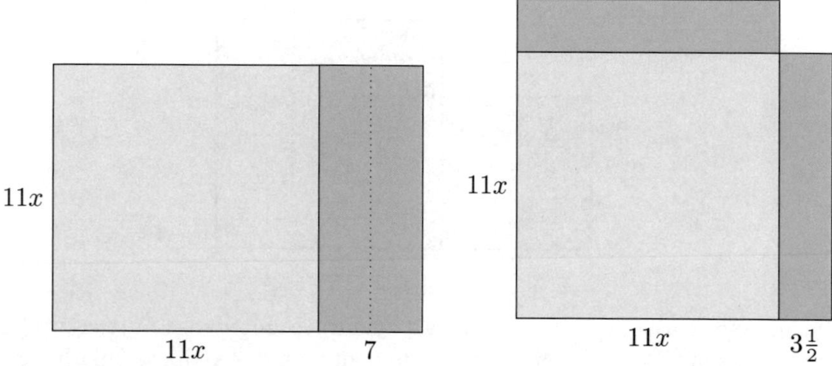

𒐌 *und* 𒌋𒁹 *schreibe ein.*
𒌋𒁹 *auf* 𒐋 𒌋𒐊 *erhöhe:* 𒁹 𒐍 𒐏𒐊.
Das Halbe von 𒐌 *brich ab.*
𒐈𒌍 *und* 𒐈𒌍 *lass enthalten,*
𒌋𒐖 𒌋𒐊 *zu* 𒁹 𒐍 𒐏𒐊 *füge hinzu.*

Der Zeichnung entnimmt man unmittelbar, dass

$$\left(11x + \frac{7}{2}\right)^2 = 11 \cdot \frac{25}{4} + \frac{49}{4} = 81$$

ist; jetzt wird die Quadratwurzel gezogen:

Bei 𒁹 𒎙𒁹, 𒐎 *ist gleich.*

Aus $11x + \frac{7}{2} = 9$ erhält man dann nach Subtraktion von $\frac{7}{2}$, dass $11x = \frac{11}{2}$ und damit $x = \frac{1}{2}$ ist:

> 𒐗𒌍*, das Du enthalten lassen hast, aus dem Innern von* 𒐝 *reiße heraus;*
> 𒐊 𒌍 *schreibe ein.*
> *Das* IGI *von* 𒌋𒐕 *ist nicht abgespalten.*
> *Was zu* 𒌋𒐕 *soll ich setzen das mir* 𒐊𒌍 *gibt?*
> 𒌍 *ist sein* bandûm. 𒌍 *die Gegenseite.*

Wie immer wird eine Division durch 11 nicht ausgeführt, sondern gefragt, wie viel man etwas mit 11 multiplizieren muss, um $\frac{11}{2}$ zu erhalten.

8

In dieser Aufgabe geht es erstmals um ein System von Gleichungen:

> *Die Flächen meiner beiden Gegenseiten habe ich angehäuft:* 𒎙𒐕 𒐏
> *Meine Gegenseiten habe ich angehäuft:* 𒐐 .

Hier sind zwei Quadrate gesucht, von denen man die Summe $x + y = 50$ der Seiten und die Summe $x^2 + y^2 = 1300$ der Flächen kennt:

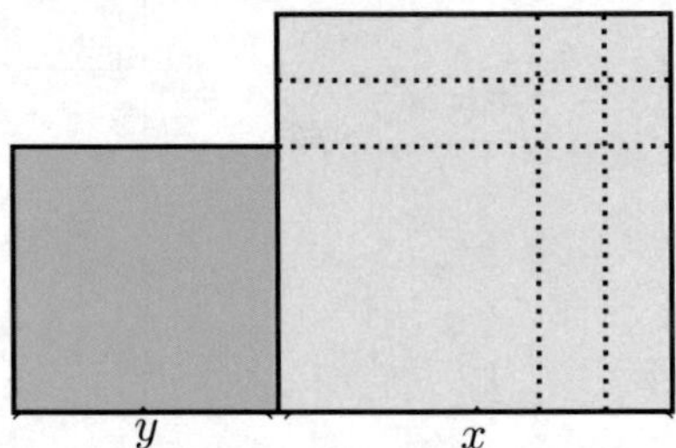

Im ersten Schritt werden die beiden Quadrate mit dem „mittleren Quadrat" verglichen; dazu bildet man ein Gnomon, indem man das kleinere Quadrat aus dem größeren herausreißt, und unterteilt dieses in gleich große Streifen; dann bringt man zwei Rechtecke und zwei kleine Quadrate nach links:

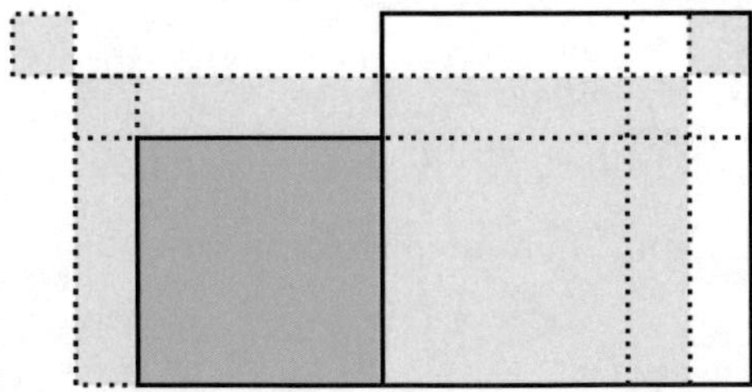

Jetzt hat man zwei gleich große Quadrate der Seitenlänge $\frac{x+y}{2}$ und zwei kleine Quadrate der Seitenlänge $\frac{x-y}{2}$. Die halbe Figur hat also Fläche $\frac{1}{2} \cdot 1300 = 650$ und besteht aus einem Quadrat der Seitenlänge $\frac{x+y}{2} = 25$ und einem Quadrat der Seitenlänge $\frac{x-y}{2}$. Daraus folgt, dass $650 - 25^2 = \frac{x^2+y^2}{2} - (\frac{x+y}{2})^2 = (\frac{x-y}{2})^2$ ist, und damit ist $\frac{x-y}{2} = \sqrt{25} = 5$. Zusammen mit $\frac{x+y}{2} = 25$ folgt daraus

$$x = \frac{x+y}{2} + \frac{x-y}{2} = 25 + 5 = 30 \qquad \text{und}$$
$$y = \frac{x+y}{2} - \frac{x-y}{2} = 25 - 5 = 20$$

Genau das ist auch der Gang der Rechnungen auf BM 13901:

Das Halbe von 𒎙𒁹 𒐏 *brich ab,* 𒌋𒐐 *schreibe ein.*
Das Halbe von 𒐐 *brich ab*
𒎙𒐊 *und* 𒎙𒐊 *lass enthalten*
𒌋 𒎙𒐊 *aus dem Inneren von* 𒌋𒐐 *reiße heraus:*
Bei 𒎙𒐊, 𒐊 *ist gleich.*

Diese geometrische Interpretation beruht auf Ideen von Jens Høyrup und Hagan Brunke [Brunke 2017].

Eine Variation dieser Lösung benutzt eine Idee von [Burchett 2008]. Wir beginnen mit den beiden Quadraten und halbieren sie.

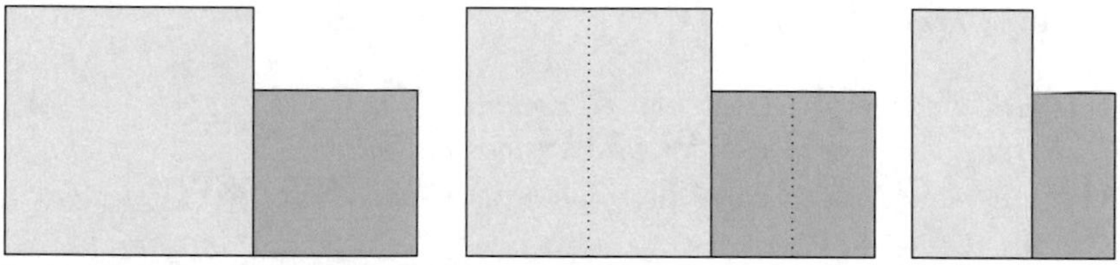

Jetzt schieben wir den halben Überschuss nach rechts und erhalten ein großes Quadrat mit Seitenlänge $\frac{x+y}{2}$ und ein kleines Quadrat mit Seitenlänge $\frac{x-y}{2}$:

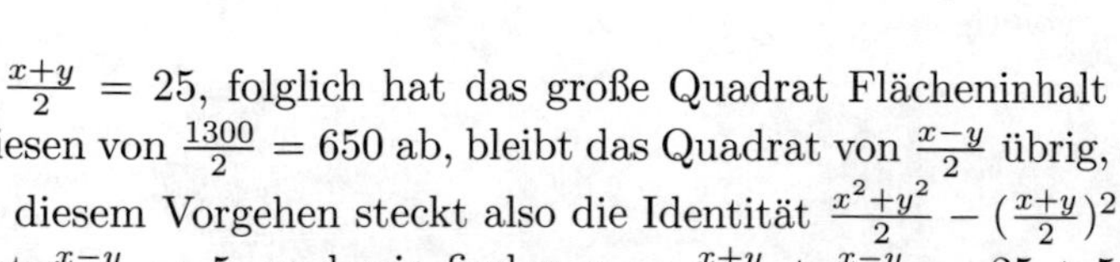

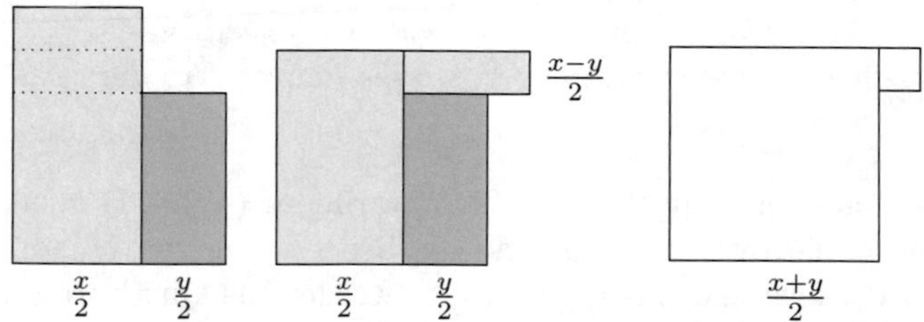

Nun ist $\frac{x+y}{2} = 25$, folglich hat das große Quadrat Flächeninhalt $25^2 = 625$; zieht man diesen von $\frac{1300}{2} = 650$ ab, bleibt das Quadrat von $\frac{x-y}{2}$ übrig, nämlich 25. Auch hinter diesem Vorgehen steckt also die Identität $\frac{x^2+y^2}{2} - (\frac{x+y}{2})^2 = (\frac{x-y}{2})^2$.

Damit ist $\frac{x-y}{2} = 5$, und wir finden $x = \frac{x+y}{2} + \frac{x-y}{2} = 25 + 5 = 30$ und $y = \frac{x+y}{2} - \frac{x-y}{2} = 25 - 5 = 30$.

Dieselbe Aufgabe (mit demselben Lösungsweg) findet sich auf MS 5112 # 2.

 # 9

Die Flächen meiner beiden Gegenseiten habe ich angehäuft: 𒎙𒁹𒐏
Gegenseite über Gegenseite, 𒌋 *ging sie hinaus.*

Die folgende geometrische Lösung dieser Aufgabe geht auf Hagan Brunke zurück. Wir betrachten die Quadrate mit Seitenlänge y und $x = y + b$. Halbiert man die Fläche, bleibt ein Quadrat der Seitenlänge $x - \frac{b}{2}$ und ein kleines Quadrat der Seitenlänge $\frac{b}{2}$ übrig.

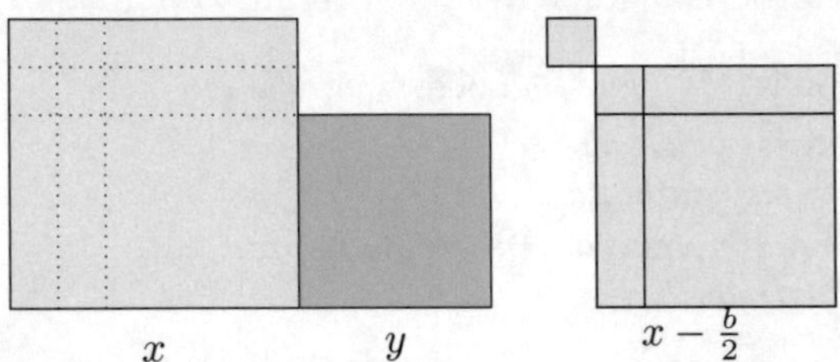

Subtraktion von $\frac{b^2}{4}$ liefert also das Quadrat von $x - \frac{b}{2}$. Der Text beginnt folgerichtig mit der Berechnung von $\frac{10}{2} = 5$, der Fläche des Quadrats $5^2 = 25$, dem Herausreißen dieses Quadrats aus der Ausgangsfläche nebst anschließendem Ziehen der Quadratwurzel:

> *Das Halbe von 𒎙𒁹𒐏 brich ab; 𒌋𒐐 schreibe ein.*
> *Das Halbe von 𒌋 brich ab, 𒐊 und 𒐊 lass enthalten,*
> *𒎙𒐊 aus dem Innern von 𒌋𒐐 reiße heraus: bei 𒌋𒎙𒐊, 𒎙𒐊 ist gleich.*

Der Seite $x - \frac{b}{2} = 25$ muss man $\frac{b}{2} = 5$ hinzufügen, um $x = 30$ zu bekommen, und man muss 5 herausreißen, um $y = x - b = 20$ zu erhalten:

> *𒎙𒐊 schreibe zwei Mal ein. 𒐊, was Du enthalten lassen hast,*
> *zur ersten 𒎙𒐊 füge hinzu: 𒌍, die erste Gegenseite.*
> *𒐊 aus dem Innern der zweiten 𒎙𒐊 reiße heraus: 𒎙, die zweite Gegenseite.*

Auch hier kann man die Lösung leicht variieren (siehe [Burchett 2008]). Die Summe zweier Quadrate ist 1300, und die Seite des ersten Quadrats ist um 10 größer als die des zweiten. Im ersten Schritt werden die Quadrate und die Summe der Seiten halbiert.

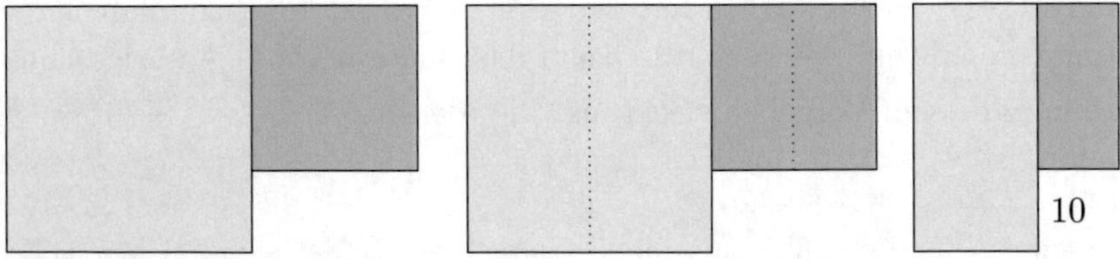

Jetzt wird der Überschuss halbiert und verschoben; subtrahiert man das kleine Quadrat mit Seitenlänge 5, bleibt ein Quadrat mit Flächeninhalt $\frac{1}{2} \cdot 1300 - 5^2 = 625$ übrig. Dessen Seitenlänge ist $25 = \frac{x+y}{2}$.

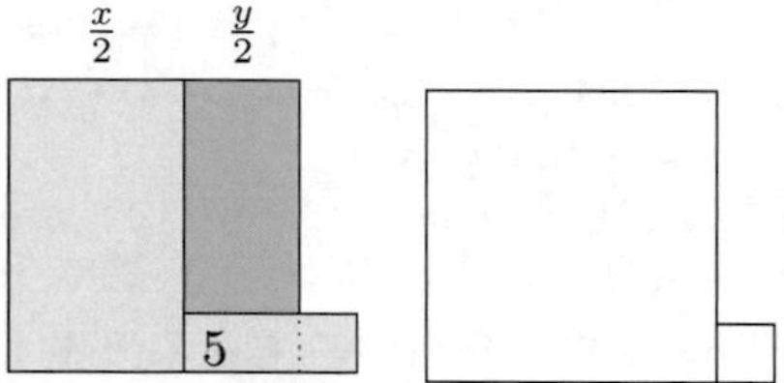

Jetzt ist die „mittlere Seitenlänge“ $\frac{x+y}{2} = 25$ und die halbe Differenz $\frac{x-y}{2} = 5$ bekannt, und man erhält die Seiten der beiden Quadrate durch Addition und Subtraktion: $x = 25 + 5 = 30$, $y = 25 - 5 = 20$.

10

Wie wir bereits festgestellt haben, werden die Aufgaben # 10 und # 11 mit der Technik des falschen Ansatzes gelöst. In # 10 geht es um zwei Quadrate, welche zusammen Flächeninhalt $21\frac{1}{4}$ besitzen, und bei denen die kleiner Seite um $\frac{1}{7}$ kürzer ist als die längere. Damit man die Division durch 7 ausführen kann, nehmen wir an, dass die längere Seite Länge 7 hat; die kürzere hat dann Länge $7 - \frac{1}{7} \cdot 7 = 6$. Der Inhalt der beiden Quadrate ist $7^2 + 6^2 = 85$; der wahre Inhalt soll aber $21\frac{1}{4}$ sein. Wegen $85 = 21\frac{1}{4} \cdot 4$ ist der Flächeninhalt um den Faktor 4 zu groß; also müssen die Seitenlängen halbiert werden: die lange Seite hat Länge $\frac{7}{2} = 3{,}5$, die kurze $\frac{6}{2} = 3$.

11

Auch hier liegt wieder ein System homogener Gleichungen vor, sodass die Technik des falschen Ansatzes zum Ziel führt. Die Summe der Flächen zweier Quadrate ist $28\frac{1}{4}$, und die größere Seite ist um ein Siebtel länger als die kürzere. Setzt man die kürzere Seite gleich 7, ist die größere 8, und die Summe der Flächen der beiden Quadrate ist $7^2 + 8^2 = 113$; weil $113 = 4 \cdot 28\frac{1}{4}$ ist, sind die richtigen Seiten halb so lang, haben also die Längen $3\frac{1}{2}$ und 4.

12

Die Summe der Flächen zweier Quadrate ist $x^2 + y^2 = \frac{13}{36}$, das aus den beiden Seiten gebildete Rechteck hat die Fläche $xy = \frac{1}{6}$. Dieses Problem könnte man mit der Vier-Ziegel-Figur lösen.

Einerseits ist nämlich $(x + y)^2 = x^2 + y^2 + 2xy$, andererseits ist $(x - y)^2 = (x + y)^2 - 4xy$:

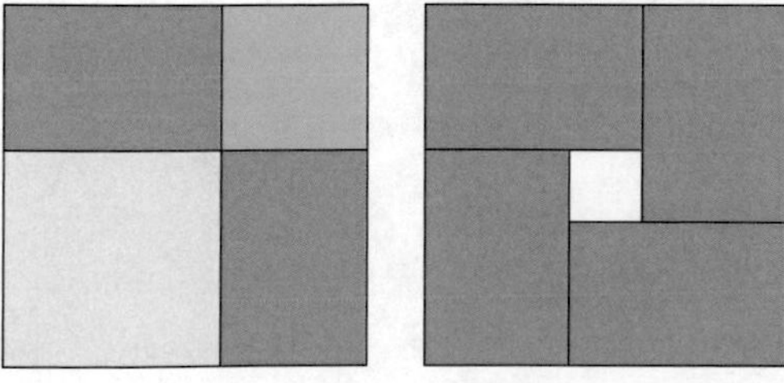

Daraus erhält man $(x+y)^2 = \frac{13}{36} + 2 \cdot \frac{1}{6} = \frac{25}{36}$, also $x+y = \frac{5}{6}$ und damit $\frac{x+y}{2} = \frac{5}{12}$, sowie $(x-y)^2 = (x+y)^2 - 4xy = \frac{25}{36} - 4 \cdot \frac{1}{6} = \frac{1}{36}$ und damit $\frac{x-y}{2} = \frac{1}{12}$. Daraus ergibt sich dann $x = \frac{1}{2}$ und $y = \frac{1}{3}$.

Die Lösung auf BM 13901 ist eine andere: dort wird $A = x^2$ und $B = y^2$ gesetzt und das System $A + B = \frac{13}{36}$, $AB = \frac{1}{36}$ gelöst. Hier werden also Flächen als Seitenlängen betrachtet! Die Vier-Ziegel-Figur zeigt dann $(A+B)^2 - 4AB = (A-B)^2$, also nach Halbieren der Längen

$$\Big(\frac{A+B}{2}\Big)^2 - AB = \Big(\frac{A-B}{2}\Big)^2.$$

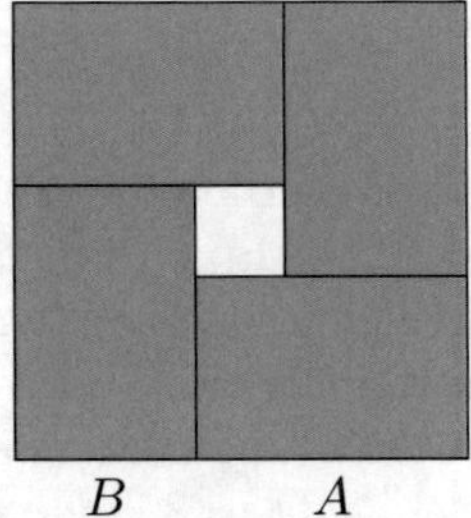

Operation	Formel	Ergebnis
1. Halbiere 0;21,40	$\frac{A+B}{2}$	0;10,50
2. Quadriere 0;10,50	$\big(\frac{A+B}{2}\big)^2$	0;1,57,21,40
3. Quadriere 0;10	$(AB)^2$	0;1,40
4. Subtrahiere (3) von (2)	$\big(\frac{A+B}{2}\big)^2 - (AB) = \big(\frac{A-B}{2}\big)^2$	0;0,17,21,40
5. Ziehe die Wurzel aus (4)	$\frac{A-B}{2}$	0;4,10
6. Addiere (5) zu (1)	$\frac{A-B}{2} + \frac{A+B}{2} = A$	0;15
7. Ziehe die Wurzel aus (6)	$\sqrt{A} = x$	0;30
8. Subtrahiere (5) von (1)	$\frac{A+B}{2} - \frac{A-B}{2} = B = y^2$	0;6,40
9. Ziehe die Wurzel aus (8)	$\sqrt{B} = y$	0;20

Eine andere mögliche geometrische Interpretation ist die folgende: von einem Rechteck mit den Seiten A und B brechen wir ein Rechteck mit den Seiten B und $\frac{A-B}{2}$ ab und verschieben es so, dass ein Gnomon entsteht:

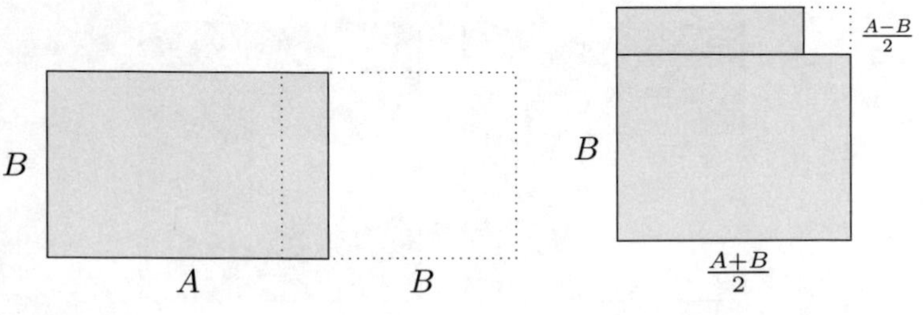

Auch an dieser Figur liest man ab, dass nach Subtraktion der Fläche AB des gelben Rechtecks vom Quadrat $(\frac{A+B}{2})^2$ das Quadrat $(\frac{A-B}{2})^2$ bleibt.

13

Hier liegt wieder ein System homogener Gleichungen vor, das mit dem falschen Ansatz gelöst wird. Die Summe der Fläche zweier Quadrate ist 1700, und eine Seite ist ein Viertel der anderen. Ein falscher Ansatz mit langer Seite 4 ergibt 1 für die kurze Seite und $4^2 + 1^2 = 17$ für die Flächensumme. Weil die wahre Fläche 100 mal so groß ist, müssen die Seitenlängen mit 10 multipliziert werden. Die wahren Längen sind also $4 \cdot 10 = 40$ und $1 \cdot 10 = 10$.

14

In dieser Aufgabe sind zwei Quadrate gegeben, von denen die Seite des zweiten gleich $\frac{2}{3}$ des ersten plus 5 (NINDAN) sind. Es ist also $x^2 + (\frac{2}{3}x + \frac{1}{12})^2 = \frac{61}{144}$.

Der Text beginnt damit, das Quadrat mit Seitenlänge $\frac{1}{12}$ aus der Gesamtfläche herauszureißen. Dadurch verringert sich die Fläche auf $\frac{61}{144} - \frac{1}{144} = \frac{5}{12}$. Diese Restfläche besteht aus dem Quadrat mit Seitenlänge x, einem kleineren Quadrat mit Seitenlänge $\frac{2}{3}x$, und den beiden Rechtecken mit den Seiten $\frac{2}{3}x$ und $\frac{1}{12}$.

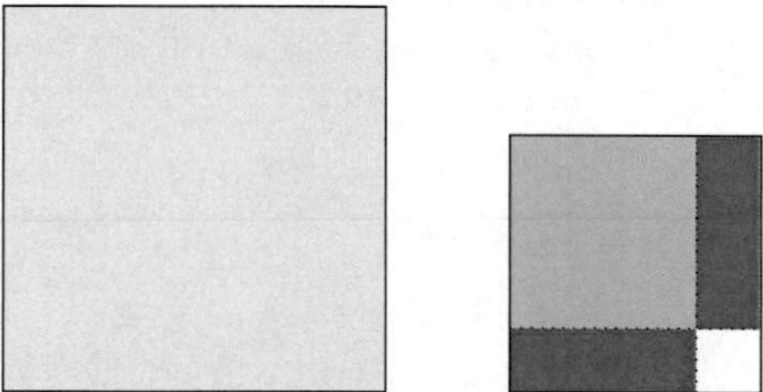

Wir fassen jetzt das grüne Quadrat mit Seitenlänge $\frac{2}{3}x$ als Rechteck mit den Seiten x und $\frac{4}{9}x$ auf, und die beiden roten Rechtecke mit Gesamtinhalt $2 \cdot \frac{2}{3}x \cdot \frac{1}{12} = \frac{1}{9}x$ als Rechteck mit den Seiten x und $\frac{1}{9}$. Damit hat das folgende Rechteck Inhalt $\frac{5}{12}$:

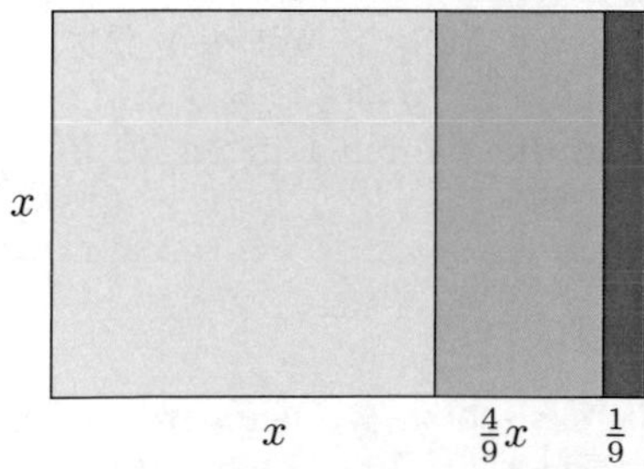

Wir haben also das folgende Problem zu lösen: Ein Quadrat, $\frac{4}{9}$ des Quadrats und $\frac{1}{9}$ der Seite habe ich angehäuft: $\frac{1}{12}$; algebraisch:

$$x^2 + \frac{4}{9}x^2 + \frac{1}{9}x = \frac{1}{12}.$$

Diese Aufgabe wird wie # 3 und # 4 durch Strecken in vertikale Richtung nebst anschließender quadratischer Ergänzung gelöst:

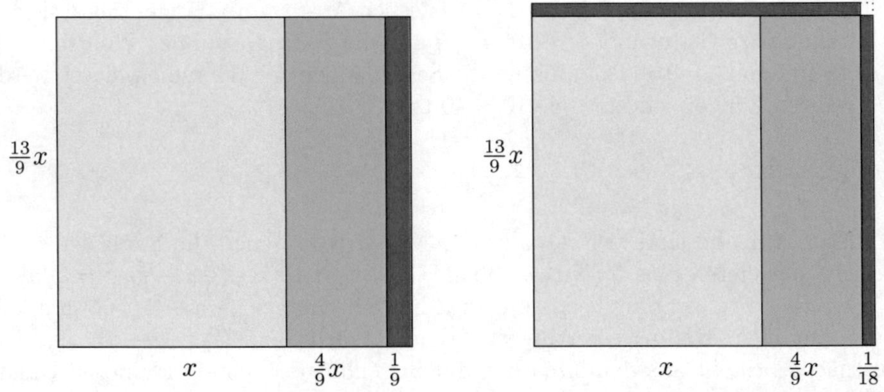

Es ist nun klar, dass $(\frac{13}{9}x + \frac{1}{18})^2 = \frac{5}{12} \cdot \frac{13}{9} + (\frac{1}{18})^2 = \frac{49}{81}$ und damit $\frac{13}{9}x + \frac{1}{18} = \frac{7}{9}$ ist. Um die Unbekannte Seitenlänge x zu erhalten, muss man jetzt $\frac{1}{18}$ subtrahieren und das Ergebnis durch $\frac{13}{9}$ teilen:

$$\frac{7}{9} - \frac{1}{18} = \frac{13}{18}, \qquad \frac{13}{18} : \frac{13}{9} = \frac{1}{2}.$$

Die Seiten der Quadrate sind also $\frac{1}{2}$ und $\frac{2}{3} \cdot \frac{1}{2} + \frac{1}{12} = \frac{5}{12}$.

Weil das IGI von $\frac{13}{9}$ nicht existiert, wird gefragt, was man zu $\frac{13}{9}$ setzen muss, um $\frac{13}{18}$ zu erhalten.

15

Gegeben ist die Summe $x^2 + y^2 + z^2 + w^2 = 1625$ der Flächen von vier Quadraten, sowie die Beziehungen $y = \frac{2}{3}x$, $z = \frac{1}{2}x$ und $w = \frac{1}{3}x$. Weil ein System homogener Gleichungen vorliegt, kann die Aufgabe mit dem falschen Ansatz gelöst werden.

Der falsche Ansatz $x = 1$ liefert $y = \frac{2}{3}$, $z = \frac{1}{2}$ und $w = \frac{1}{3}$, also $x^2+y^2+z^2+w^2 = \frac{65}{36}$. Wegen $1625 = \frac{65}{36}$ sind die wahren Längen 30 mal so groß: $x = 30$, $y = 20$, $z = 15$ und $w = 10$.

16

Diese Aufgabe gehört thematisch zu # 2; sie wird durch eine gewöhnliche quadratische Ergänzung gelöst. Ein Drittel des Quadrats wird herausgerissen, den Rest stellt man sich vor als Quadrat der Seitenlänge $x - 1$ mit einer Hinausragenden der Länge 1.

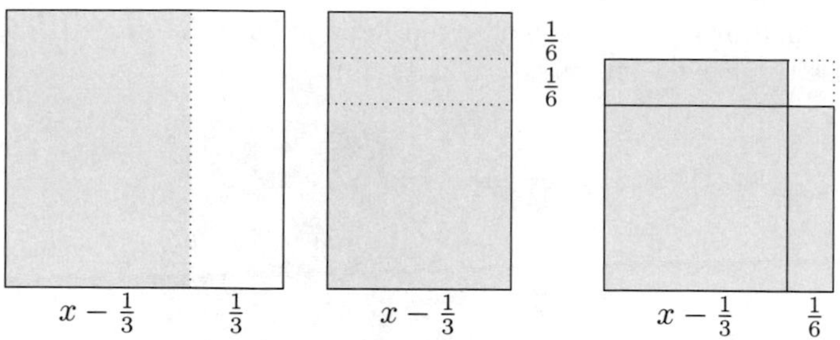

Hinzufügen eines Quadrats der Fläche $\frac{1}{6} \cdot \frac{1}{6} = \frac{1}{36}$ zu $\frac{1}{12}$ ergibt $\frac{1}{9}$, also ist $x - \frac{1}{6} = \frac{1}{3}$ und damit $x = \frac{1}{3} + \frac{1}{6} = \frac{1}{2}$.

17

Es liegt ein System homogener Gleichungen vor, folglich wird die Aufgabe mit einem falschen Ansatz gelöst.

Die Flächen meiner drei Gegenseiten habe ich angehäuft: 𒌋 𒌋𒈫 𒐏𒐊.
Die Gegenseite das Siebtel der Gegenseite.

Wir haben also $x^2 + y^2 = z^2 = 612\frac{3}{4}$, $y = \frac{x}{7}$ und $z = \frac{y}{7}$. Weil wir zwei Mal durch 7 teilen müssen, wählen wir $x = 49$ und erhalten $y = 7$ und $z = 1$. Diese Quadrate werden jetzt aufsummiert:

𒐏𒐎 *und* 𒐌 *und* 𒁹 *setze.* 𒐏𒐎 *und* 𒐏𒐎 *lass enthalten,* 𒐏 𒁹.
𒐌 *und* 𒐌 *lass enthalten,* 𒐏𒐎 . 𒁹 *und* 𒁹 *lass enthalten,* 𒁹.
𒐏 𒁹 *und* 𒐏𒐎 *und* 𒁹 *häufe an:* 𒐏 𒐐𒁹.

Jetzt muss man prüfen, mit welchem Faktor man $49^2 + 7^2 + 1^2 = 2451$ multiplizieren muss, um $612\frac{3}{4}$ zu erhalten. Die Antwort ist $\frac{1}{4}$; also müssen alle Seiten halbiert (d.h. mit 𒌍 multipliziert) werden:

Das IGI *von* 𒐏 𒐐𒁹
ist nicht abgespalten. Was zu 𒐏 𒐐𒁹 *soll ich setzen,*
was mir 𒌋 𒌋𒈫 𒐏𒐊 *gibt?*
𒌋𒐊 *ist sein* bandûm. *Bei* 𒌋𒐊, 𒌍 *ist gleich.*
𒌍 *auf* 𒐏𒐎 *erhöhe;* 𒎙𒐉 𒌍 *die erste Gegenseite.*
𒌍 *auf* 𒐌 *erhöhe;* 𒐈𒌍 *die zweite Gegenseite.*
𒌍 *auf* 𒁹 *erhöhe;* 𒌍 *die dritte Gegenseite.*

18

Hier geht es um die Summe 1400 der Fläche dreier Quadrate, deren Seiten eine arithmetische Folge mit gemeinsamer Differenz 10 bilden:

Die Flächen meiner drei Gegenseiten habe ich angehäuft: 𒌋𒌋𒐈 𒌋𒌋. Gegenseite über Gegenseite, 𒌋 geht es hinaus.

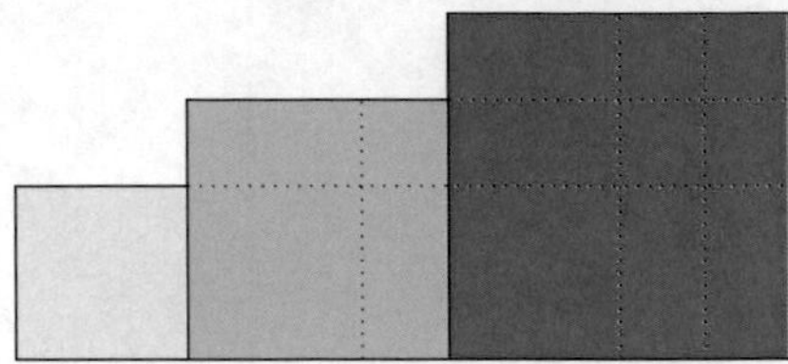

Hagan Brunke löst dieses Problem wie folgt. Wir entfernen ein kleines grünes Quadrat mit Seitenlänge 1 und ein rotes mit Seitenlänge 2 und legen die Figur dann um:

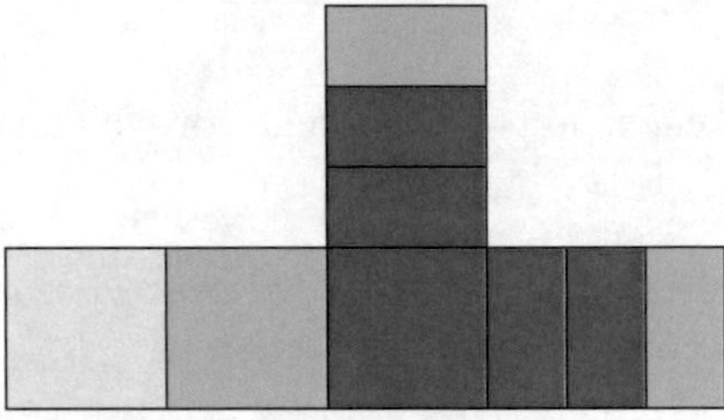

Verdreifachen der Figur liefert

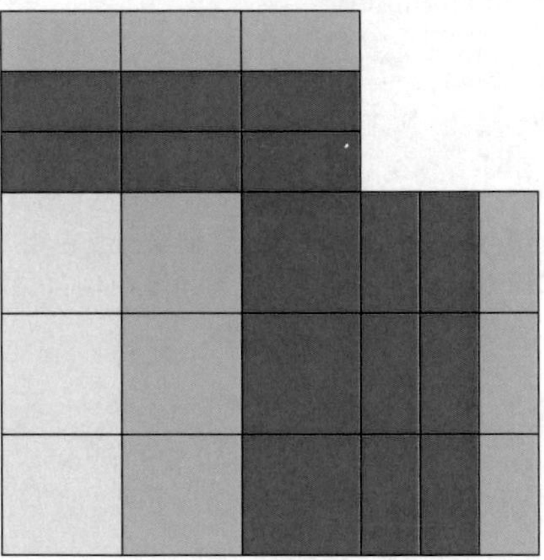

Jetzt kommt man mit einer einfachen quadratischen Erweiterung ans Ziel: Hinzufügen eines Quadrats der Seitenlänge $3b = 30$ zur Fläche $3 \cdot (1400 - 500) = 2700$ liefert $2700 + 900 = 3600$. Also ist $3x + 30 = 60$; herausreißen von 30 und anschließende Division durch 3 (also Multiplikation mit dem Reziproken 20) liefert $x = 10$, $y = 20$ und $z = 30$.

Die Lösung von Jens Høyrup benutzt statt der Verdreifachung der Figur eine Skalierung, wie sie auch bei der Lösung anderer Aufgaben vorkommt.

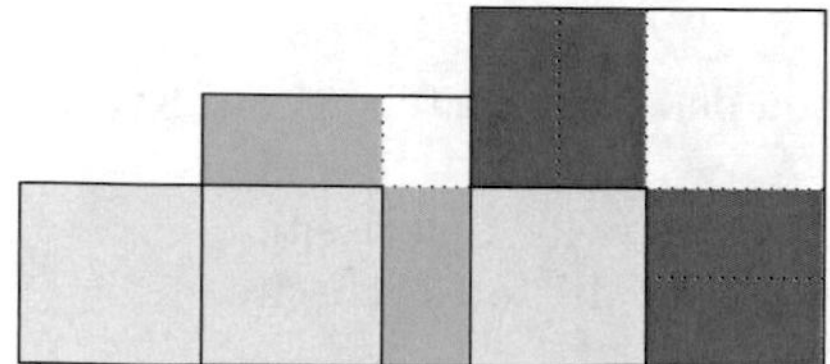

Der Beginn der Lösung ist der folgende:

𒌋, welche es darüber hinausgeht, auf 𒁹 erhöhe, 𒌋 auf 𒐖 erhöhe
𒎙 und 𒎙 lass enthalten, 𒐋𒐏 ist es.
𒌋 und 𒌋 lass enthalten,
𒁹𒐏 zu 𒐋𒐏 füge hinzu
𒐍𒎙 aus dem Innern von 𒎙𒐈 𒎙 reiße heraus;

Hier werden die beiden Quadrate mit Seitenlänge 10 bzw. 20 aus den beiden größeren Quadraten herausgerissen. Umlegen ergibt die folgende Figur:

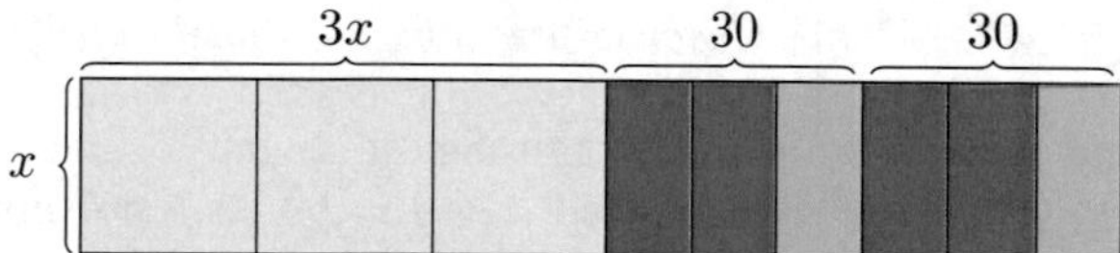

Jetzt wird diese Fläche mit dem Inhalt 900 mit dem Faktor 3 (der Anzahl der Quadrate) skaliert und die Länge der beiden angelegten Rechtecke bestimmt:

𒌋𒐊 auf 𒐈, die Gegenseiten, erhöhe, 𒐏 𒐊 schreibe ein;
𒌋 und 𒎙 häufe an,

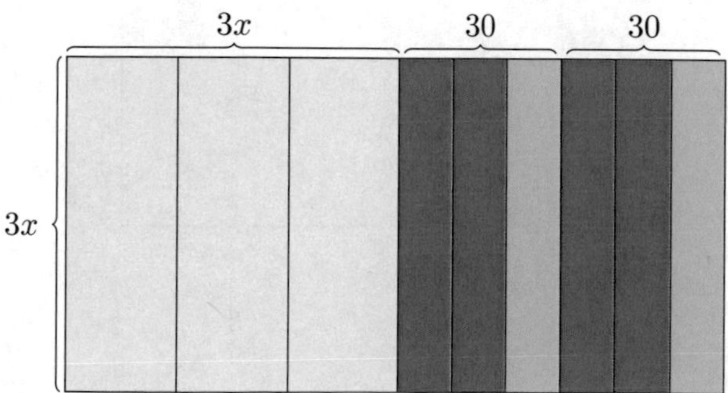

Umlegen eines Rechtecks ergibt ein Gnomon, das durch Ergänzung von einem Quadrat der Seitenlänge 30 zu einem Quadrat ergänzt wird:

𒌍 und 𒌍 lass enthalten;
𒌋𒐊 zu 𒐏 𒐊 füge hinzu.
Bei 𒁹, 𒁹 ist gleich.
𒌍, die Du enthalten lassen hast, reiße heraus.

𒌍 schreibe ein;
das IGI von 𒐈, von den Gegenseiten, 𒎙 auf 𒌍 erhöhe,
𒌋 die Gegenseite
𒌋 zu 𒌋 füge hinzu, 𒎙 die zweite Gegenseite.
𒌋 zu 𒎙 füge hinzu: 𒌍 die dritte Gegenseite.

Also ist $(3x + 30)^2 = 2700 + 900 = 3600$, folglich $3x + 30 = 60$. Damit ist $x = 10$, $y = 20$ und $z = 30$. Geometrisch besteht zwischen der Verdreifachung der Figur und der Skalierung mit dem Faktor 3 natürlich kein Unterschied.

19

Meine Gegenseiten habe ich enthalten lassen. Die Fläche habe ich angehäuft.
So viel wie die Gegenseite über die Gegenseite hinausgeht
habe ich zusammen mit sich selbst enthalten lassen, zum Innern der Fläche
hinzugefügt: 1400. *Meine Gegenseiten habe ich angehäuft:* 50.

Gegeben sind also zwei Quadrate mit Seitenlängen x und y, wobei bekannt ist, dass $x^2 + y^2 + (x - y)^2 = 1400$ und $x + y = 50$ ist. Die (nur bruchstückhaft erhaltene) Lösung ist sehr elegant: Addiert man zur Identität

$$2x^2 + 2y^2 = (x + y)^2 + (x - y)^2,$$

welche durch die Figur

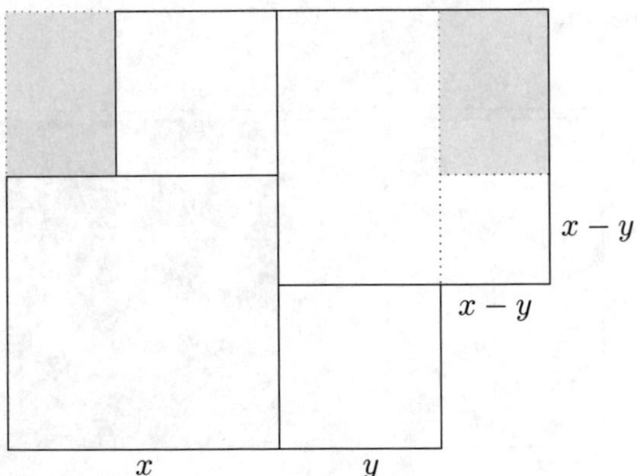

ausgedrückt wird, zwei Quadrate mit Seitenlänge $x - y$, dann hat man

$$2x^2 + 2y^2 + 2(x - y)^2 = (x + y)^2 + 3(x - y)^2.$$

Man muss also die gegebene Fläche $x^2 + y^2 + (x - y)^2$ verdoppeln und $(x + y)^2$ herausreißen, um $3(x - y)^2$ zu erhalten:

1400 bis 2 wiederhole, 2800 schreibe ein.
50 und 50 lass enthalten, 2500 aus dem Innern von 2800 reiße heraus:
300.

Wir würden jetzt durch 3 teilen und die Quadratwurzel ziehen, um $x - y$ zu erhalten. Babylonische Schreiber steuern aber auf $\frac{x-y}{2}$ zu, folglich dividieren sie durch 12; Ziehen der Quadratwurzel ergibt $\frac{x-y}{2} = 5$:

Das IGI *von* 𒌋𒈫 *ist* 𒐊. *Auf* 𒐊 *erhöhe, bei* 𒎙𒐊, 𒐊 *ist gleich.*

Zusammen mit $\frac{x+y}{2} = 25$ berechnet man jetzt wie immer x und y:

Das Halbe von 50 brich ab.
25 zu 5 füge hinzu: 30 die erste Gegenseite.
5 aus 25 reiße heraus: 20 die zweite Gegenseite.

23

Dieses Problem fällt ebenfalls aus der Reihe, denn es ist ein sehr einfaches:

Über eine Fläche; die vier Breiten und die Fläche habe ich angehäuft, 𒐏𒁹 𒐏.

Gesucht ist also die Seitenlänge eines Quadrats, sodass die Summe aus der Fläche und dem Umfang gleich $\frac{25}{36}$ ist. Die Standardmethode wäre eine direkte quadratische Ergänzung:

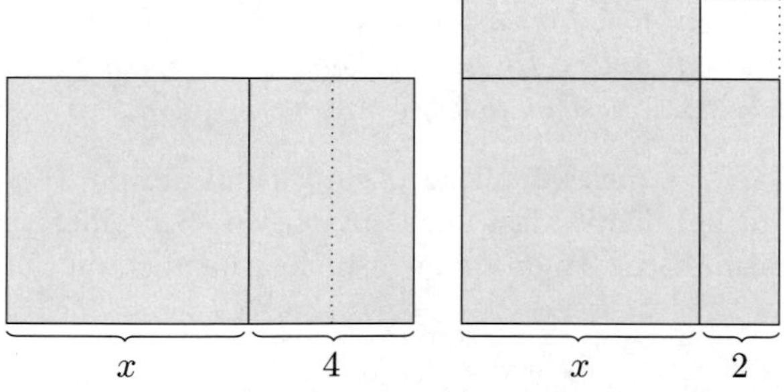

Hinzufügen von $2 \cdot 2 = 4$ zu $\frac{25}{36}$ ergibt $\frac{169}{36}$; also ist $x + 2 = \frac{13}{6}$ und damit die gesuchte Seitenlänge $x = \frac{1}{6}$.

Die Lösung auf der Tafel beginnt damit, das Rechteck mit den Seiten x und 4 in vier Teile zu zerlegen:

𒐉, *die vier Breiten, schreibe ein. Das* IGI *von* 𒐉 *ist* 𒌋𒐊.
𒌋𒐊 *auf* 𒐏𒁹 𒐏 *erhöhe:* 𒌋𒎙𒐊 *schreibe ein.*

Natürlich kann man die quadratische Ergänzung auch vornehmen, wenn man die vier Rechtecke an die vier Seiten des Quadrats verschiebt:

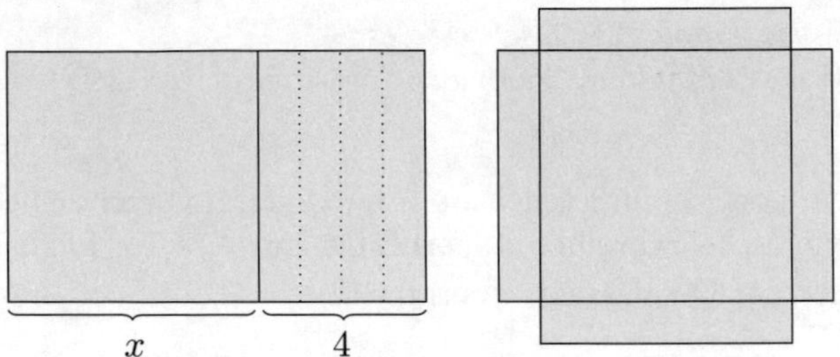

Algebraisch läuft dies auf die obige Lösung hinaus, nur dass man statt einmal $2 \cdot 2$ viermal $1 \cdot 1$ addiert.

Die offensichtliche Erklärung für die Division durch 4 ist das Betrachten nur eines Viertels der obigen Figur.

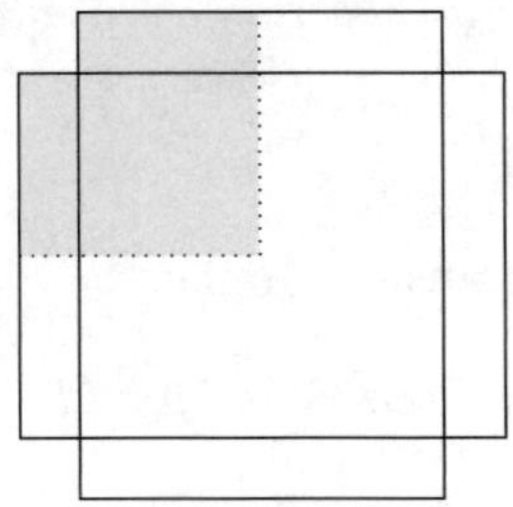

Aus $\frac{1}{4} \cdot \frac{25}{36} = \frac{25}{144}$ und $\frac{25}{144} + 1 = \frac{169}{144}$ erhält man nach Wurzelziehen $\frac{x}{2} + 1 = \frac{13}{12}$. Subtraktion von 1 ergibt $\frac{x}{2} = \frac{1}{12}$, und jetzt muss man mit 2 multiplizieren, um die gesuchte Seite $x = 2 \cdot \frac{1}{12} = \frac{1}{6}$ zu erhalten.

> 𒁹, *die Projektion, füge hinzu: bei* 𒁹𒌍𒐉, 𒁹𒐉 *ist gleich.*
> 𒁹, *die Projektion, welche Du hinzugefügt hast, reiße heraus:* 𒐉 *bis* 𒈫 *wiederhole:* 𒌋 NINDAN *steht sich gegenüber.*

Høyrup erklärt die ungewöhnliche Lösung (und die im Text verwendete ungewöhnliche Sprache) damit, dass der babylonische Schreiber versucht habe, auf eine ältere mathematische Tradition anzuspielen, nämlich die sumerische.

24

Das letzte Problem verallgemeinert Aufgabe # 14.

Hier ist also $x^2 + y^2 + z^2 = \frac{35}{27}$, $y = \frac{2}{3}x + \frac{1}{12}$, $z = \frac{1}{2}y + \frac{1}{24}$. Beachte, dass

$$z = \frac{1}{2}y + \frac{1}{24} = \frac{1}{2} \cdot \frac{2}{3}x + \frac{1}{2} \cdot \frac{1}{12} + \frac{1}{24} = \frac{1}{3}x + \frac{1}{12}$$

ist. Nach dem Vorbild von # 14 würde man die Quadrate von $\frac{1}{12}$ und $\frac{1}{12}$ subtrahieren und die Restflächen in Rechtecke verwandeln, deren eine Seitenlänge x ist.

Das Ergebnis $\frac{1}{72}$ wird aus $\frac{35}{72}$ herausgerissen; es bleiben $\frac{17}{36}$. Diese Fläche ist gleich der Summe $x^2 + \frac{4}{9}x^2 + \frac{1}{9}x^2$ und dem Doppelten der Rechtecke $\frac{2}{3}x \cdot \frac{1}{12} + \frac{1}{3}x \cdot \frac{1}{12}$.

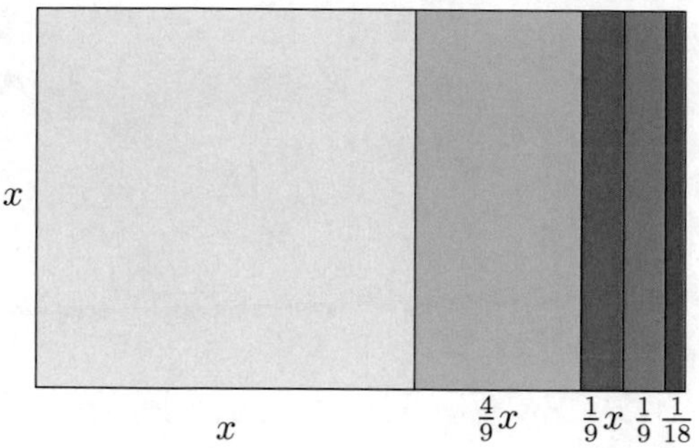

Das vorliegende Problem wird nach dem Vorbild von # 14 gelöst, indem man die vertikalen Seiten mit dem Faktor $1 + \frac{4}{9} + \frac{1}{9} = \frac{14}{9}$ streckt und danach eine quadratische Ergänzung vornimmt.

Nun ist $\frac{17}{36} \cdot \frac{14}{9} = \frac{119}{162}$; wegen $\frac{1}{9} + \frac{1}{18} = \frac{1}{6}$ ist bei der quadratischen Ergänzung das Quadrat mit der Seite $\frac{1}{12}$ hinzuzufügen, und wir finden

$$\left(\frac{14}{9}x + \frac{1}{12}\right)^2 = \frac{119}{162} + \frac{1}{144} = \frac{961}{1296},$$

nach Ziehen der Quadratwurzel also

$$\frac{14}{9}x + \frac{1}{12} = \frac{31}{36}.$$

Damit folgt $\frac{14}{9}x = \frac{31}{36} - \frac{1}{12} = \frac{7}{9}$, und damit $x = \frac{1}{2}$.

Also ist $x = \frac{1}{2}$, $y = \frac{2}{3} \cdot \frac{1}{2} + \frac{1}{12} = \frac{5}{12}$ und $z = \frac{1}{4}$, somit $x^2 + y^2 + z^2 = \frac{35}{72}$ wie verlangt.

Aufgaben

11.1 Wir würden eine Gleichung der Form $\frac{2}{3}x^2 + \frac{1}{3}x = \frac{1}{3}$ wie in BM 13901 # 3 nicht durch Multiplikation mit $\frac{2}{3}$, sondern mit $\frac{3}{2}$ lösen. Finde eine geometrische Interpretation dieser Lösung.

11.2 YBC 4714 # 2:

Eine Fläche. 4 Quadrate addiert: 𒁹𒌍
4 Quadratseiten addiert: 𒈫𒎙

Die im Text nicht genannte Zusatzbedingung (die bei vielen Teilungsproblemen eine unausgesprochene Voraussetzung ist) lautet, dass die Seiten der Quadrate eine konstante Differenz besitzen. Algebraisch ist also

$$x^2 + y^2 + z^2 + w^2 = 5400, \quad x + y + z + w = 140, x - y = y - z = z - w.$$

Löse dieses Problem mit Schulalgebra und auf die „babylonische Art“.

12. Weitere Quadratische Probleme

In diesem Kapitel besprechen wir weitere Aufgaben, die auf quadratische Gleichungen führen; wir beginnen mit einigen griechischen und römischen Texten und erklären dann babylonische Techniken an einigen von uns konstruierten Aufgaben. Danach untersuchen wir verschiedene komplexe babylonische Aufgaben.

12.1 Grundaufgaben

Wir beginnen mit einer Standardaufgabe, die wir später variieren werden.

Aufgabe 1

Wir betrachten die folgende Aufgabe, die sich so auf keiner Keilschrifttafel findet:

1. *Länge, Breite*
2. *Länge und Breite habe ich enthalten lassen*
3. *und eine Fläche gemacht:* 𒌋
4. *Länge und Breite habe ich angehäuft:* 𒐐

Die erste Zeile gibt bekannt, dass es sich um ein Objekt handelt, das durch Länge und Breite festgelegt ist, also um ein Rechteck. Danach wird erklärt, dass die Fläche gleich 600, die Summe von Länge und Breite gleich 50 ist. Es ist also das Gleichungssystem

$$L \cdot B = 600, \quad L + B = 50$$

zu lösen. Nach Vieta sind L und B Lösungen der Gleichung

$$x^2 - 50x + 600 = 0,$$

was auf $L = 30$ und $B = 20$ führt.

Geometrisch würde man so vorgehen: Wir betrachten die Figur der vier Ziegel und lesen daran ab, dass

$$4LB = (L + B)^2 - (L - B)^2,$$

oder, wenn wir alle Längen halbieren,

$$LB = \Big(\frac{L+B}{2}\Big)^2 - \Big(\frac{L-B}{2}\Big)^2.$$

F. Lemmermeyer, *Mathematik à la Carte – Babylonische Algebra*,
https://doi.org/10.1007/978-3-662-66287-8_12

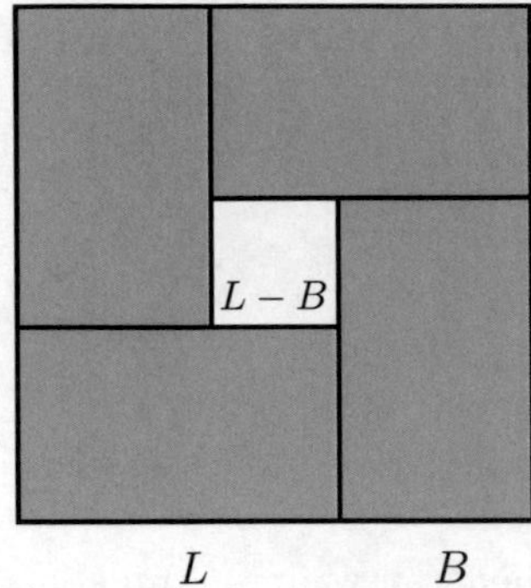

Daraus erhält man

$$\left(\frac{L-B}{2}\right)^2 = \left(\frac{L+B}{2}\right)^2 - LB = 25^2 - 600 = 25,$$

also $\frac{L-B}{2} = 5$; zusammen mit $\frac{L+B}{2} = 25$ folgt dann $L = 30$ und $B = 20$.

BM 34568

Als Beispiel einer solchen Aufgabe präsentieren wir Problem # 9 von der Keilschrifttafel BM 34568 (siehe [Høyrup 2002, S. 393]), einer Aufgabensammlung aus der Seleukidenzeit.

Die Länge und die Breite habe ich angehäuft: 𒌋𒐘
𒐏𒐜 *die Fläche.*
Weil Du nicht weißt: 𒌋𒐘 *Schritte von* 𒌋𒐘 , 𒐈 𒌋𒐚.
𒐏𒐜 *Schritte von* 𒐘, 𒐈 𒌋𒐖
𒐈 𒌋𒐖 *aus* 𒐈 𒌋𒐚 *reiße heraus:* 𒐘
Wie viele Schritte wovon mag ich gehen für 𒐘 *?* 𒐖
𒐖 *aus* 𒌋𒐘 *reiße heraus,* 𒌋𒐖
𒌋𒐖 *Schritte von* 𒌍 , 𒐚. 𒐚 *die Breite.*
𒐖 *zu* 𒐚 *füge hinzu:* 𒐜. 𒐜 *die Länge.*

Aufgabe 2

Die Standardaufgabe oben wird jetzt leicht variiert:

1. *Länge, Breite*
2. *Länge und Breite habe ich enthalten lassen*
3. *und eine Fläche gemacht.*
4. *Länge und Fläche habe ich angehäuft:* 𒌋 𒌍
5. *Länge und Breite habe ich angehäuft:* 𒐐

Jetzt geht es also um das Gleichungssystem

$$LB + L = 630, \quad L + B = 50.$$

Algebraisch ist die Sache klar: Einsetzen von $B = 50 - L$ ergibt

$$L(50 - L) + L = 630,$$

was auf

$$L^2 - 51L + 630 = 0$$

führt. Daraus erhält man die beiden Lösungen

$$(L, B) = (30, 20) \quad \text{und} \quad (L, B) = (21, 29).$$

Geometrisch lässt sich $4LB + 4L$ durch die vier Ziegel mit vier dazugehörigen Hinausragenden der Länge 1 interpretieren. Man kann in der Figur die vier Ziegel samt Hinausragenden so verschieben, dass eine neue Vier-Ziegel-Figur mit einem kleineren Loch in der Mitte entsteht:

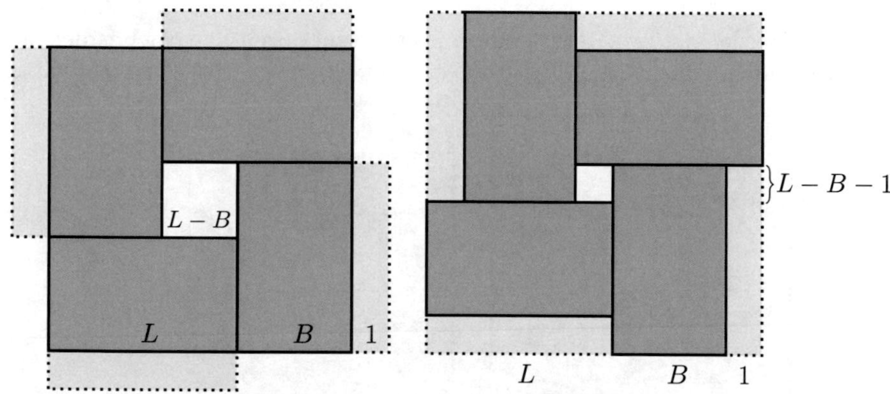

Die Figur zeigt

$$4LB + 4L = (L + B + 1)^2 - (L - B - 1)^2,$$

also nach Halbieren aller Längen (auch der Hinausragenden 1)

$$LB + L = \left(\frac{L + B + 1}{2}\right)^2 - \left(\frac{L - B - 1}{2}\right)^2. \tag{12.1}$$

Daraus kann man auf die bekannte Art und Weise L und B bestimmen.

Algebraisch läuft diese Transformation auf die Substitution $B' = B + 1$ hinaus. Wir können nämlich das Gleichungssystem

$$LB + L = 630, \quad L + B = 50$$

in der Form

$$L(B + 1) = 630, \quad L + (B + 1) = 51$$

schreiben, was durch die obige Substitution in

$$LB' = 630, \quad L + B' = 51$$

übergeht.

Aufgabe 3

Ganz entsprechend wird das folgende Problem gelöst:

1. *Länge, Breite*

2. *Länge und Breite habe ich enthalten lassen*

3. *und eine Fläche gemacht.*

4. *Länge aus der Fläche habe ich herausgerissen:*

5. *Breite und Länge habe ich angehäuft:*

Hier geht es also um das Gleichungssystem

$$BL - L = 570, \quad L + B = 50.$$

Dieses Mal werden die vier Rechtecke herausgerissen; durch Verschieben der Ziegel entsteht eine neue Vier-Ziegel-Figur mit einem vergrößerten Loch in der Mitte:

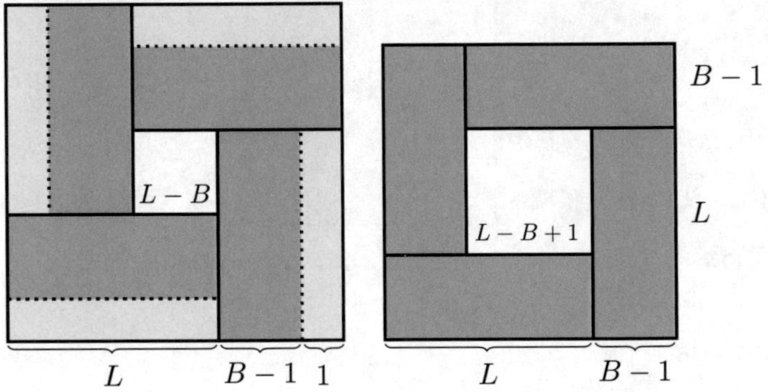

Also ist jetzt

$$4BL - 4L = (L + B - 1)^2 - (L - B + 1)^2,$$

d.h.

$$BL - L = \left(\frac{L + B - 1}{2}\right)^2 - \left(\frac{L - B + 1}{2}\right)^2.$$

Daraus lassen sich $\frac{L+B-1}{2}$ und $\frac{L-B+1}{2}$ bestimmen, und daraus wiederum $L = \frac{L+B-1}{2} + \frac{L-B+1}{2}$ und $B = \frac{L+B-1}{2} - \frac{L-B+1}{2} + 1$.

Aufgabe 4

Eine weitere Variation liefert das folgende Problem:

1. *Länge, Breite*

2. Länge und Breite habe ich enthalten lassen

3. und eine Fläche gemacht.

4. Länge und Fläche habe ich angehäuft: 𒌋 𒌍

5. Breite aus Länge habe ich herausgerissen: 𒌋

Hier geht es also um das Gleichungssystem

$$BL + L = 630, \quad L - B = 10.$$

Diese Aufgabe lässt sich mit derselben Figur lösen wie Aufgabe 2; in der Identität (12.1) ist jetzt auf der rechten Seite $\frac{L-B-1}{2}$ bekannt anstatt $\frac{L+B+1}{2}$.

12.2 AO 6484

Die Tafel AO 8684 ist in der Seleukidenzeit geschrieben worden, ist also eine der jüngsten erhaltenen Keilschrifttafeln. In dieser Zeit hatten die Babylonier ein Symbol für fehlende Ziffern im Innern einer Sexagesimalzahl, nämlich 𒑱. Man kann beobachten, dass es aus dieser Zeit viele Aufgaben gibt, in denen Zahlen mit inneren Nullen vorkommen. Außerdem hatten die Babylonier zu dieser Zeit eine Schwäche für das Rechnen mit vergleichsweise riesigen Zahlen.

Aufgaben von AO 6484

Bei einigen Aufgaben auf dieser Tafel geht es darum, dass die Summe zweier Zahlen mit Produkt 1 gegeben ist:

Igum und igibum habe ich angehäuft: 𒈫 𒑱 𒑱 𒌍𒐈 𒎙

Auf vielen Tafeln aus der Seleukidenzeit finden sich Aufgaben, in denen der Umgang mit fehlenden Ziffern geübt wird; schließlich hatten die Babylonier in der Spätphase ihrer Kultur ein Zeichen für fehlende Ziffern, nämlich 𒑱. Auch bei der vorliegenden Aufgabe ist dies so: die Summe der beiden zueinander reziproken Zahlen ist 2,0,0,33,20, also dezimal $A = 25\,922\,000$.

Algebraisch geht es darum, die beiden Unbekannten x und y aus dem Gleichungssystem

$$x + y = A, \quad xy = 1$$

zu berechnen. Nach Vieta sind x und y Lösung der quadratischen Gleichung

$$X^2 - AX + 1 = 0.$$

Algebraisch ist die Lösung gegeben durch

$$x = \sqrt{\frac{A^2}{4} - 1} + \frac{A}{2}.$$

und die Lösung verläuft im vorliegenden Beispiel wie folgt:

> 𒈫 𒑊 𒑊 𒌍𒐈 𒎙 *auf* 𒌍 *erhöhe:* 𒁹 𒑊 𒑊 𒌋𒐋 𒐏
> 𒁹 𒑊 𒑊 𒌋𒐋 𒐏 *mit* 𒁹 𒑊 𒑊 𒌋𒐋 𒐏 *lass enthalten:*
> 𒁹 𒑊 𒑊 𒌍𒐈 𒎙 𒐉 𒌍𒑂 𒐏𒐋 𒐏
> 𒁹 *aus* 𒁹 𒑊 𒑊 𒌍𒐈 𒎙 𒐉 𒌍𒑂 𒐏𒐋 𒐏 *reiße heraus:*
> 𒌍𒐈 𒎙 𒐉 𒌍𒑂 𒐏𒐋 𒐏
> *Bei* 𒌍𒐈 𒎙 𒐉 𒌍𒑂 𒐏𒐋 𒐏 , 𒐏𒐉 𒐏𒐈 𒎙 *ist gleich*
> 𒐏𒐉 𒐏𒐈 𒎙 *zu* 𒁹𒑊𒑊𒌋𒐋 𒐏 *füge hinzu:* 𒁹 𒑊 𒐏𒐊
> 𒐏𒐉 𒐏𒐈 𒎙 *aus* 𒁹 𒑊 𒑊 𒌋𒐋 𒐏 *reiße heraus:* 𒐐𒐎 𒌋𒐊 𒌍𒐈 𒎙

Auch dieser Lösung liegt die Vier-Ziegel-Figur[1] zugrunde, welche wegen $xy = 1$ hier die Identität

$$\Big(\frac{x+y}{2}\Big)^2 - \Big(\frac{x-y}{2}\Big)^2 = 1$$

illustriert.

Die Berechnung der Quadratwurzel aus 𒌍𒐈 𒎙 𒐉 𒌍𒑂 𒐏𒐋 𒐏 ist etwas anspruchsvoll: dreimalige Division durch 4 (bzw. Multiplikation mit 15) liefert die Zahl 𒌍𒁹 𒌋𒐊 𒐉 𒎙 𒎙𒐊, und dreimalige Division mit 25 (bzw. Multiplikation mit 400) ergibt 𒑂 𒌋𒈫 𒁹. Die jetzt verbliebene Zahl $7 \cdot 60^2 + 12 \cdot 60 + 1 = 25921$ liegt außerhalb der üblichen Tabellen. Der Ansatz $(160 + a)^2 = 25921$ führt auf $320a + a^2 = 321$ mit der offensichtlichen Lösung $a = 1$.

Jetzt muss man die Divisionen wieder rückgängig machen, indem man dreimal mit 5 und dreimal mit 2 multipliziert; man erhält so, dass 44,43,20 = 161000 die Quadratwurzel von $33, 20, 4, 37, 46, 40 = 25\,921\,000\,000$ ist.

Das Paar reziproker Zahlen ist also $1{,}0{,}45 = 3645 = 3^6 \cdot 5$ und $59{,}15{,}33{,}20 = 1\,280\,000 = 2^{12}5^5$; dabei ist 1,0,45 die kleinste reguläre dreistellige Sexagesimalzahl oberhalb von 1,0,0 = 3600.

12.3 Summen von Flächen von Quadraten

Eine ganze Reihe von Aufgaben auf Keilschrifttafeln beschäftigt sich mit Summen von Flächen von zewi oder mehr Quadraten. Einige davon wollen wir jetzt besprechen.

YBC 4714

Diese Tafel behandelt Aufgaben, die Variationen von BM 13901 # 8 sind; in der Tat stimmt die erste Aufgabe (vermutlich – nur ein kleiner Teil der Aufgabe ist erhalten) mit BM 13901 # 8 überein:

> *Die Flächen meiner beiden Gegenseiten habe ich angehäuft:* 𒌋𒐍
> *Meine Gegenseiten haben ich angehäuft:* 𒐐
> *Die beiden Gegenseiten: was?*

[1] Aldo Bonet hat diese Figur in seinen Arbeiten sehr oft verwendet; siehe etwa [Bonet 2020].

Auf der Tafel werden die Lösungen der Aufgaben angegeben, aber nicht der Rechenweg. Die beiden nächsten Aufgaben behandeln komplexere Variationen:

Die Flächen von vier Gegenseiten habe ich angehäuft: 𒁹 𒌍
Meine vier Gegenseiten haben ich angehäuft: 𒈫 𒎙
Die vier Gegenseiten: was?

Bei dieser Aufgabe muss man davon ausgehen, dass die Seitenlängen der Quadrate eine arithmetische Progression bilden, dass also die erste über die zweite genauso viel hinausgeht wie die zweite über die dritte usw.; nicht ausgesprochene Annahmen dieser Art finden sich in vielen babylonischen Aufgaben.

Algebraisch geht es also um das Gleichungssystem

$$\begin{aligned} x^2 + (x+a)^2 + (x+2a)^2 + (x+3a)^2 &= 5400, \\ x + x + a + x + 2a + x + 3a &= 140, \end{aligned}$$

also um

$$4x^2 + 12ax + 14a^2 = 5400, \quad 4x + 6a = 140.$$

Quadratische Ergänzung ergibt

$$(2x + 3a)^2 + 5a^2 = 5400,$$

und wegen $2x + 3a = 70$ folgt $5a^2 = 500$, also $a = 10$. Die geometrische Interpretation dieser Rechnungen versteht sich von selbst.

Bei YBC 4714 # 3 sind sechs Quadrate im Spiel:

Die Flächen von sechs Gegenseiten habe ich angehäuft: 𒁹 𒐐 𒈫 𒐐 𒐼
Meine sechs Gegenseiten haben ich angehäuft: 𒐈 𒌋𒐼
Die sechs Gegenseiten: was?

MS 5112

Aufgabe # 3 auf der Keilschrifttafel MS 5122 dreht sich um drei Quadrate:

Die Flächen von drei Gegenseiten habe ich angehäuft: 𒎙𒐈 𒎙
Meine drei Gegenseiten habe ich angehäuft: 𒁹

Hier wird stillschweigend angenommen, dass die Seitenlängen eine arithmetische Folge bilden. Bevor wir die eigentliche Aufgabe besprechen, geben wir eine Lösung des Problem BM 13901 # 18, welche sich von der dort gegebenen Lösung unterscheidet: Anstatt die drei Quadrate mit dem kleinsten zu vergleichen, steuern wir auf drei mittlere Quadrate zu. Wir beginnen mit den drei Quadraten und legen Teile des großen roten Quadrats so an das kleine, dass das mittlere Quadrat entsteht:

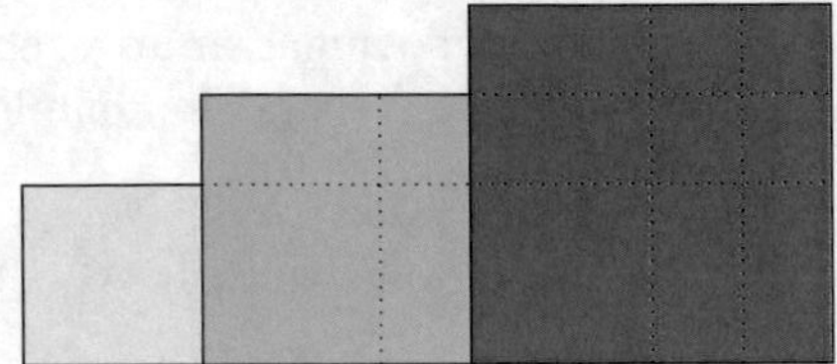

Durch Umlegen sind jetzt drei mittlere Quadrate entstanden, wobei zwei Quadrate der Seitenlänge d übrig geblieben sind:

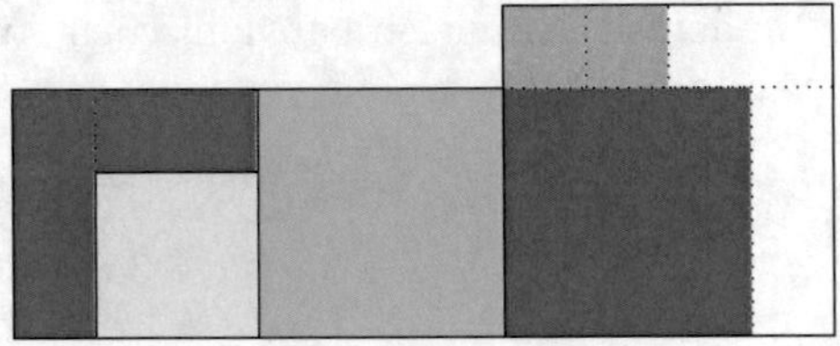

Subtrahieren wir von der Fläche 1400 die beiden Quadrate mit Seitenlänge 10, bleibt eine Fläche 1200 zurück, die drei mittleren Quadraten gleich ist. Also hat das mittlere Quadrat Flächeninhalt 400 und damit Seitenlänge 20. Die beiden anderen Seitenlängen erhält man daraus durch Addition bzw. Subtraktion der gemeinsamen Differenz 10.

Die Lösung der Aufgabe # 3 auf MS 5112 basiert auf der Identität

$$x^2 + y^2 + z^2 = 3y^2 + 2d^2,$$

wo $y = x + d$ und $z = y + d$ ist, und die wir eben geometrisch interpretiert haben.

Weil wir hier $x + y + z = 60$ kennen, wissen wir, dass $60 = 3y$ und damit $y = 20$ ist. In der Tate beginnt die Lösung damit, das IGI von 3 zu bestimmen (nämlich 20), dann dessen Quadrat 𒐋𒐏, und endlich das Dreifache $3y^2$ dieser Fläche, nämlich 𒌋𒌋. Die Identität liefert $2d^2 = (x^2 + y^2 + z^2) - 3y^2 = 1400 - 1200 = 200$. Die natürliche Fortsetzung wäre die Bestimmung von $d = 10$, was auf $x = y - d = 10$ und $z = y + d = 30$ führt. Auf dem noch erhaltenen Teil der Lösung wird aber mit Dreifachen gerechnet; vermutlich hat der Schreiber die Aufgabe also auf anderem Weg vollendet.

YBC 6504

Die Keilschrifttafel YBC 6504 enthält vier Probleme, in denen es um die Gleichung $LB - (L - B)^2 = 500$ geht und außerdem $L - B$, $L + B$, L oder B gegeben ist.

Das zweite Problem lautet so:

> *So viel wie Länge über Breite hinausgeht*
> *habe ich sich selbst enthalten lassen*
> *und aus dem Innern der Fläche herausgerissen:* 𒐌 𒌋𒌋.
> *Länge und Breite habe ich angehäuft:* 𒐐 .

Die zur Lösung gehörige Figur baut auf der Vier-Ziegel-Figur auf:

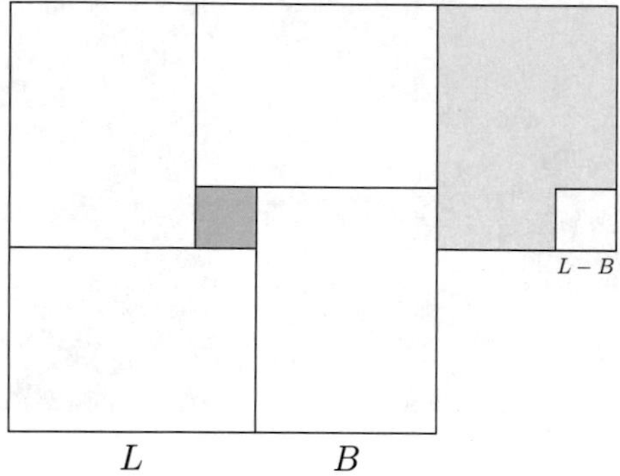

Die auf der Tafel angegebene Lösung beginnt damit, das Quadrat mit der Seitenlänge $L + B = 50$ und dem Flächeninhalt 41,40 zu legen und zu den 8,20 (das gelbe Gnomon) hinzuzufügen. Die Summe der Flächen beträgt dann 50,00.

Ergänzt man das gelbe Gnomon durh das grüne Quadrat, so erhält man fünf kongruente Rechtecke mit Länge L und Breite B, welche zusammen Flächeninhalt 50,00 haben. Der Flächeninhalt jedes einzelnen Rechtecks ist also der fünfte Teil davon, nämlich 10,00, was man durch Multiplikation mit dem Reziproken 12 erhält.

Damit wissen wir $L + B = 50$ und $L \cdot B = 10{,}00$, woraus man auf dem üblichen Weg $L = 30$ und $B = 20$ folgert.

BM 34568

Einige Aufgaben auf der Tafel BM 34568 drehen sich um Rechtecke, bei denen unter anderem die Diagonale gegeben ist[2]. Die Lösung dieser Aufgaben erfordert also eine Anwendung des Satzes von Pythagoras.

BM 34568 # 18: Gegeben ist ein Rechteck mit den Seiten L, B und der Diagonale D, von dem man die Summe $U = L + B + D$ und die Fläche $A = LB$ kennt. Daraus wird dann mittels

$$D = \frac{U^2 - 2A}{2U} \tag{12.2}$$

die Länge der Diagonale bestimmt. Dahinter steckt die Identität

$$U^2 - 2A = 2DU,$$

die sich geometrisch wie folgt interpretieren lässt.

[2] Es hat den Anschein, als wären solche Aufgaben in der altbabylonischen Periode nicht bekannt gewesen. Die Tafel BM 34568 stammt jedenfalls aus der seleukidischen Zeit.

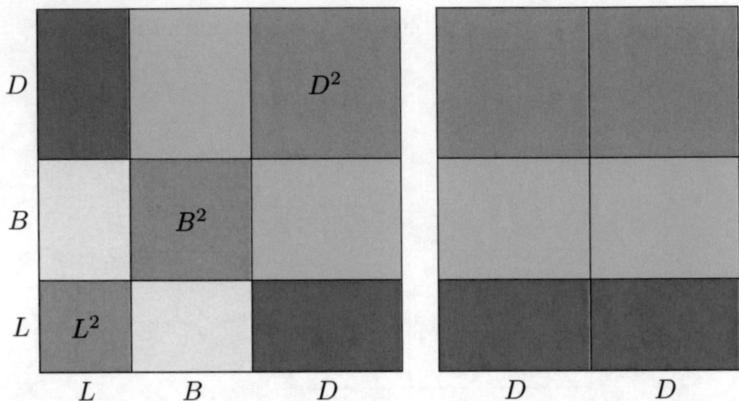

Zuerst entfernen wir die beiden gelben Rechtecke mit dem Flächeninhalt LB, ersetzen $L^2 + B^2$ durch das Quadrat D^2 und setzen es rechts neben das schon vorhandene Quadrat der Fläche D^2; dann verschieben wir die roten und grünen Rechtecke von links oben nach rechts unten. Dies zeigt

$$(L + B + D)^2 - 2LB = 2(L + B + D)D,$$

woraus dann (12.2) folgt.

Die gegebenen Zahlenwerte waren $L + B + D = 60$ und $LB = 300$; daraus folgt $D = 25$. Aus $L^2 + B^2 = 625$ folgt dann $(L - B)^2 = L^2 + B^2 - 2LB = 25$ und $(L + B)^2 = L^2 + B^2 + 2LB = 1225$, also $L - B = 5$ und $L + B = 35$, was auf $L = 20$ und $B = 15$ führt. Der letzte Teil der Aufgabe ist nichts anderes als die Aufgabe aus dem Handbuch für römische Feldmesser, die wir auf Seite 109 besprochen haben.

12.4 AO 8862

Jetzt besprechen wir einige Aufgaben auf AO 8862, bei denen wir die eingangs vorgestellten Techniken benutzen werden.

AO 8862 # 1

Das erste Problem auf dem Prisma AO 8862 ist das folgende:

1. *Länge, Breite*
2. *Länge und Breite habe ich enthalten lassen und eine Fläche gemacht.*
3. *Was die Länge über die Breite hinausgeht zum Inneren der Fläche habe ich hinzugefügt:* 𒐈 𒐈

4. Länge und Breite habe ich angehäuft:

Hier geht es also um das Gleichungssystem

$$LB + L - B = 183, \quad L + B = 27.$$

Algebraisch lässt sich dies leicht in Standardform bringen: Wegen

$$LB + L - B = L(B + 1) - B = L(B + 1) - (B + 1) + 1 = (L - 1)(B + 1) + 1$$

können wir das Gleichungssystem mit $L' = L - 1$ und $B' = B + 1$ wie folgt schreiben:

$$L'B' = 182, \quad L' + B' = 27.$$

Dieses Gleichungssystem hat die Lösung $L' = 14$ und $B' = 13$, woraus sofort $L = 15$ und $B = 12$ folgt.

Die Lösung auf AO 8862 verläuft (in Kurzform) wie folgt:

1. 27 *zum Innern von* 183 *füge hinzu:* 210
2. 2 *zu* 27 *füge hinzu:* 29
3. *Die Hälfte von* 29 *brich ab:* $14\frac{1}{2}$
4. $14\frac{1}{2}$ *Schritte von*$14\frac{1}{2}$*:* $210\frac{1}{4}$
5. *Aus dem Innern von* $210\frac{1}{4}$, 210 *reiße heraus:* $\frac{1}{4}$
6. *Bei* $\frac{1}{4}$, $\frac{1}{2}$ *ist gleich*
7. $\frac{1}{2}$ *zu* $14\frac{1}{2}$ *füge hinzu:* 15, *die Länge*
8. $\frac{1}{2}$ *aus* $14\frac{1}{2}$ *reiße heraus:* 14, *die Breite*
9. 2, *die Du zu* 27 *hinzugefügt hast, aus* 14, *der Breite, reiße heraus:* 12, *die wahre Breite.*

Algebraisch wurden die beiden Gleichungen zu Beginn addiert:

$$[LB + L - B] + [L + B] = LB + 2L = 183 + 27 = 210.$$

Dies erlaubt uns, das Gleichungssystem in der Form

$$LB' = 210, \quad L + B' = 29$$

zu schreiben, wobei wir $B' = B + 2$ gesetzt haben.

Geometrisch sieht die Sache so aus: die Größe $LB+L-B$ wird von der folgenden Figur dargestellt, in welcher aus einem Rechteck mit Länge L und Breite B ein Rechteck der Form $B \cdot 1$ herausgerissen und eines der Form $L \cdot 1$ hinzugefügt wurde:

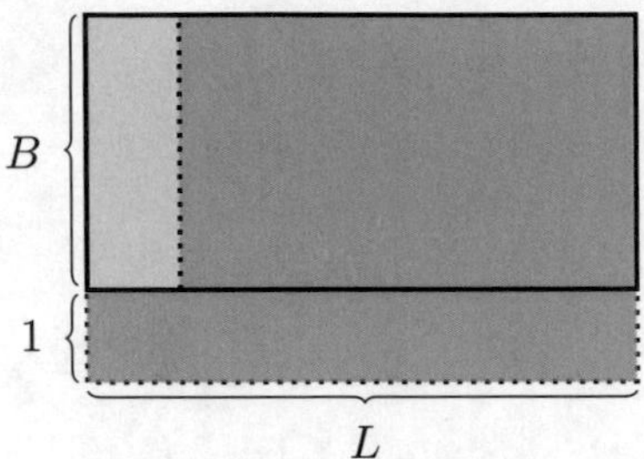

Addiert man jetzt $L + B$, also die Rechtecke mit den Flächen $L \cdot 1$ und $B \cdot 1$, so erhält man ein Rechteck mit der Fläche $BL + 2L \cdot 1$:

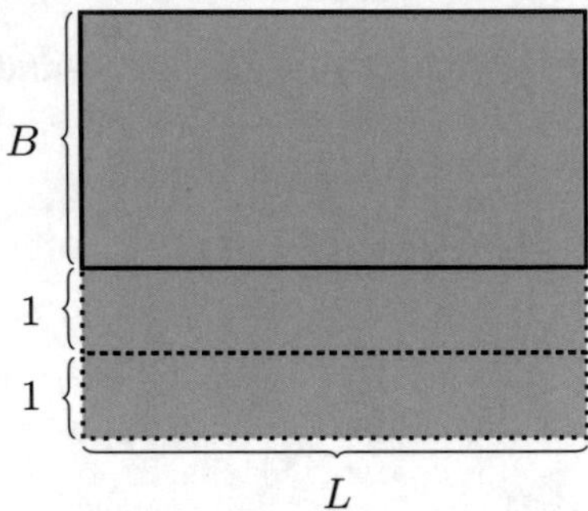

Legt man mit diesem Rechteck der Fläche LB' mit $B' = B + 2$ die Vier-Ziegel-Figur, erhält man

$$4LB' + (L - B')^2 = (L + B')^2$$

und daraus (nach Halbieren der Seiten) aus $\frac{L+B'}{2}$ und $\frac{L-B'}{2}$ die Länge L und die „falsche" Breite B', von der man, um die wahre Breite zu erhalten, noch 2 subtrahieren muss.

Susa IX

Ein ganz ähnliches Problem wird in Aufgabe IX der Susa-Texte gelöst. Algebraisch geht es um das Gleichungssystem

$$xy + x + y = 1, \quad \frac{1}{17}(3x + 4y) + y = \frac{1}{2}.$$

Multipliziert man die zweite Gleichung mit 17, so erhält man $3x + 21y = 8\frac{1}{2}$. Mit $x' = 3(x + 1)$ und $y' = 21(y + 1)$ folgt nun

$$x' + y' = 32\frac{1}{2}, \quad x' \cdot y' = 66.$$

Mit $x' = 4\frac{1}{2}$ und $y' = 28$ erhält man endlich $x = \frac{1}{2}$ und $y = \frac{1}{3}$.

AO 8862 # 3

Die jetzt folgende Aufgabe 3 auf dem altbabylonischen Prisma[3] AO 8862 zeigt die ganze Virtuosität der babylonischen Schreiber beim Lösen quadratischer Probleme; sie lautet folgendermaßen:

Was die Länge über dic Breite hinausgeht,
mit der Summe von Länge und Breite habe ich multipliziert;
dazu habe ich meine Fläche addiert: 𒁹 𒌋𒐈 𒎙
Länge und Breite habe ich addiert: 𒁹 𒐏
𒁹 𒐏 𒁹 𒌋𒐈 𒎙 *die Summen*
𒁹 *Länge,* 𒐏 *Breite,* 𒐏 *Fläche*
Du bei deinem Verfahren:
𒁹 𒐏 *die Summe von Länge und Breite*
𒁹 𒐏 *und* 𒁹 𒐏 *lass enthalten:* 𒈫 𒐏𒐋 𒐏
Aus 𒈫 𒐏𒐋 𒐏 *die Fläche* 𒁹 𒌋𒐈 𒎙 *reiße heraus:* 𒁹 𒌍𒐈 𒎙
Die Hälfte von 𒁹 𒐏 *brich ab:* 𒐐
𒐐 *und* 𒐐 *lass enthalten*
𒐏𒁹 𒐏 *zu* 𒁹 𒌍𒐈 𒎙 *füge hinzu*
Bei 𒈫 𒌋𒐊 *,* 𒁹𒌍 *ist gleich*
𒁹 𒐏 *über* 𒁹 𒌍 *was geht es hinaus?*
𒌋 *geht es hinaus.*
𒌋 *zu* 𒐐 *füge hinzu:* 𒁹 *die Länge*
𒌋 *aus* 𒐐 *reiße heraus:* 𒐏 *die Breite*

Algebraisch geht es also um das Gleichungssystem

$$(L - B)(L + B) + LB = 4400, \quad L + B = 100.$$

Wenn wir das Gleichungssystem mit heutiger Schulalgebra lösen, so können wir die zweite Gleichung in die erste einzusetzen und finden

$$100(2L - 100) + L(100 - L) = 4400,$$

also die quadratische Gleichung $L^2 - 300L + 14400 = 0$. Diese Gleichung hat die beiden Lösungen $L_1 = 60$ und $L_2 = 240$; die erste Lösung führt auf das Paar $(L, B) = (60, 40)$, die zweite ergibt einen negativen Wert für B.

Die Lösung auf AO 8862 verläuft ganz anders:

[3] Siehe [Neugebauer 1935, S. 115].

$$\begin{aligned}
(L+B)^2 &= 10\,000 \\
(L+B)^2-(L-B)(L+B)-LB &= 10000-4400=5600 \\
\frac{L+B}{2} &= 50 \\
\left(\frac{L+B}{2}\right)^2 &= 2500 \\
(L+B)^2-(L-B)(L+B)-LB+\left(\frac{L+B}{2}\right)^2 &= 8100 \\
\sqrt{(L+B)^2-(L-B)(L+B)-LB+\left(\frac{L+B}{2}\right)^2} &= 90 \\
L+B-\sqrt{(L+B)^2-(L-B)(L+B)-LB+\left(\frac{L+B}{2}\right)^2} &= 10
\end{aligned}$$

Der Ausdruck unter der Wurzel ist gleich $\left(\frac{L+3B}{2}\right)^2$, also ist $L+B-\frac{L+3B}{2}=\frac{L-B}{2}$. Addition zu bzw. Subtraktion von $\frac{L+B}{2}$ ergeben dann L und B.

Offenbar liegt dieser Lösung die Identität

$$\left(\frac{L+3B}{2}\right)^2 = (L+B)^2-(L-B)(L+B)-LB+\left(\frac{L+B}{2}\right)^2$$

zugrunde. Die Grundidee der folgenden geometrischen Interpretation verdanke ich Klaus Spitzmüller vom KIT Karlsruhe[4]. Das gelbe Quadrat in Abb. 12.1 links hat den Flächeninhalt $(L+3B)^2$, während die vier grünen und das braune Quadrat in der rechten Figur zusammen den Inhalt $5(L+B)^2$ besitzen.

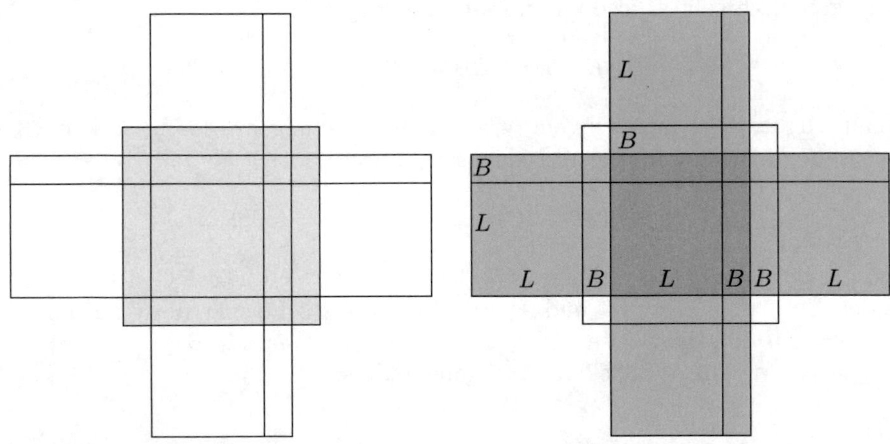

Abb. 12.1. Die Identität $5(L+B)^2-4[(L-B)(L+B)+LB]=(L+3B)^2$

Um die äußeren Quadrate der Ästhetik halber rotationssymmetrisch zu machen, drehen wir das linke und das obere äußere Quadrat um 180°. Dann reißen

[4] Email vom 25.01.2022.

wir ein kleines Quadrat der Kantenlänge B aus jedem grünen Quadrat der Seitenlänge $L+B$ heraus und verschieben es so, dass wir im Innern ein Quadrat der Seitenlänge $L+3B$ erhalten:

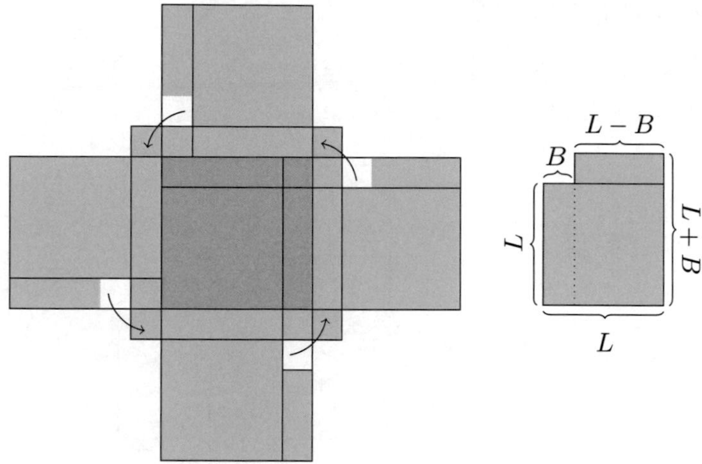

Auf jeder Seite des inneren Quadrats verbleibt dann eine Figur wie auf der rechten Seite abgebildet. Diese hat offenbar den den Inhalt $(L+B)(L-B)+LB$. Also folgt direkt

$$5(L+B)^2 - 4[(L-B)(L+B)+LB] = (L+3B)^2,$$

und Halbieren aller Seiten liefert die vom babylonischen Schreiber benutzte Identität.

Aufgaben

12.1 In einem rechtwinkligen Dreieck ist die Summe von Hypotenuse und Kathete 18, die zweite Kathete hat Länge 12. Bestimme die Seitenlängen des Dreiecks.

12.2 Die Summe der Katheten eines rechtwinkligen Dreiecks ist 7, die Hypotenuse hat Länge 5. Bestimme die Längen der Katheten.

12.3 Auf der altbabylonischen Keilschrifttafel AO 6484 findet sich die folgende Aufgabe (ohne Angabe des Rechenwegs): In einem Rechteck ist die Summe aus Länge L, Breite B und Diagonale D gleich 𒐏, der Flächeninhalt gleich 𒈫. Als Lösung ist angegeben, dass die Länge 𒌋𒐊, die Breite gleich 𒐍, und die Diagonale gleich 𒌋𒐌 ist.

Löse das Problem algebraisch, und gib dann eine geometrische Interpretation.

12.4 Löse die folgenden Aufgaben von AO 6484.

Igum und igibum habe ich angehäuft: 𒈫 𒐈

Igum und igibum habe ich angehäuft:

Igum und igibum habe ich angehäuft:

12.5 Verifiziere die Identität

$$(L+2B)^2 = 5L^2 - 4[(L-B)(L+B) - BL]$$

und gib eine geometrische Interpretation.

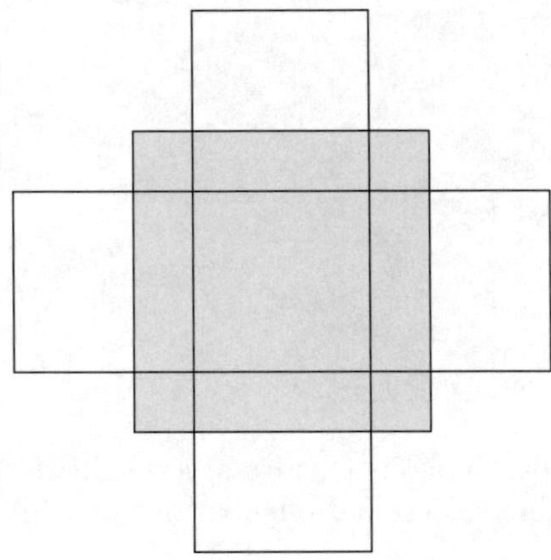

12.6 Eine Variation der folgenden Aufgabe führt auf das quadratische Problem der nächsten Aufgabe. Gegeben (SKT 8) ist ein rechtwinkliges Dreieck mit Fläche 900:

Hier geht es um einen Damm, der bis zu 45 Ellen hohen Stadtmauer aufgebaut werden soll; zu bestimmen ist der derzeitige Abstand zur Mauer.

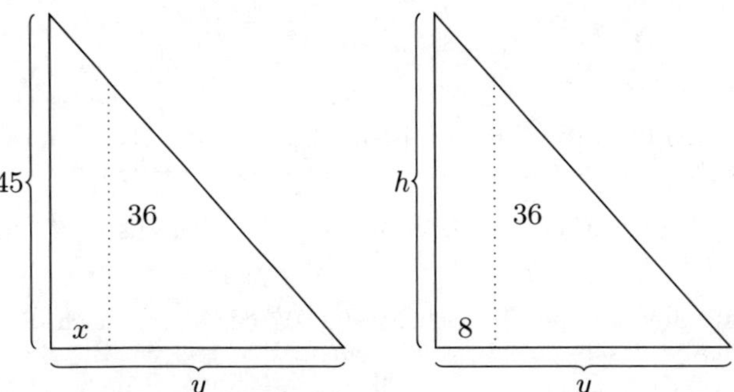

Tafel 12.1. Diagramm zu Aufgabe 6 und 7.

12.7 BM 85194 (MKT I, S. 183f). Hier ist der Abstand $x = 8$ gegeben und die Höhe der Stadtmauer gesucht.

Interpretiere die folgende Lösung auf der Tafel geometrisch.

Das Reziproke von 𒑄 *bilde;* 𒑂 𒌍 *siehst Du.*
𒑂 𒌍 *auf* 𒌋𒐊 *erhöhe;* 𒁹 𒐐 𒈫 𒌍 *siehst Du*
𒁹 𒐐 𒈫 𒌍 *verdopple,* 𒐈 𒐏 𒐊 *siehst Du.*
𒐈 𒐏 𒐊 *auf* 𒌍𒐋 *erhöhe;* 𒈫𒌋𒐊 *siehst Du.*
𒁹 𒐐 𒈫 𒌍 *mit sich selbst lass enthalten;* 𒐈𒌍𒐐𒐋𒌋𒐊 *siehst Du.*
𒈫𒌋𒐊 *aus* 𒐈𒌍𒐐𒐋𒌋𒐊 *reiße heruus;*
Bei 𒁹 𒌋𒐊 𒐐 𒐋 𒌋𒐊 , 𒁹 𒑂 𒌍 *ist gleich.*
𒁹 𒑂 𒌍 *aus* 𒁹 𒐐 𒈫 𒌍 *reiße heraus:* 𒐏 𒐊 *die Höhe.*
Das Halbe von 𒐏 𒐊 *brich ab:* 𒎙𒈫𒌍 .
Das IGI *von* 𒎙𒈫𒌍 *ist* 𒈫𒐏 .
𒌋𒐊 *auf* 𒈫𒐏 *erhöhe:* 𒐏 *die Länge.*

12.8 Die Aufgabensammlung YBC 4709 enthält 55 Aufgaben, in welchen die Länge L und die Breite B eines Rechtecks gesucht sind; gegeben ist jeweils der Flächeninhalt 𒌋 (also $LB = 600$) und eine zusätzliche Beziehung; alle Aufgaben haben die Lösung $L = 30$ und $B = 20$. Die ersten elf Aufgaben sind die folgenden; löse sie mit verschiedenen Techniken.

Aufg.	Bedingung	Größe
# 1	$(3L)^2 + B^2$	𒈫 𒎙𒁹 𒐏
# 2	$(3L)^2 + 2B^2$	𒈫 𒎙𒑄 𒎙
# 3	$(3L)^2 - B^2$	𒈫 𒑄 𒎙
# 4	$(3L + 2B)^2 + L^2$	𒐉 𒐐 𒐋 𒐏
# 5	$(3L + 2B)^2 + 2L^2$	𒐊 𒌋𒁹 𒐏
# 6	$(3L + 2B)^2 - L^2$	𒐉 𒎙𒐋 𒐏
# 7	$(3L + 2B)^2 - 2L^2$	𒐉 𒌋𒁹 𒐏
# 8	$(3L + 2B)^2 + B^2$	𒐉 𒐏𒑄 𒎙
# 9	$(3L + 2B)^2 + 2B^2$	𒐉 𒐐𒐊
# 10	$(3L + 2B)^2 - B^2$	𒐉 𒌍𒐊
# 11	$(3L + 2B)^2 - 2B^2$	𒐉 𒎙𒑄 𒎙

12.9 Löse die folgenden Aufgaben der Tafel BM 34568, in denen es um ein Rechteck mit Länge L, Breite B, Diagonale D und Flächeninhalt $A = LB$ geht:

9 $L + B = 14$, $A = 48$.
10 $L + B = 23$, $D = 17$.
11 $D + L = 50$, $B = 20$.
12 $D - L = 3$, $B = 9$.
13 $D + L = 9$, $D + B = 20$.
14 $L + B + D = 70$, $A = 420$.
15 $L - B = 7$, $A = 70$.
17 $L + B + D = 12$, $A = 12$.
19 $D + L = 45, D + B = 40$.

A. Tafeln

In diesem Anhang geben wir Transkriptionen von Tafeln, mit denen man das Lesen von Zahlen im Sexagesimalsystem üben kann. Dabei reicht die Auswahl von einfachen Multiplikationstafeln hin zu komplizierteren Berechnungen von Potenzen und Reziproken.

Fotographien der Tafeln findet man online auf der Seite https://cdli.ucla.edu/ der Cuneiform Digital Library Initiative und, für Tafeln der Hilprecht-Sammlung, auf https://hilprecht.mpiwg-berlin.mpg.de/.

F. Lemmermeyer, *Mathematik à la Carte – Babylonische Algebra*,
https://doi.org/10.1007/978-3-662-66287-8

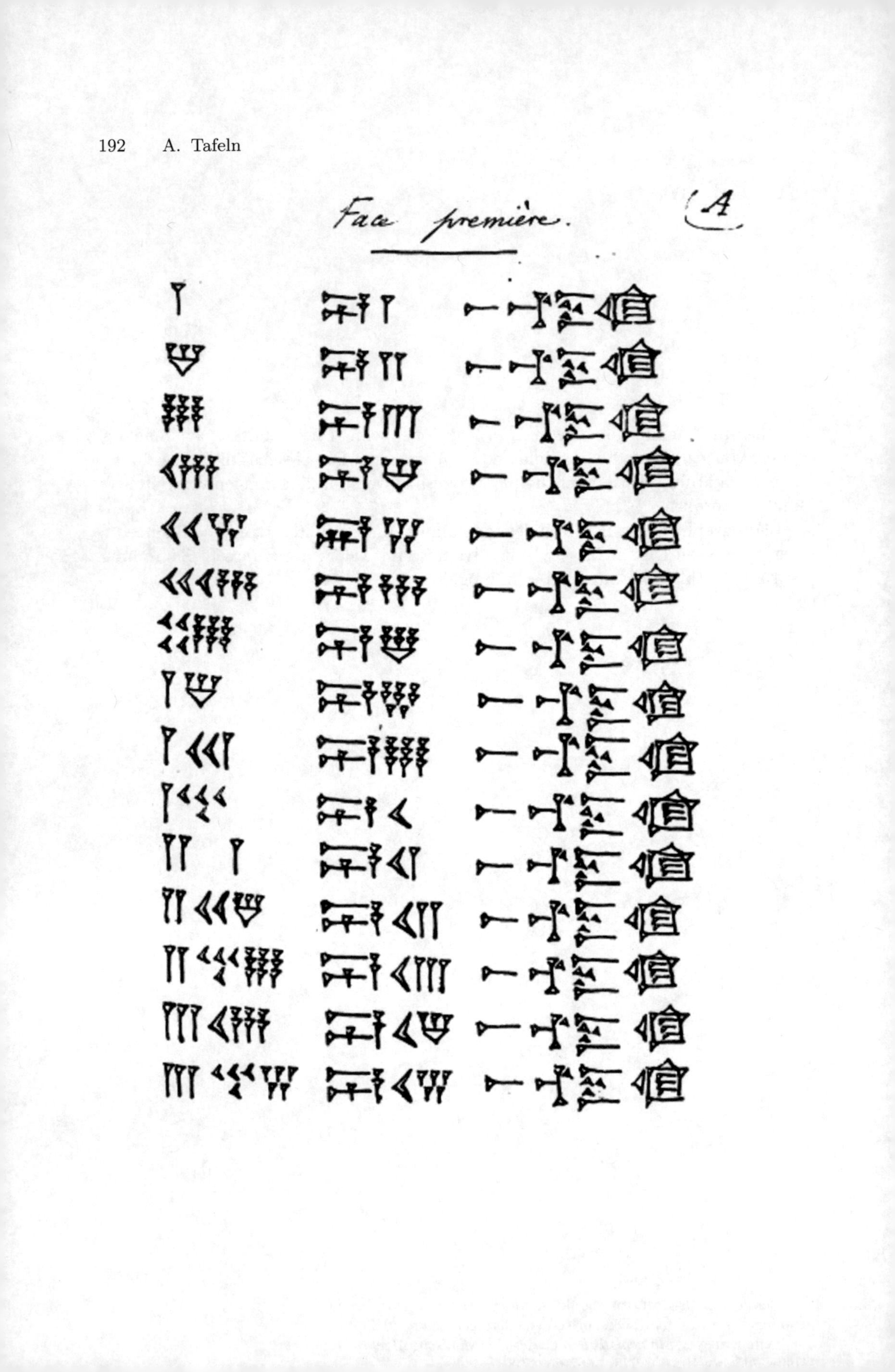

Face première. (A

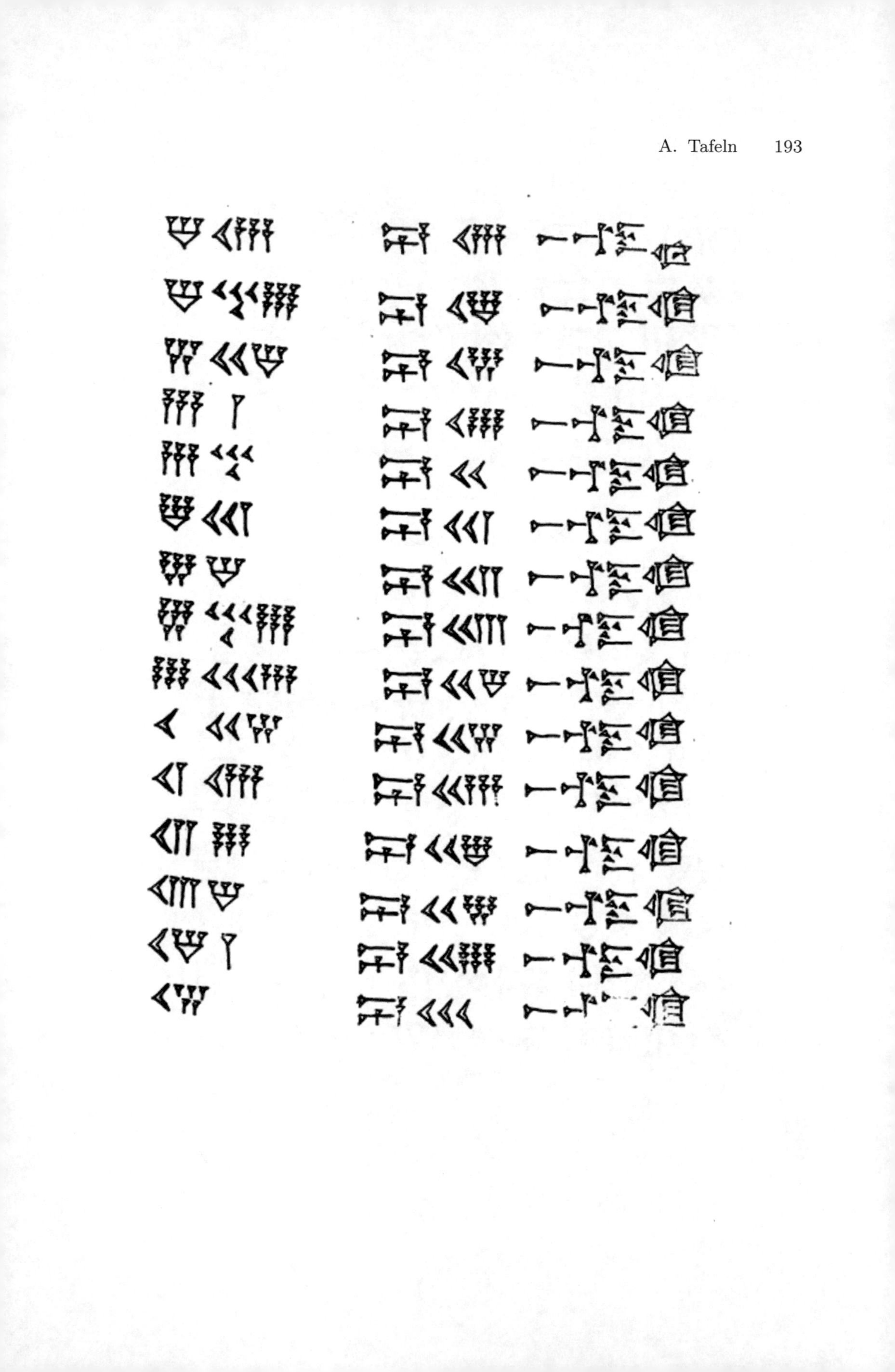

Deuxième face.

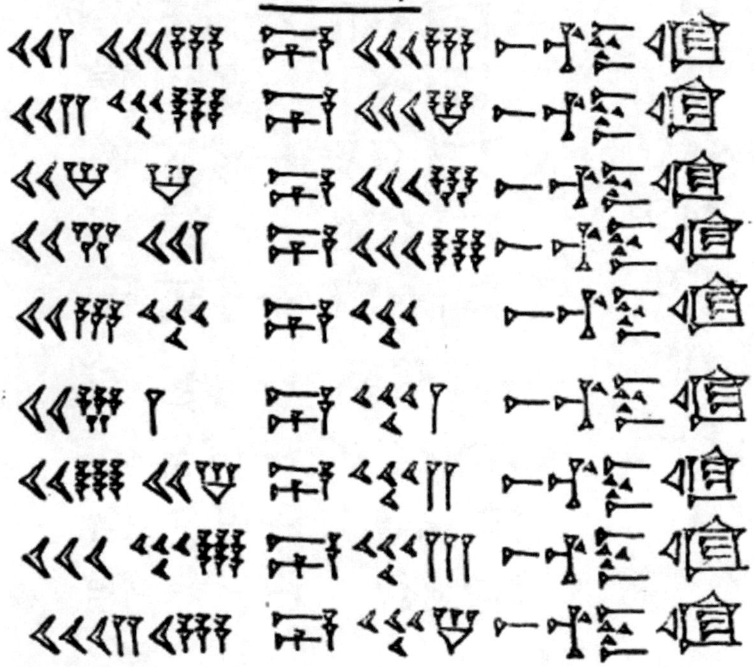

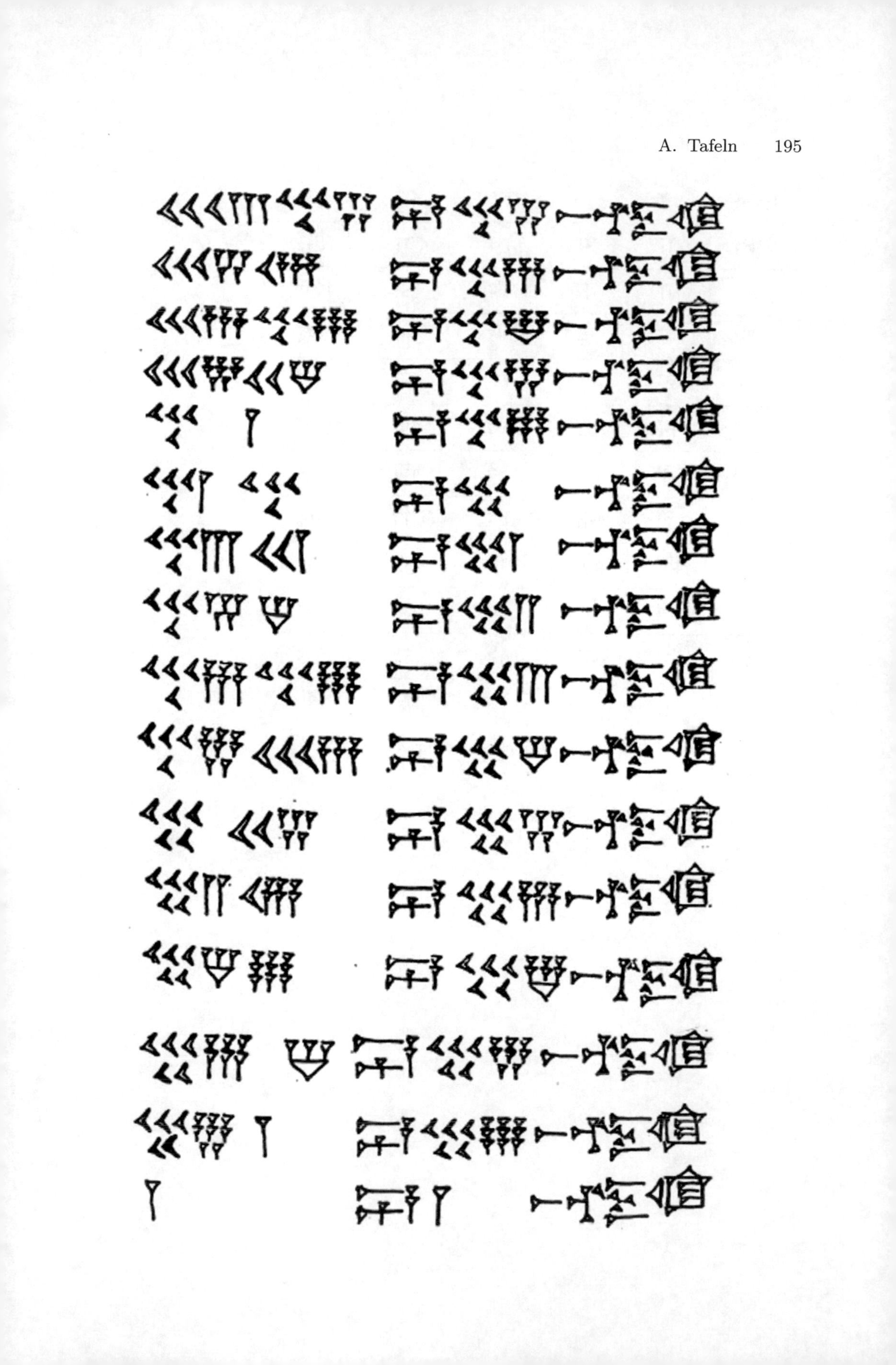

𒐖 𒀀𒊏	𒁹	𒐖
𒀀𒊏	𒐖	𒐘
𒀀𒊏	𒐗	𒐚
𒀀𒊏	𒐘	𒐜
𒀀𒊏	𒐙	𒌋
𒀀𒊏	𒐚	𒌋𒐖
𒀀𒊏	𒐛	𒌋𒐘
𒀀𒊏	𒐜	𒌋𒐚
𒀀𒊏	𒐝	𒌋𒐜
𒀀𒊏	𒌋	𒎙
𒀀𒊏	𒌋𒁹	𒎙𒐖
𒀀𒊏	𒌋𒐖	𒎙𒐘
𒀀𒊏	𒌋𒐗	𒎙𒐚
𒀀𒊏	𒌋𒐘	𒎙𒐜
𒀀𒊏	𒌋𒐙	𒌍
𒀀𒊏	𒌋𒐚	𒌍𒐖
𒀀𒊏	𒌋𒐛	𒌍𒐘
𒀀𒊏	𒌋𒐜	𒌍𒐚
𒀀𒊏	𒎙 𒇲𒁹	𒌍𒐜
𒀀𒊏	𒎙	𒐏
𒀀𒊏	𒌍	𒁹
𒀀𒊏	𒐏	𒁹𒎙
𒀀𒊏	𒐐	𒁹𒐏

Abb. A.1. HS 222a: Multiplikationstabelle für 2

Bilder dieser Keilschrifttafel findet man auf den Seiten 15 – 16.

1	1 30	13	19 30
2	3	14	21
3	4 30	15	22 30
4	6	16	24
5	7 30	17	25 30
6	9	18	27
7	10 30	19	28 30
8	12	20	30
9	13 30	30	45
10	15	40	1
11	16 30	50	1 15
12	18	2 15	

Abb. A.2. HS 223

Beachte, dass 19 hier (wie auf HS 222) in der Form 20 – 1 geschrieben ist.

𒁹	𒐎
𒈫	𒌋𒐍
𒐈	𒎙𒐌
𒐉	𒌍𒐋
𒐊	𒐏 𒐊
𒐋	𒐐 𒐉
𒐌	𒁹𒐈
𒐍	𒁹 𒌋𒈫
𒐎	𒁹𒎙𒁹
𒌋	𒁹𒌍
𒌋𒁹	𒁹𒌍𒐎
𒌋𒈫	𒁹𒐏 𒐍
𒌋𒐈	𒁹𒐐 𒐌
𒌋𒐉	𒈫𒐋

𒌋𒐊		𒈫 𒌋𒐊
𒌋𒐋		𒈫 𒎙𒐉
𒌋𒐌		𒈫 𒌍𒐈
𒌋𒐍		𒈫 𒐏 𒈫
𒌋𒐎		𒈫 𒐐 𒁹
𒎙		𒐈
𒌍		𒐉𒌍
𒐏		𒐋
𒐐		𒐌𒌍
𒐍𒎙	𒀀𒁺 𒁹	𒐍𒎙

Abb. A.3. HS 217a

𒌋𒐍 𒀀𒁀 𒁹	𒌋𒐍
𒀀𒁀 𒈫	𒌍𒐋
𒀀𒁀 𒐈	𒐐𒐉
𒀀𒁀 𒐉	𒁹 𒌋𒈫
𒀀𒁀 𒐊	𒁹 𒌍
𒀀𒁀 𒐋	𒁹 𒐏𒐍
𒀀𒁀 𒐌	𒈫 𒐋
𒀀𒁀 𒐍	𒈫 𒎙𒐉
𒀀𒁀 𒐎	𒈫 𒐏𒈫
𒀀𒁀 𒌋	𒐈
𒀀𒁀 𒌋𒁹	𒐈 𒌋𒐍

𒀀𒁀 𒌋𒈫	𒐈 𒌍𒐋
𒀀𒁀 𒌋𒐈	𒐈 𒐐𒐉
𒀀𒁀 𒌋𒐉	𒐉 𒌋𒈫
𒀀𒁀 𒌋𒐊	𒐉 𒌍
𒀀𒁀 𒌋𒐋	𒐉 𒐏𒐍
𒀀𒁀 𒌋𒐌	𒐊 𒐋
𒀀𒁀 𒌋𒐍	𒐊 𒎙𒐉
𒀀𒁀 𒌋𒐎	𒐊 𒐏𒈫
𒀀𒁀 𒎙	𒐋
𒀀𒁀 𒌍	𒐎
𒀀𒁀 𒐏	𒌋𒈫
𒀀𒁀 𒐐	𒌋𒐊

Abb. A.4. HS 214a

𒑂 𒌋𒈫 𒀀𒁺 𒁹	𒑂 𒌋𒈫
𒀀𒁺 𒈫	𒌋𒐉 𒎙𒐉
𒀀𒁺 𒐈	𒎙𒁹 𒌍𒐋
𒀀𒁺 𒐉	𒎙𒑄 𒐏 𒑄
𒀀𒁺 𒐊	𒌍𒐋
𒀀𒁺 𒐋	𒐏 𒐈 𒌋𒈫
𒀀𒁺 𒑂	𒐐 𒎙𒐉
𒀀𒁺 𒑄	𒐐 𒑂 𒌍𒐋
𒀀𒁺 𒑆	𒁹 𒐉 𒐏 𒑄
𒀀𒁺 𒌋	𒁹 𒌋𒈫
𒀀𒁺 𒌋𒁹	𒁹 𒌋𒑆 𒌋𒈫
𒀀𒁺 𒌋𒈫	𒁹 𒎙𒐋 𒎙𒐉

𒀀𒁺 𒌋𒐈	𒁹 𒌍𒐈 𒌍𒐋
𒀀𒁺 𒌋𒐉	𒁹 𒐏 𒐏𒑄
𒀀𒁺 𒌋𒐊	𒁹 𒐏𒑄
𒀀𒁺 𒌋𒐋	𒁹 𒐐 𒐊 𒌋𒈫
𒀀𒁺 𒌋𒑂	𒈫 𒈫 𒎙𒐉
𒀀𒁺 𒌋𒑄	𒈫 𒑆 𒌍𒐋
𒀀𒁺 𒌋𒑆	𒈫 𒌋𒐋 𒐏 𒑄
𒀀𒁺 𒎙	𒈫 𒎙𒐉
𒀀𒁺 𒌍	𒐈 𒌍𒐋
𒀀𒁺 𒐏	𒐉 𒐏 𒑄
𒀀𒁺 𒐐	𒐋

Abb. A.5. HS 218

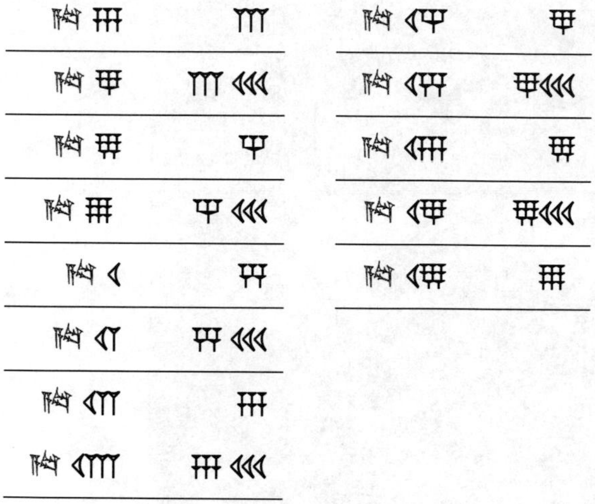

𒅆 𒐋	𒐈
𒅆 𒐌	𒐈 𒌍
𒅆 𒐍	𒐉
𒅆 𒐎	𒐉 𒌍
𒅆 𒌋	𒐊
𒅆 𒌋𒁹	𒐊 𒌍
𒅆 𒌋𒈫	𒐋
𒅆 𒌋𒐈	𒐋 𒌍
𒅆 𒌋𒐉	𒐌
𒅆 𒌋𒐊	𒐌𒌍
𒅆 𒌋𒐋	𒐍
𒅆 𒌋𒐌	𒐍𒌍
𒅆 𒌋𒐍	𒐎

Abb. A.6. HS 211

Die ersten drei Zeilen auf der Tafel HS 224 lauten wie in der folgenden Tabelle angegeben. Vervollständige diese Tabelle.

𒁹	𒁹		𒌋𒐉	𒌋𒐉	𒐈𒐎
𒈫	𒈫	𒐉	𒌋𒐊		
𒐈	𒐈	𒐎			
𒐉	𒐉				
			𒎙		
			𒌍		
			𒐏		
𒌋	𒌋		𒐐		

𒁹	𒌋𒈫
𒈫	𒎙𒐉
𒐈	𒌍𒐋
𒐉	𒐏𒐍
𒐊	𒁹
𒐋	𒁹 𒌋𒈫
𒐌	𒁹 𒎙𒐉
𒐍	𒁹 𒌍𒐋
𒐎	𒁹 𒐏𒐍
𒌋	𒈫
𒌋𒁹	𒈫 𒌋𒈫
𒌋𒈫	𒈫 𒎙𒐉
𒌋𒐈	𒈫 𒌍𒐋

𒌋𒐉	𒈫 𒐏𒐍
𒌋𒐊	𒐈
𒌋𒐋	𒐈 𒌋𒈫
𒌋𒐌	𒐈 𒎙𒐉
𒌋𒐍	𒐈 𒌍𒐋
𒌋𒐎	𒐈 𒐏𒐍
𒎙	𒐉
𒌍	𒐋
𒐏	𒐍
𒐐	𒌋

Abb. A.7. HS 216

Abb. A.8. Reziprokentafel HS 201

24 a-rá 1	24
2	48
3	1 12
4	1 36
5	2
6	2 24
7	2 48
8	3 12
9	3 36
10	4
11	4 24
12	4 48
13	5 12
14	5 36
15	6
16	6 24
17	6 48
18	7 12
19	7 36
20	8
30	12
40	16
50	20

9 36

Abb. A.9. HS 213

B. Lösungen

In diesem Anhang geben wir Lösungen zu einigen Aufgaben.

Kapitel 2

2.7 Multiplikationstabelle für 𒐏𒐊:

𒐏𒐊 𒀀𒁺 𒁹	𒐏𒐊
𒀀𒁺 𒈫	𒁹 𒌍
𒀀𒁺 𒐈	𒈫 𒌋𒐊
𒀀𒁺 𒐉	𒐈
𒀀𒁺 𒐊	𒐈 𒐏𒐊
𒀀𒁺 𒐋	𒐉 𒌍
𒀀𒁺 𒐌	𒐊 𒌋𒐊
𒀀𒁺 𒐍	𒐋
𒀀𒁺 𒐎	𒐋 𒐏𒐊
𒀀𒁺 𒌋	𒐌 𒌍
𒀀𒁺 𒌋𒁹	𒐍 𒌋𒐊
𒀀𒁺 𒌋𒈫	𒐎
𒀀𒁺 𒌋𒐈	𒐎 𒐏𒐊
𒀀𒁺 𒌋𒐉	𒌋 𒌍
𒀀𒁺 𒌋𒐊	𒌋𒁹𒌋𒐊
𒀀𒁺 𒌋𒐋	𒌋𒈫
𒀀𒁺 𒌋𒐌	𒌋𒈫 𒐏𒐊
𒀀𒁺 𒌋𒐍	𒌋𒐈 𒌍
𒀀𒁺 𒌋𒐎	𒌋𒐉 𒌋𒐊
𒀀𒁺 𒎙	𒌋𒐊
𒀀𒁺 𒌍	𒎙𒈫 𒌍
𒀀𒁺 𒐏	𒌍
𒀀𒁺 𒐐	𒌍𒐌 𒌍

2.8 Für die Multiplikationstabelle auf VAT 7858 siehe Tab. 2.1.

2.9 Für die Multiplikationstabelle für 𒐋 auf CBS 3335 siehe Abb. 2.2.

F. Lemmermeyer, *Mathematik à la Carte – Babylonische Algebra*,
https://doi.org/10.1007/978-3-662-66287-8

𒌋 𒀀𒊏 𒁹	𒌋	𒀀𒊏 𒌋𒐉	𒈫𒎙
𒀀𒊏 𒈫	𒎙	𒀀𒊏 𒌋𒐊	𒈫𒌍
𒀀𒊏 𒐈	𒌍	𒀀𒊏 𒌋𒐋	𒈫𒐏
𒀀𒊏 𒐉	𒐏	𒀀𒊏 𒌋𒐌	𒈫𒐐
𒀀𒊏 𒐊	𒐐	𒀀𒊏 𒌋𒐍	𒐈
𒀀𒊏 𒐋	𒁹	𒀀𒊏 𒌋𒐎	𒐈𒌋
𒀀𒊏 𒐌	𒁹𒌋	𒀀𒊏 𒎙	𒐈𒎙
𒀀𒊏 𒐍	𒁹𒎙	𒀀𒊏 𒌍	𒐊
𒀀𒊏 𒐎	𒁹𒌍	𒀀𒊏 𒐏	𒐋𒐏
𒀀𒊏 𒌋	𒁹𒐏	𒀀𒊏 𒐐	𒐍𒎙
𒀀𒊏 𒌋𒁹	𒁹𒐐		
𒀀𒊏 𒌋𒈫	𒈫		
𒀀𒊏 𒌋𒐈	𒈫𒌋		

Abb. 2.1. Multiplikationstabelle auf VAT 7858

2.12 Es handelt sich um die Berechnung des Quadrats von 𒐊 𒌋𒐊, also von $315^2 = 99\,225$.

25	75	5		𒎙𒐊	𒁹 𒌋𒐊	𒐊
75	225	15		𒁹 𒌋𒐊	𒐈 𒐏 𒐊	𒌋𒐊
5	15			𒐊	𒌋𒐊	

Die letzte Sexagesimalziffer ist daher 𒌋𒐊, die mittlere die Summe aus 𒐈, 𒌋𒐊 und 𒌋𒐊, also 𒌍𒐈, und die erste die Summe aus 𒁹, 𒁹 und 𒎙𒐊, also 𒎙𒐌 wie angegeben.

Kapitel 3

Aufgaben aus den Neun Büchern

1 Algebraisch ist die Sache klar: $x^2 = 5^2 + (x-1)^2$ führt auf $x = 13$; der Fluss ist also 12 Fuß tief.

𒐕	𒐚	𒌋𒐘	𒐕 𒎙𒐘
𒐖	𒌋𒐖	𒌋𒐙	𒐕 𒌍
𒐗	𒌋𒐜	𒌋𒐚	𒐕 𒌍𒐚
𒐘	𒎙𒐘	𒌋𒐛	𒐕 𒐏𒐖
𒐙	𒌍	𒌋𒐜	𒐕 𒐏𒐜
𒐚	𒌍𒐚	𒌋𒐝	𒐕 𒐐𒐘
𒐛	𒐏𒐖	𒎙	𒐖
𒐜	𒐏𒐜	𒌍	𒐗
𒐝	𒐐𒐘	𒐏	𒐘
𒌋	𒐕	𒐐	𒐙
𒌋𒐕	𒐕𒐚		
𒌋𒐖	𒐕 𒌋𒐖		
𒌋𒐗	𒐕 𒌋𒐜		

Abb. 2.2. Multiplikationstabelle für 𒐚 auf CBS 3335

Die folgende geometrische Lösung ist [Mathews 1985] entnommen.

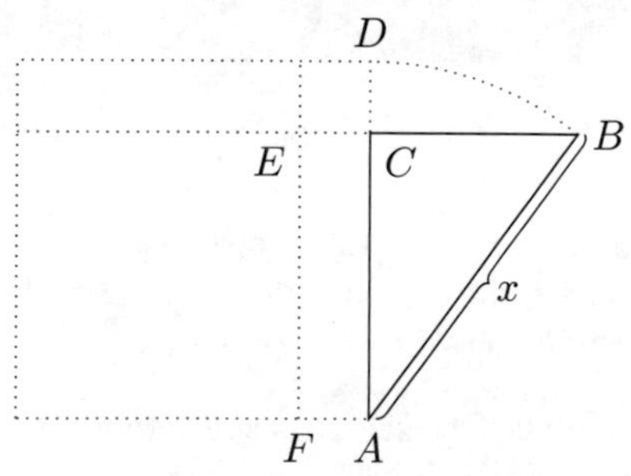

Nun gilt

$$\begin{aligned}\text{Quadrat auf BC} &= \text{Quadrat auf AB} - \text{Quadrat auf BC}\\ &= \text{Quadrat auf AD} - \text{Quadrat auf BC}\\ &= \text{Quadrat auf CD} + 2\cdot\text{Rechteck ACEF}\end{aligned}$$

Wegen $\overline{BC} = 5$ und $\overline{CD} = 1$ ergibt sich daraus die unbekannte Länge $\overline{AC} = \frac{5^2-1}{2} = 12$ Fuß.

9 Anwendung des Gnomonsatzes liefert die Beziehung

$$x^2 = (12 - x)(5 - x),$$

was auf $17x = 60$ und damit $x = \frac{60}{17}$.

Diese Aufgabe erlaubt eine rein geometrische Lösung. Dazu betrachten wir etwas allgemeiner ein rechtwinkliges Dreieck mit Katheten der Längen a und b. Diesem soll ein Quadrat so einbeschrieben werden, dass die Seiten auf den Katheten liegen. Bestimme die Seitenlänge x des Quadrats.

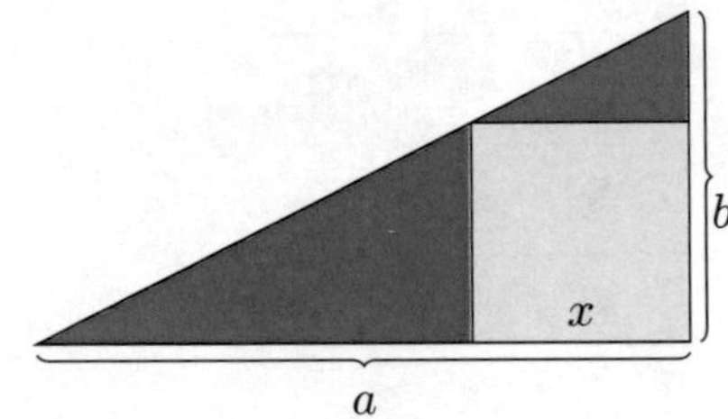

Die rein geometrische Lösung (siehe [Heilbron 1998, S. 157]) verläuft so:

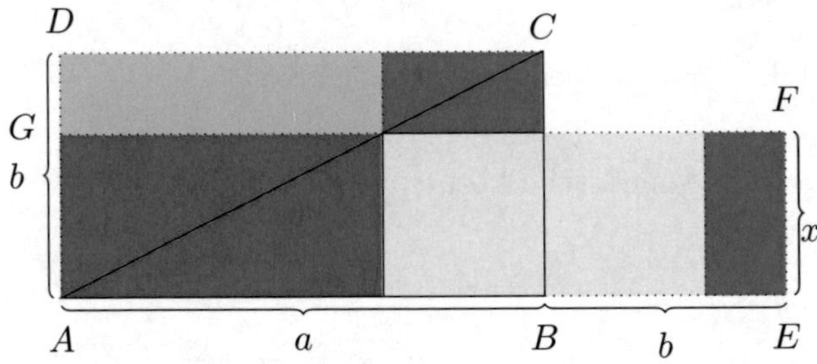

Nach dem Gnomonsatz sind das gelbe Quadrat und das grüne Rechteck flächengleich. Also ist die Fläche ab des Rechtecks ABCD gleich derjenigen des Rechtecks AEFG. Dies liefert $x(a + b) = ab$ und damit $x = \frac{ab}{a+b}$.

10 Der Inkreis zerlegt das Dreieck in sechs rechtwinklige Dreiecke, deren Höhe gleich dem Radius r des Inkreises ist.

Das Rechteck (nächste Figur) rechts ist flächengleich mit dem Dreieck und besitzt den halben Umfang des Dreiecks als Grundseite und den Inkreisradius r als Höhe. Nach Pythagoras ist die Hypotenuse c des Dreiecks wegen $c^2 = 8^2 + 15^2$ gleich $c = 17$, der Umfang somit $U = 8 + 15 + 17 = 40$. Also ist $20r = \frac{1}{2} \cdot 8 \cdot 15 = 60$, somit $r = 3$.

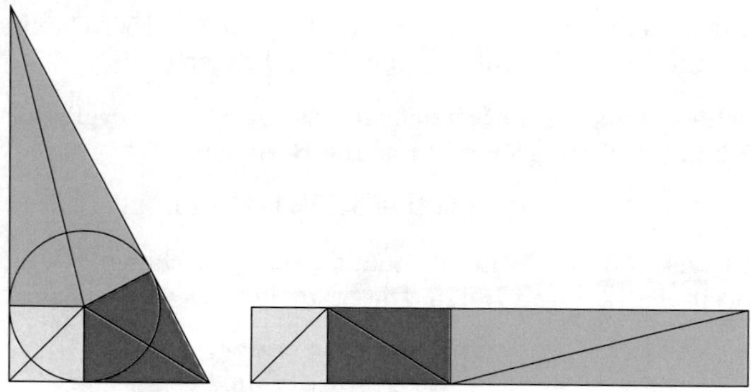

11 Wir ergänzen die Figur so, dass der Gnomonsatz anwendbar wird.

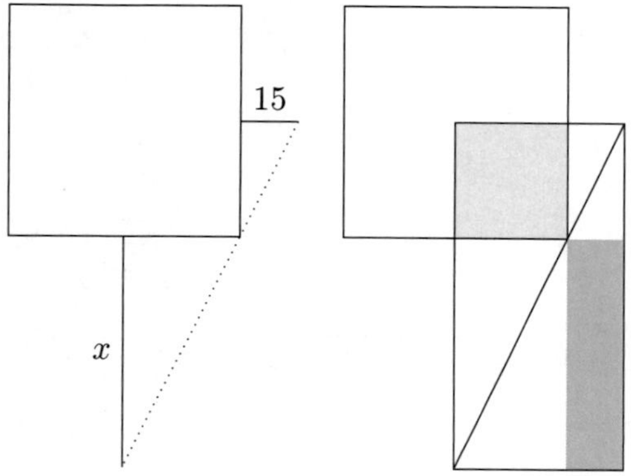

Nach dem Gnomonsatz ist $100^2 = 15x$, also $x = \frac{10000}{15} = \frac{2000}{3} = 666\frac{2}{3}$.

12 Nach dem Gnomonsatz ist $3{,}5 \cdot 4 = 15x$, also $x = \frac{14}{15}$.

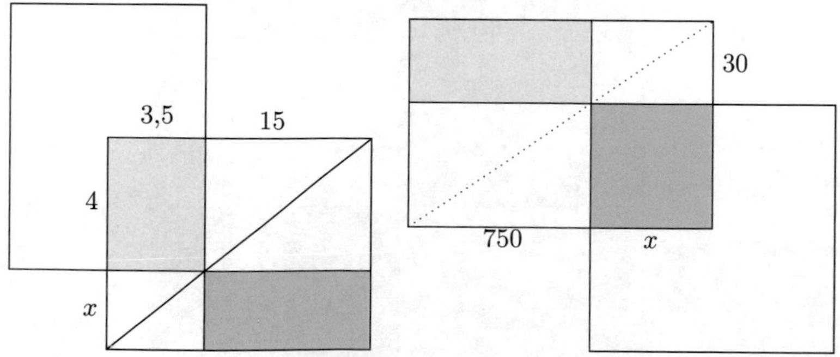

Abb. 3.3. Aufgabe 12 (links) und 13 (rechts)

13 Nach dem Gnomonsatz ist $x^2 = 750 \cdot 30$, also $x = 150$. Die Stadt ist also ein Quadrat mit einer Seitenlänge von 300 Schritten.

14 Bezeichnet x die halbe Seitenlänge des Quadrats, so gibt der Gnomonsatz (gelb und rot gleich grün und rot) die Beziehung

$$x(2x + 34) = 1775 \cdot 20,$$

nach Division durch 2 also die quadratische Gleichung $x^2 + 17x = 17750$ mit der positiven Lösung $x = 125$. Die Stadt hat also Seitenlänge 250.

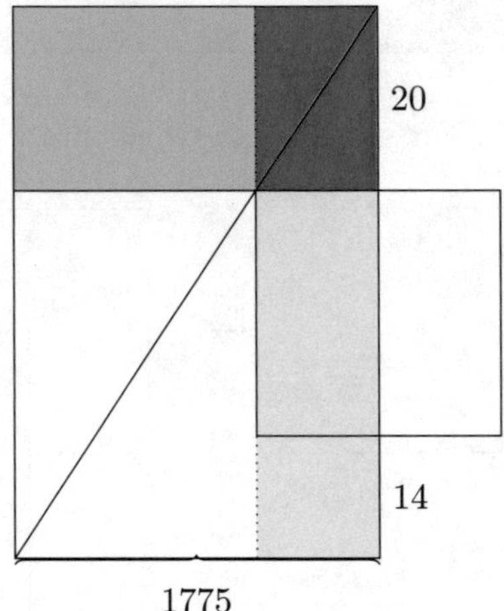

Übungen

3.1 Die geometrische Veranschaulichung der Identität

$$(a + b + c)^2 = a^2 + b^2 + c^2 + 2ab + 2ac + 2bc$$

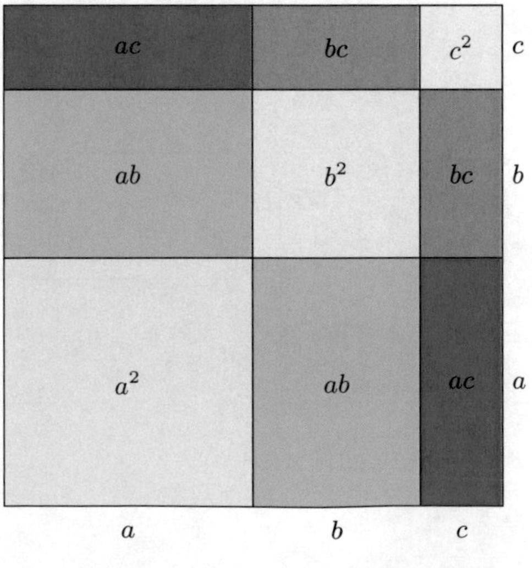

Die geometrische Veranschaulichung der Identität

$$(a+b)^3 = a^3 + 3a^2b + 3ab^2 + b^3.$$

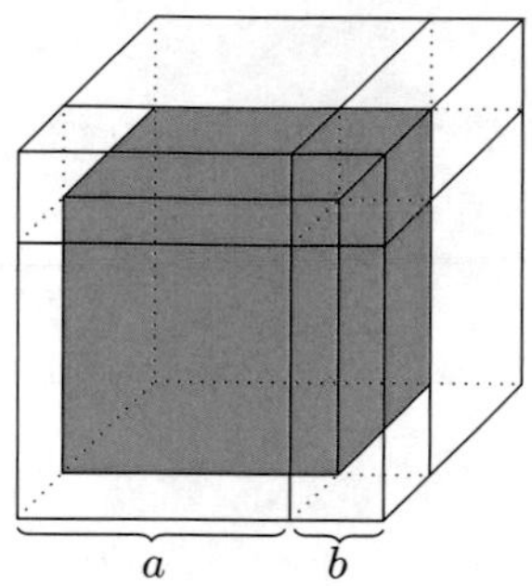

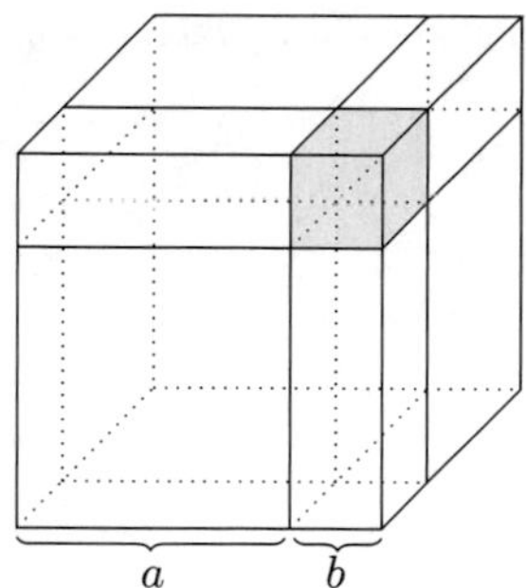

Der rote Würfel repräsentiert a^3, der gelbe b^3.

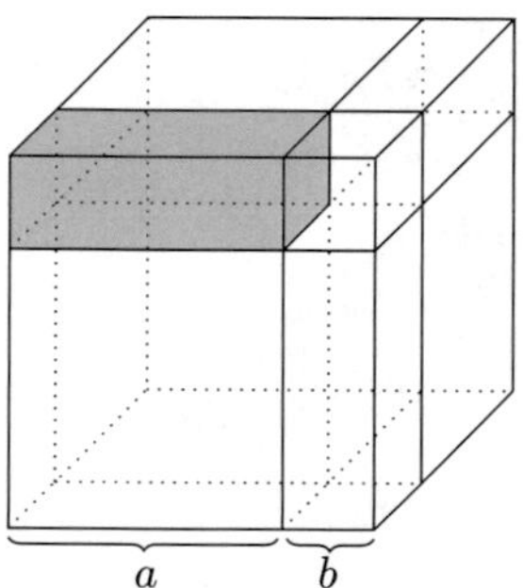

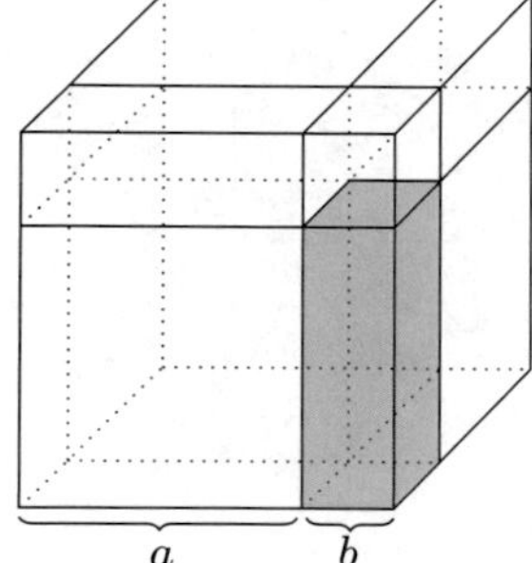

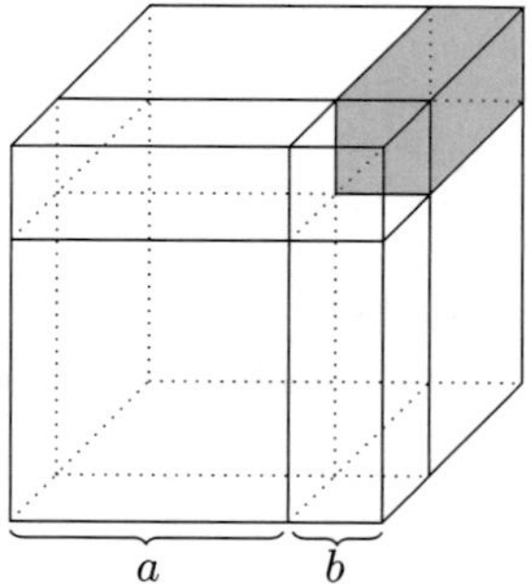

Die drei grünen Quader haben jeweils Volumen ab^2.

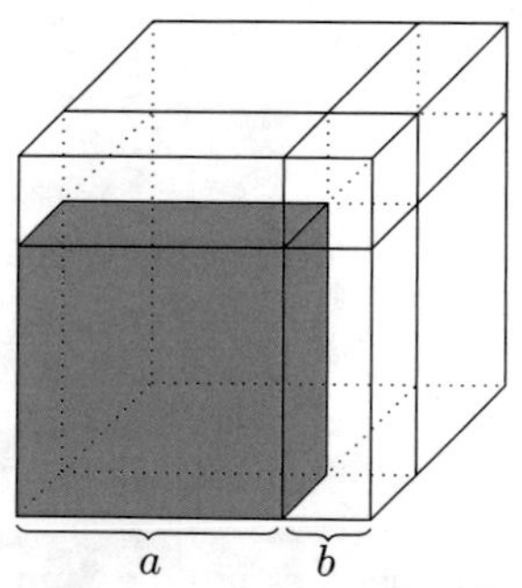

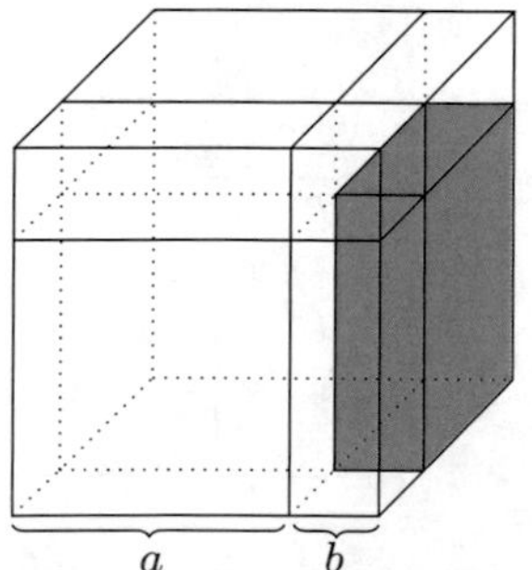

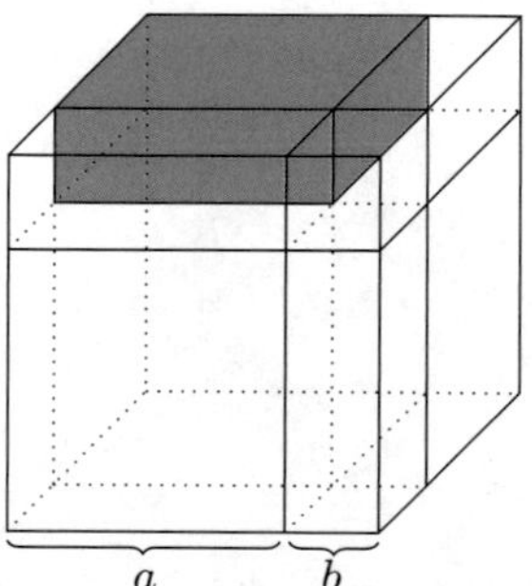

Jeder der drei blauen Quader hat Volumen a^2b.

3.3 Wir finden:

\# 1 $D^2 = L^2 + B^2 = 3^2 + 4^2 = 5^2$, also $D = 5$.
\# 2 $B^2 = D^2 - L^2 = 5^2 - 4^2 = 3^2$, also $B = 3$.

3 $L+D = 9$, $B = 3$; $D^2 = (9-L)^2 = 81-18L+L^2 = L^2+3^2$ ergibt $81-18L = 9$, also $L = 4$ und $D = 5$.

5 $D^2 = L^2 + B^2 = 60^2 + 32^2 = 68^2$, also $D = 68$.

3.4 Auch hier gilt die Formel $A = gh$:

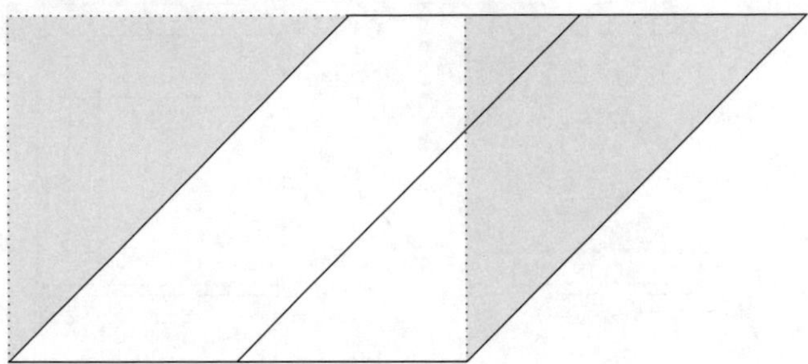

3.5 Geometrische Interpretation:

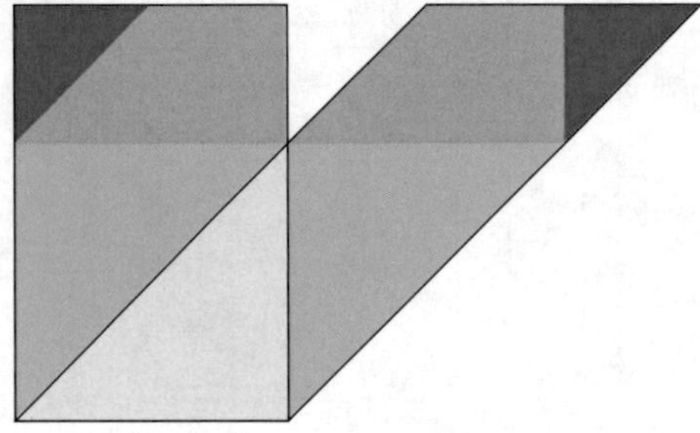

3.8 Die Flächengleichheit des gelben und grünen Rechtecks zeigt $xf = e(y - f)$.

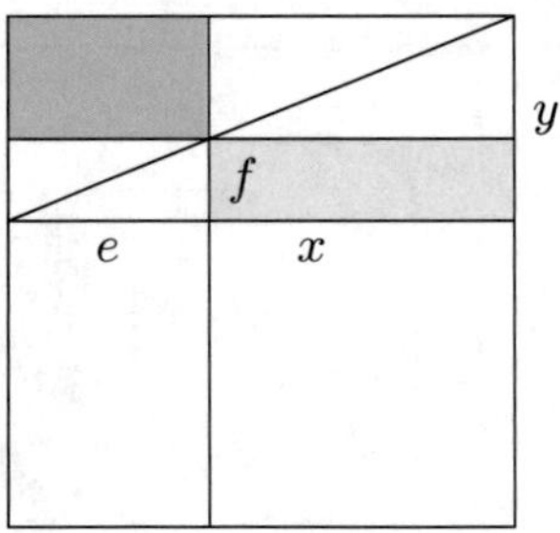

3.10 Wir erklären die Rechnung am Beispiel $1 + 2 + 4$. Hier geht es um die Summe der Teilflächen in der linken Figur:

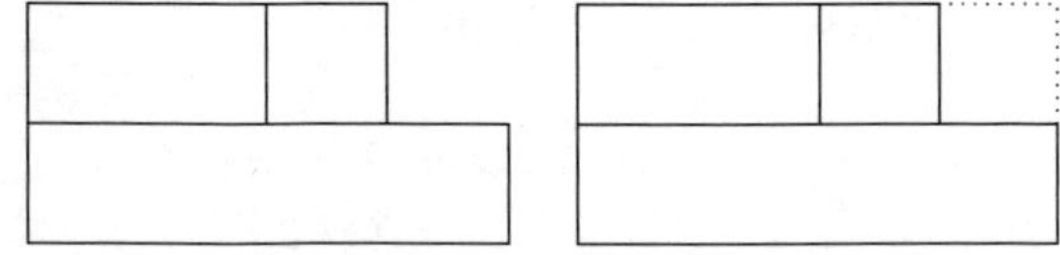

Addieren wir ein kleines Quadrat der Seitenlänge 1, dann ist die Fläche oben $1 + (1+2) = (1+1)+2 = 2+2 = 4$; also ist die Summe der Flächen oben 1 weniger als 4, und die Gesamtfläche ist $1+2+4 = 4+3 = 7$.

Für $1+2+4+8$ sieht die Sache so aus:

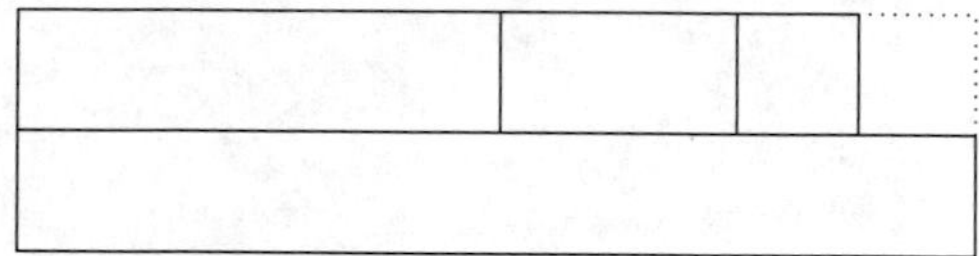

Auch hier ist, wenn man 1 zur Summe der oberen Flächen addiert,

$$1 + (1+2+4) = (1+1)+2+4 = 2+2+4 = 4+4 = 8.$$

Folglich ist die Gesamtsumme $1+2+4+8 = 7+8 = 15$.

Allgemein erhält man

$$1+2+4+\ldots+2^n = (2^n-1)+2^n = 2^{n+1}-1.$$

3.11 Wir geben die geometrische Begründung für die Summe

$$1+2+3+4+5 = \frac{1}{2}\cdot 5\cdot 6 = 15.$$

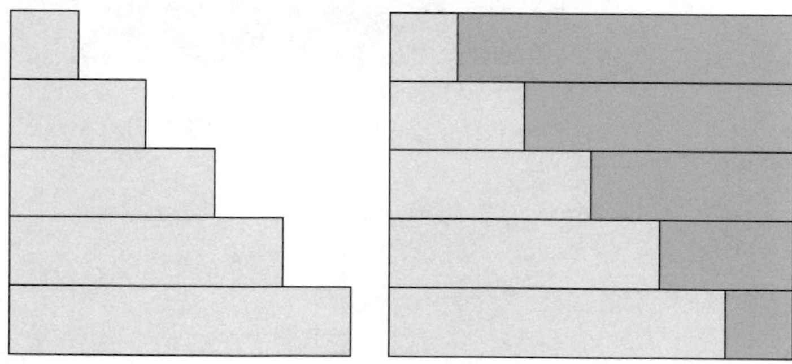

Diese Figur zeigt $2(1+2+3+4+5) = 6\cdot 5$, und daraus folgt die Behauptung.

3.12 Wir zeigen, dass $1^2+2^2+3^2+4^2 = (\frac{1}{3}+\frac{2}{3}\cdot 4)\cdot(1+2+3+4)$ ist; dies ist der Fall $n=4$ der allgemeinen Summe.

Wir beginnen damit, die Fläche der vier Quadrate aufzuteilen und umzuordnen:

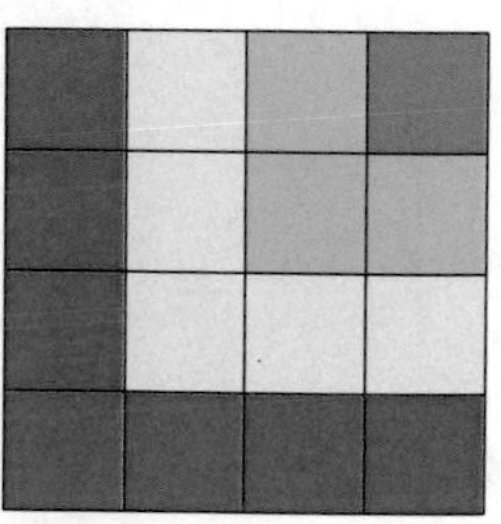
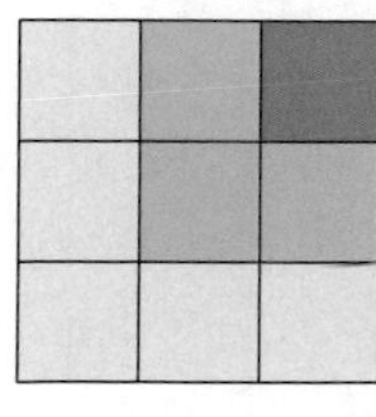
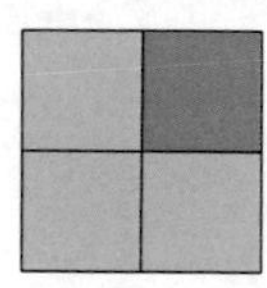

In der unteren Figur erkennt man links (braun) und rechts (orange) je einmal die Summe der Quadrate $1^2 + 2^2 + 3^2 + 4^2$, und der farbige Turm in der Mitte besteht aus denselben (umgeordneten) Quadraten.

Also ist $3(1^2 + 2^2 + 3^2 + 4^2) = (2 \cdot 4 + 1)(1 + 2 + 3 + 4)$. Division durch 3 liefert dann die Behauptung.

3.16 Beachte, dass die Formel 3.7 sich leicht umformen lässt:

$$\overline{AB} + \frac{\overline{AB} \cdot \overline{AC}}{\overline{CF} - \overline{AE}} = \frac{\overline{AB} \cdot \overline{CF} - \overline{AB} \cdot \overline{AE} + \overline{AB} \cdot \overline{AC}}{\overline{CF} - \overline{AE}}$$

$$= \frac{\overline{AB} \cdot \overline{CF} + \overline{AB} \cdot \overline{CE}}{\overline{CF} - \overline{AE}} = \frac{\overline{AB} \cdot \overline{EF}}{\overline{CF} - \overline{AE}}$$

Eine geometrische Lösung benutzt die folgende Figur:

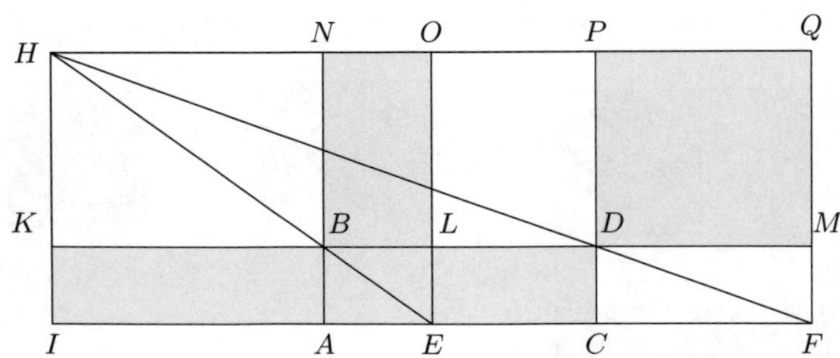

Zweimalige Anwendung des Gnomonsatzes liefert die beiden Gleichungen

$$\overline{AE} \cdot \overline{HI} = \overline{AB} \cdot \overline{EI},$$
$$\overline{CF} \cdot \overline{HI} = \overline{AB} \cdot \overline{FI},$$

und Subtraktion der Gleichungen voneinander ergibt

$$(\overline{CF} - \overline{AE}) \cdot \overline{HI} = \overline{AB}(\overline{FI} - \overline{EI}) = \overline{AB} \cdot \overline{EF}.$$

3.18 Zweimalige Anwendung des Satzes von Pythagoras liefert die beiden Gleichungen

$$(a+d)^2 + h^2 = (b+c)^2 \quad \text{und} \quad a^2 + h^2 = b^2.$$

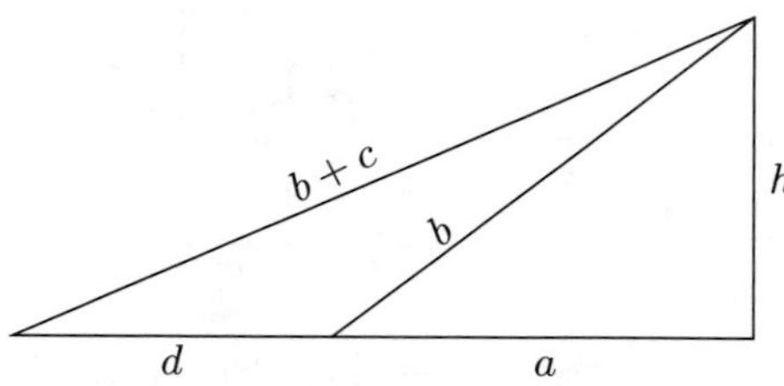

Subtrahiert man die zweite von der ersten Gleichung, erhält man

$$2ad = 2bc + c^2 - d^2.$$

Quadrieren der Gleichung und Einsetzen von $a^2 = b^2 - h^2$ liefert die quadratische Gleichung in der Unbekannten b:

$$4(d^2 - c^2)b^2 + 4c(d^2 - c^2)b - 4d^2h^2 - (d^2 - c^2)^2 = 0.$$

Die positive Lösung dieser Gleichung ist

$$b = \frac{-4c(d^2 - c^2) + \sqrt{16c^2(d^2 - c^2)^2 + 16(d^2 - c^2)(4d^2h^2 + (d^2 - c^2)^2)}}{8(d^2 - c^2)}.$$

Mit $h = 12$, $c = 13$ und $d = 19$ ist die positive Lösung der Gleichung $4b^2 + 52b - 1275$ gegeben durch $b = \frac{25}{2}$.

3.20 Wir betrachten die folgende Figur:

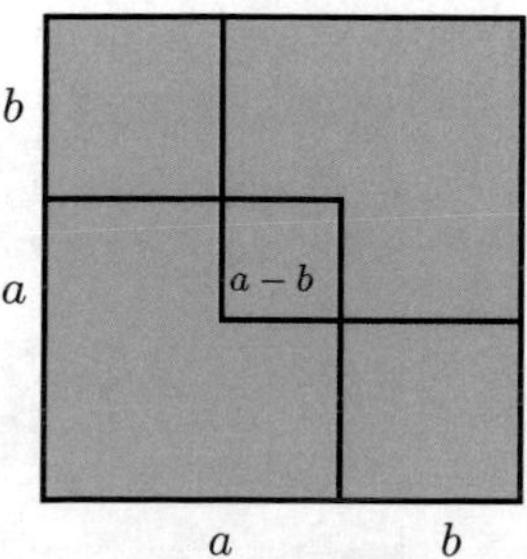

Division durch 4 verwandelt diese Gleichung in die Identität

$$\frac{a^2+b^2}{2} = \left(\frac{a+b}{2}\right)^2 + \left(\frac{a-b}{2}\right)^2, \tag{3.1}$$

mit der man $\frac{a-b}{2}$ aus a^2+b^2 und $\frac{a+b}{2}$ bestimmen kann.

3.21 Die folgende Figur erklärt diese Identität:

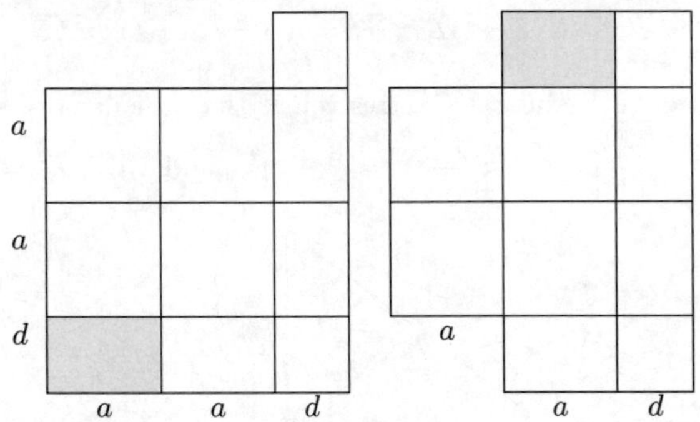

3.24 $a^2 - b^2$ ist der Flächeninhalt des gelben Streifens zwischen den beiden Quadraten. Wenn wir die Figur wie unten abgebildet zerschneiden und die einzelnen Teile umlegen, erhalten wir ein Parallelogramm mit Grundseite $a+b$ und Höhe $a-b$:

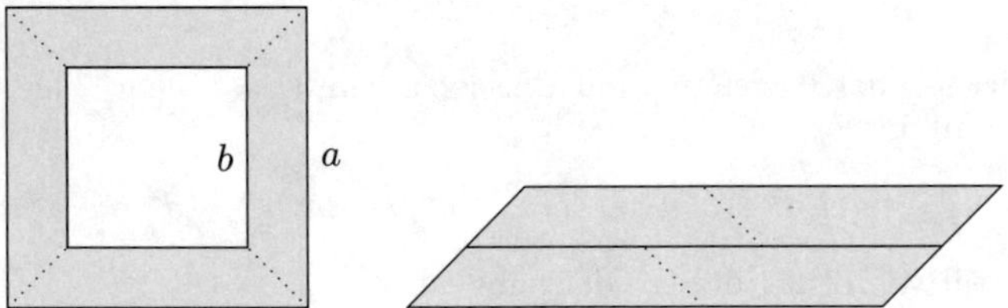

Die zweite Figur zeigt $a^2 - b^2 = a(a-b) + b(a-b) = (a+b)(a-b)$.

3.29 Die Summe der Fläche des gelben Parallelogramms und des roten Rechtecks links oben ist gleich der Fläche des blauen Rechtecks. Also hat das Parallelogramm Flächeninhalt $ad - bc$. Dieser Flächeninhalt ist orientiert: Vertauschen von A und C verwandelt $ad - bc$ in $-(ad - bc)$.

Schließlich ist $\begin{pmatrix} a \\ b \\ 0 \end{pmatrix} \times \begin{pmatrix} c \\ d \\ 0 \end{pmatrix} = \begin{pmatrix} 0 \\ 0 \\ ad-bc \end{pmatrix}$ ein Vektor der Länge $|ad - bc|$.

3.30 Betrachte die folgende Figur:

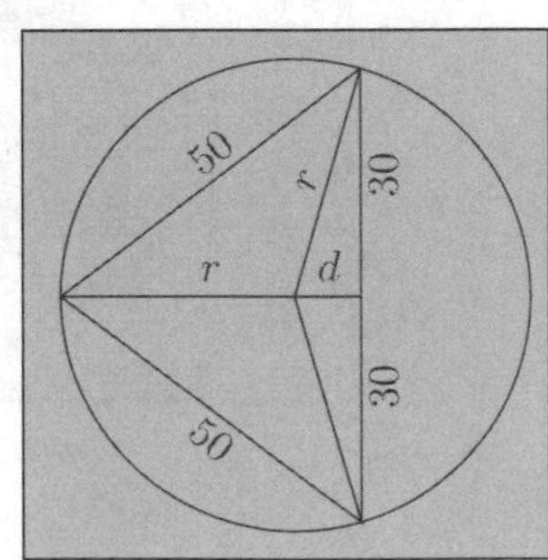

Dann kann man d und r aus den beiden Gleichungen

$$(r+d)^2 + 30^2 = 50^2 \quad \text{und} \quad d^2 + 30^2 = r^2$$

bestimmen, indem man die erste Gleichung nach $r + d$ auflöst und die zweite in der Form $30^2 = r^2 - d^2 = (r-d)(r+d)$ schreibt.

Kapitel 4

4.14 Siehe Tab. 4.1.

1	1
2	30
4	15
8	7 30
16	3 45
32	1 52 30
1 4	56 15
2 8	28 7 30
4 16	14 3 45
8 32	7 1 52 30
17 4	3 30 56 15
34 8	1 45 28 7 30
1 8 16	52 44 3 45
2 16 32	26 22 1 52 30
4 33 4	13 11 56 15
9 6 8	6 35 30 28 7 30
18 12 16	3 17 45 14 3 45
36 24 32	1 38 52 37 1 52 30
1 12 49 4	49 26 18 30 56 15
2 25 38 8	24 43 9 15 28 7 30
4 51 16 16	12 21 34 37 44 3 45

Tafel 4.1. Reziproke der ersten 2er-Potenzen

4.19 Siehe Tab. 4.2.

$2 \cdot 5^3$	4,10	14,24
$2^2 \cdot 5^3$	8,20	7,12
$2^3 \cdot 5^3$	16,40	3,36
$2^4 \cdot 5^3$	33,20	1,48
$2^5 \cdot 5^3$	1,6,40	54
$2^6 \cdot 5^3$	2,13,20	27
$2^7 \cdot 5^3$	4,26,40	13,30
$2^8 \cdot 5^3$	8,53,20	6,45
$2^9 \cdot 5^3$	17,46,40	3,22,30
$2^{10} \cdot 5^3$	35,33,20	1,41,15
$2^{11} \cdot 5^3$	1,11,6,40	50,37,30
$2^{12} \cdot 5^3$	2,22,13,20	25,18,45
$2^{13} \cdot 5^3$	4,44,26,40	12,39,22,30
$2^{14} \cdot 5^3$	9,28,53,20	6,19,41,15
$2^{15} \cdot 5^3$	18,57,46,40	3,9,50,37,30
$2^{16} \cdot 5^3$	37,55,33,20	1,34,55,18,45
$2^{17} \cdot 5^3$	1,15,51,6,40	47,27,39,22,30
$2^{18} \cdot 5^3$	2,31,42,13,20	23,43,49,41,15
$2^{19} \cdot 5^3$	5,3,24,26,40	11,51,54,50,37,30
$2^{20} \cdot 5^3$	10,6,48,53,20	5,55,57,25,18
$2^{21} \cdot 5^3$	20,13,37,46,40	2,57,58,42,39,22,30
$2^{22} \cdot 5^3$	40,27,15,33,20	1,28,59,21,19,41,15
$2^{23} \cdot 5^3$	1,20,54,31,6,40	44,29,40,39,50,37,30
$2^{24} \cdot 5^3$	2,41,49,2,13,20	22,14,50,19,55,18,45
$2^{25} \cdot 5^3$	5,23,38,4,26,40	11,7,25,9,57,39,22,30
$2^{26} \cdot 5^3$	10,47,16,8,53,20	5,33,42,34,58,49,41,15
$2^{27} \cdot 5^3$	21,34,32,17,46,40	2,46,51,17,29,24,50,37,30
$2^{28} \cdot 5^3$	43,9,4,35,33,20	1,23,25,38,44,42,25,18,45
$2^{29} \cdot 5^3$	1,26,18,9,11,6,40	41,42,49,22,21,12,39,22,30
$2^{30} \cdot 5^3$	2,52,36,18,22,13,20	20,51,24,41,10,36,19,41,15

Tafel 4.2. Paare reziproker Zahlen

4.26 Die Zahlen sind $10 \cdot 3^{14}$, $10 \cdot 3^{16}$ und 3^{24}.

Kapitel 7

7.2 Wir ergänzen zum Quadrat:

$$n^4 + 4 = (n^2 + 2)^2 - (2n)^2 = (n^2 + 2n + 2)(n^2 - 2n + 2).$$

Ein Produkt zweier positiver Zahlen kann nur dann prim sein, wenn der kleinere Faktor gleich 1 ist; also muss $n^2 - 2n + 2 = 1$ und damit $n = 1$ sein.

Kapitel 8

8.7 Es geht um das System $LB = 600$ und $9(L - B)^2 = L^2$. Zieht man aus der zweiten Gleichung die Wurzel, folgt $3(L - B) = L$, also $L = \frac{3}{2}B$. Einsetzen in die erste Gleichung ergibt $B^2 = 400$, also $B = 20$ und $L = 30$.

Die Lösung auf der Tafel verläuft wie folgt. Man bildet das 9fache des Quadrats $(L - B)^2$; dessen Seite ist $3(L - B)$.

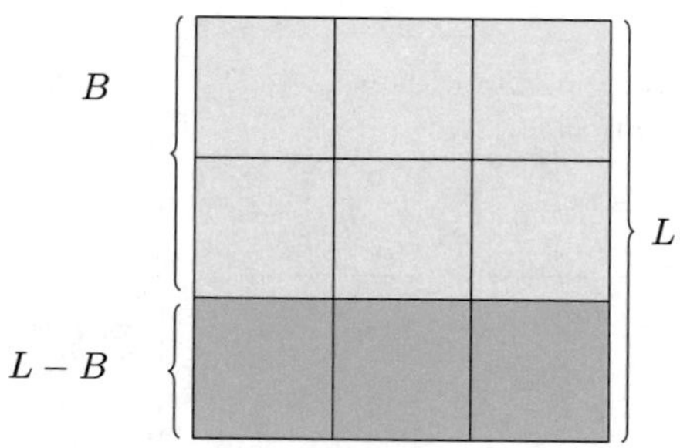

Jetzt nimmt man 3 Quadrate als Länge und 3 Quadrate als Breite; zieht man von der Länge L den Überschuss $L - B$ ab, was ein Drittel ausmacht, bleibt ein Rechteck mit den Seiten L und B übrig. Also besteht die (gelbe) Fläche $L \cdot B = 600$ aus 6 Quadraten der Seitenlänge $L - B$. Damit ist $(L - B)^2 = \frac{1}{6} \cdot 600 = 100$. Die Seitenlänge dieses Quadrats ist $L - B = 10$. Die Länge L ist das 3-fache, die Breite das 2-fache davon; also ist $L = 30$ und $B = 20$.

8.11 Aus den Gleichungen $x^2 + p^2 = z^2$ und $y^2 + q^2 = z^2$ (wo wir $y = x - a$ gesetzt haben) folgt $x^2 - y^2 = q^2 - p^2$; wegen $x + y = a$ ist also $x - y = \frac{x^2-y^2}{x+y} = \frac{q^2-p^2}{a}$, und daraus ergibt sich $x = \frac{a^2+q^2-p^2}{2a}$ und $y = \frac{a^2-q^2+p^2}{2a}$.

Kapitel 12

12.3 Mit dem Satz von Pythagoras folgt $D = \sqrt{L^2 + B^2}$; die entstehende Wurzelgleichung könnte man wie folgt lösen:

$$\begin{aligned} L + B + \sqrt{L^2 + B^2} &= 40 \\ \sqrt{L^2 + B^2} &= 40 - L - B \\ L^2 + B^2 &= 1600 + L^2 + B^2 - 80L - 80b + 2LB \qquad + 80L + 80B \\ 80(L + B) &= 1600 + 2LB \end{aligned}$$

Setzt man hier $L \cdot B = 120$ ein, so folgt $80(L+B) = 1600 + 240$, also $L + B = 23$ nach Division durch 80.

Das Gleichungssystem

$$L + B = 23, \quad L \cdot B = 120$$

führt mit Vieta auf die quadratische Gleichung $x^2 - 23x + 120 = 0$. Quadratische Ergänzung liefert

$$x^2 - 23x + 132{,}25 = 12{,}25,$$

also $x - 11{,}5 = \pm 3{,}5$ und damit $L = x_1 = 15$ und $B = x_2 = 8$ oder $(L, B) = (15, 8)$. Als Länge der Diagonale erhält man daraus wegen $8^2 + 15^2 = 17^2$ den Wert $D = 17$.

Eine andere Möglichkeit besteht darin, in der Gleichung

$$D^2 = L^2 + B^2 = (40 - L - B)^2$$

die linke Seite durch Addition von $2LB$ zum Quadrat zu ergänzen:

$$(L + B)^2 = (40 - L - B)^2 + 2LB = 240 + (40 - L - B)^2.$$

Mit $x = L + B$ folgt dann

$$x^2 = 240 + (40 - x)^2,$$

also $80x = 1840$ und damit $x = L + B = 23$. Daraus erhält man die Lösung $(L, B) = (15, 8)$ wie oben.

12.6 Diagramm zur Lösung.

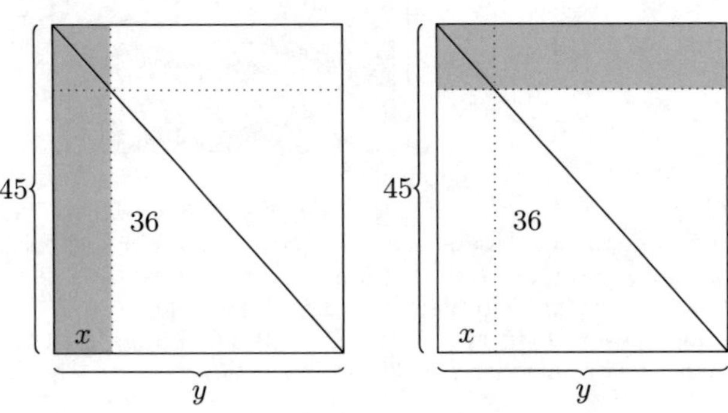

12.7 Diagramm zur Lösung.

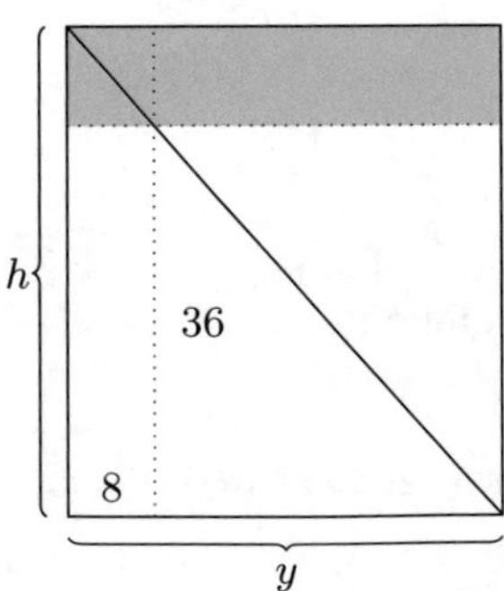

Literaturhinweise

[Bidwell 1986] J. K. Bidwell, *A Babylonian Geometrical Algebra*, Coll. Math. J. **17** (1986), 22–31

[Bonet 2020] A. Bonet, *AO 8862 no. 1*, https://www.researchgate.net/publication/341001358_AO_8862_n_1, 2020

[Bruins 1950] E.M. Bruins, *Aperçu sur les mathématiques babyloniennes*, Rev. Hist. Sci. Appl. **3** (1950), 301–314

[Bruins 1953] E.M. Bruins, *La classification des nombres dans les mathématiques babyloniennes*, Revue d'Assyriologie et d'archéologie orientale **47** (1953), 185–188

[Bruins 1970] E.M. Bruins, *La construction de la grande table de valeurs réciproques AO 6456*, Actes de la XVIIe rencontre assyriologique internationale 1969 (1970), 99–115

[Bruins 1971] E.M. Bruins, *Computation in the Old Babylonian Period*, Antiquity and modern times, Moskau 1971

[Bruins & Rutten 1961] E. M. Bruins, M. Rutten, *Textes mathématiques de Suse. Mémoires de la mission archéologique en Iran*, Paris 1961

[Brunke 2017] H. Brunke, *Zur Frage von Ausdruck und Normgültigkeit mathematischer Regeln in Mesopotamien*, Karum - Emporion - Forum. Beiträge zur Wirtschafts-, Rechts- und Sozialgeschichte des östlichen Mittelmeerraums und Altvorderasiens; Cuneiform Digital Library Preprint 11 (2017)

[Burchett 2008] W. Burchett, *Thinking Inside the Box: Geometric Interpretations of Quadratic Problems in BM 13901*, Hom Sigma 2008 contest

[Finkel 2014] I. Finkel, *The Ark before Noah. Decoding the story of the flood*, London 2014

[Friberg 1990] J. Friberg, *Mathematik*, Reallexikon der Assyriologie **7** (1987–1990), 531–585

[Friberg 2000] J. Friberg, *Mathematics at Ur in the Old Babylonian period*, Revue d'Assyriologie **94** (2000), 98–188

F. Lemmermeyer, *Mathematik à la Carte – Babylonische Algebra*, https://doi.org/10.1007/978-3-662-66287-8

[Friberg 2005] J. Friberg, *Unexpected links between Egyptian and Babylonian mathematics*, World Scientific 2005

[Friberg 2007a] J. Friberg, *Amazing Traces of a Babylonian Origin in Greek Mathematics*, World Scientific 2007

[Friberg 2007b] J. Friberg, *A remarkable collection of Babylonian mathematical texts. Manuscripts in the Schøyen Collection: Cuneiform Texts I*, Springer 2007

[Goetsch 1968] H. Goetsch, *Die Algebra der Babylonier*, Arch. Hist. Ex. Sci. **5** (1968), 79–153

[Heilbron 1998] J.L. Heilbron, *Geometry Civilized. History, Culture and Technique*, Oxford 1998

[Hermann 2019] D. Hermann, *Mathematik im Vorderen Orient. Geschichte der Mathematik in Altägypten und Mesopotamien*, Springer-Verlag 2019

[Høyrup 1992] J. Høyrup, *The old Babylonian square texts BM 13901 and YBC 4714. Retranslation and analysis*, Roskilde 1992

[Høyrup 2002] J. Høyrup, *Lengths, widths, surfaces. A portrait of Old Babylonian algebra and its kin*, Springer-Verlag 2002

[Høyrup 2021] J. Høyrup, *Algebra in cuneiform. Introduction to an Old Babylonian geometrical technique*, MPI Berlin, 2017; deutsche Übersetzung *Algebra in Keilschrift. Einführung in eine altbabylonische geometrische Technik*, MPI Berlin, 2021

[Imhausen 2021] A. Imhausen, *Quo vadis History of Ancient Mathematics. Who will you take with you, and who will be left behind? Essay Review prompted by a recent publication*, Hist. Math. **57** (2021), 80–93

[IREM 2014] IREM de Grenoble, Groupe Histoire des Mathématiques, *Les mathématiques en Mesopotamie. Niveau 6ème et 5ème*, IREM de Grenbole 2014

[IREM 2016] IREM de Grenoble, Groupe Histoire des Mathématiques, *Les mathématiques en Mesopotamie. Variations sur les aires*, IREM de Grenbole 2016

[Kramer 1959] S. N. Kramer, *Die Geschichte beginnt mit Sumer*, Frankfurt 1959

[Lehmann 1992] J. Lehmann, *So rechneten Ägypter und Babylonier*, Urania 1992

[Lenormant 1868] F. Lenormant, *Essai sur un document mathématique et a cette occasion sur le Système des poids et mesures de Babylone*, Paris 1868

[Mathews 1985] J. Mathews, *A Neolithic oral tradition for the van der Waerden/Seidenberg origin of mathematics*, Arch. Hist. Exact Sci. **34** (1985), 193–220

[Miller & Montague 2012] S. J. Miller, D. Montague, *Picturing Irrationality*, Math. Mag. **85** (April 2012), 110–114

[Muroi 1999] K. Muroi, *Extraction of square roots in Babylonian Mathematics*, Historia Scientiarum **9** (1999), 127–133

[Muroi 2013] K. Muroi, *How to Construct a Large Table of Reciprocals of Babylonian Mathematics*, arXiv:1401.0065v1

[Neugebauer 1935] O. Neugebauer, *Mathematische Keilschrift-Texte* I, Springer 1935

[Neugebauer & Sachs 1945] O. Neugebauer, A. Sachs, *Mathematical Cuneiform Texts*, Amer. Oriental Soc. 1945

[Proust 2006] Ch. Proust, *A l'école des scribes de Mésopotamie*, Artikel über das "fête de la science 2006" in Besançon 2006

[Proust 2010] Ch. Proust, *Interpretation of reverse algorithms in several Mesopotamian texts*, in *History of mathematical proof in ancient traditions: the other evidence* (Karine Chemla, Hrsg.), Cambridge University Press 2010, 384–422

[Robson 2002] E. Robson, *More than metrology: mathematics education in an Old Babylonian scribal school*, in J. M. Steele et al., *Under one sky. Astronomy and mathematics in the ancient Near East*, Ugarit-Verlag 2002

[van der Roest & Kindt 2005] A. van der Roest, M. Kindt, *Babylonische Wiskunde. Een verkenning aan de hand van kleitabletten*, Amsterdam, 3. Auflage 2019

[Sachs 1947] A.J. Sachs, *Babylonian Mathematical Texts 1*, Journal of Cuneiform Studies **1** (1947), 219–240

[Schüller 1891] W. J. Schüller, *Arithmetik und Algebra für höhere Schulen und Lehrerseminare, besonders zum Selbstunterricht*, 1891

[Sesiano 1999] J. Sesiano, *An introduction to the history of Algebra. Solving equations from Mesopotamian times to the Renaissance*, AMS 1999

[Sternitzke et al. 2008] K. Sternitzke, J. Marzahn, G. Schauerte, B. Müller-Neuhof (Hrsg.), *Babylon Wahrheit*, Hirmer, 2008

[Swetz 2012] F. J. Swetz, *Similarity vs. the "In-and-Out Complementary Principle": A Cultural Faux Pas*, Mathematics Magazine **85** (2012), 3–11

[Swetz & Kao 1977] F. J. Swetz, T. I. Kao, *Was Pythagoras Chinese?* Pennsylvania State Univ. Press 1977

[Thureau-Dangin 1938] F. Thureau-Dangin, *Textes mathématiques babyloniens*, Leiden 1938

[Vogel 1968] K. Vogel, *Neun Bücher arithmetischer Technik*, Springer-Verlag 1968, Ostwalds Klassiker der exakten Naturwissenschaften

[Vogel 1959] K. Vogel, *Vorgriechische Mathematik II. Die Mathematik der Babylonier*, Schroedel 1959

[Wenzel 2001] G. Wenzel, *Hieroglyphen. Schreiben und Lesen wie die Pharaonen*, München 2001; s. S.

[Wertheim 1896] G. Wertheim, *Die Arithmetik des Elia Misrachi*, 2. verb. Aufl.; Braunschweig 1896

[Zauzich 1980] K.-Th. Zauzich, *Hieroglyphen ohne Geheimnis*, Mainz 1980; s. S.

Namensverzeichnis

F. Lemmermeyer, *Mathematik à la Carte – Babylonische Algebra*,
https://doi.org/10.1007/978-3-662-66287-8

Sachverzeichnis

F. Lemmermeyer, *Mathematik à la Carte – Babylonische Algebra*,
https://doi.org/10.1007/978-3-662-66287-8

Printed in the United States
by Baker & Taylor Publisher Services